纵向振动换能器理论与设计

滕　舵　著

西北工业大学出版社

西　安

【内容简介】 本书是介绍纵向振动换能器理论及其工程设计和分析方法的专业论著，其内容涉及纵向振动换能器的工作原理、结构特点、设计方法、分析手段、工程实例以及实际应用等。书中大部分章节内容来源于作者及其研究团队的长期研究积累和技术沉淀，经提炼、整理，系统地总结了关于纵向振动换能器的理论、方法和技术，全面地论述了纵向振动换能器的设计分析方法和性能优化技术。全书逻辑清晰，层次分明，可读性强，易于理解。

本书可供研究换能器和应用换能器的科学研究人员、工程技术人员参考，也可用作高等院校相关专业的教材。

图书在版编目(CIP)数据

纵向振动换能器理论与设计 / 滕舵著. — 西安 ：
西北工业大学出版社，2023.5
ISBN 978-7-5612-8712-5

Ⅰ. ①纵… Ⅱ. ①滕… Ⅲ. ①纵向振动-换能器-研究 Ⅳ. ①TN712

中国国家版本馆 CIP 数据核字(2023)第 070885 号

ZONGXIANG ZHENDONG HUANNENGQI LILUN YU SHEJI
纵 向 振 动 换 能 器 理 论 与 设 计
滕舵 著

责任编辑：曹 江 **策划编辑：**李阿盟
责任校对：朱晓娟 **装帧设计：**李 飞
出版发行：西北工业大学出版社
通信地址：西安市友谊西路 127 号 邮编：710072
电　　话：(029)88491757，88493844
网　　址：www.nwpup.com
印 刷 者：西安浩轩印务有限公司
开　　本：787 mm×1 092 mm 1/16
印　　张：11
字　　数：215 千字
版　　次：2023 年 5 月第 1 版 2023 年 5 月第 1 次印刷
书　　号：ISBN 978-7-5612-8712-5
定　　价：78.00 元

前　言

当前，以海洋空间的全方位探索与利用为主导的各类科学计划正在推进，这也牵引着相关的水声设备不断更新，力求实现性能和功能上的再突破。面对远距离、高效率和功能性、便携式等方面的需求牵引，水声设备亟待实现跨越式更新。其中，水声换能器作为水下电声能量相互转换的必备器件，其性能的提升和功能的创新成为推动各类水下应用技术进步的主要力量，是影响相关领域向纵深发展的重点。

水声换能器涉及力学、电学、声学和材料等不同领域的专业知识，其表现出很强的学科交叉性，这给换能器专业人才的培养带来了困难。此外，水声换能器技术的专业论著也是极度匮缺的，这也给换能器专业知识的学习带来困难。因此，系统地论述换能器机理和全面地总结换能器技术，对培养具备深厚理论基础和扎实设计能力的高层次人才是大有裨益的。

本书正是面向行业发展需求，对应用最为广泛的纵向振动换能器技术进行系统的归纳和总结，其主要内容包括不同的纵振换能器理论和设计分析方法，既有对经典等效网络法、传输矩阵法的改进，又涵盖主流有限元法、边界元法的应用，再结合实例验证，以巩固知识，使读者进行系统学习，是一本可读性较强的图书。

本书共 8 章。第 1 章介绍水声换能器的发展历史、现状及趋势；第 2 章介绍电-机转换功能材料及其物理效应；第 3 章介绍基于等效网络法的压电纵振换能器设计与分析；第 4 章介绍基于传输矩阵法的压电纵振换能器设计与分析；第 5 章介绍基于有限元法的压电纵振换能器设计与分析；第 6 章介绍超磁致伸缩纵振换能器的设计与分析；第 7 章介绍纵振换能器阵列的相关知识；第 8 章介绍基于边界元法的纵振换能器及其阵列设计与分析。全书内容均来自笔者及其研究团队的长期研究积累和技术沉淀。

本书作为西北工业大学精品学术专著，其部分内容是在国家自然科学基金面上项目“基于类球型声辐射体和折回式谐振的低频大功率深水换能器研究”(项目编号:12074318),“基于小尺寸谐振单元的正交多极子波束可控低频声源研究”(项目编号:12274351)的支持下完成的。同时，本书也广泛参考和采纳了国内多位换能器研究者的意见和建议，谨向他们表示由衷的感谢!

在写作本书的过程中，曾参阅了相关文献资料，在此谨对其作者表示感谢。

由于笔者的水平有限，书中的不妥之处在所难免，敬请读者批评指正。

著　者

2023 年 3 月

目　录

第1章　绪　论

1.1　水声换能器的发展

当前，我国“透明海洋”“智慧海洋”“信息化海洋”等科学计划正在推进。在这个过程中，水声前沿技术的再提升，成为助推人们进一步认知海洋和经略海洋的重要力量。伴随着水声探测、通信、导航等领域日渐增多的应用需求，各类水声设备性能极限化、功能多样化、使用便捷化成为其发展的终极目标。水声换能器(Underwater Transducer)作为水声设备不可或缺的核心器件，成为限制相关技术进一步向纵深发展的关键所在。在某种程度上，水声换能器的性能突破和技术创新，是当前水声技术领域亟待解决的难题。

换能器(Transducer)是指用于实现不同形式的能量间相互转换的器件。换能器是一类特殊的传感器，具有特定的应用背景，一般在水声领域特指用于实现电能(Electric Energy)和声能(Acoustic Energy)之间相互转换的器件。这种器件通常由功能材料附加机械振动系统构成，整个系统借助于某种特殊的物理效应，以实现电声能量的相互转换[1]。其中将电能转化为声能用以发射声信号的称为发射器(Projector)，将声能转换为电能用以接收声信号的称为接收器或水听器(Hydrophone)。如果若干个水声换能器按一定的规律排列成阵列，从而实现期望的特定性能，这时便形成水声换能器阵(Underwater Transducer Array)，简称为阵(Array)，其中单个换能器称为阵元(Array Element)。人们之所以发明和利用水声换能器进行水下电能和声能之间的相互转换，是因为迄今为止利用声波作为信息载体进行水下探测，是获取水下信息的最佳方式。相对于其他的信息传递手段(如利用电磁波等)而言，声波是唯一能够在水中进行远距离传播的能量形式[2]。声呐(Sound Navigation And Ranging，SONAR)就是由此产生的水声设备。它就是以水声换能器作为信号感知前端，来获取水下信息的。由此可见，水声换能器是声呐设备功能实现和性能优劣的关键所在。另外，结合水声学的发展历程来看，水声换能器始终发挥着至关重要的作用。

早在 1490 年，意大利的 Leonardo Da Vinci 就发现，“将长管的一端插入水中，而将管的开口放在耳旁，可听到远处的航船声音”。这是人类发现声波可在水中传播的最早记载。1826 年，瑞士物理学家 Jean Daniel Colladon 和他的助手在日内瓦湖上进行了水中声速的第一次测量[3]。两位测量者分别乘坐在两只船上，两船距离约 13.8 km。由于当时没有水下声设备，他们只能在其中一只船上将钟置于水下作为声源，而另一只船上置放一个管状听音器，如图 1-1 所示。当钟敲响时，船上的火药同时发光。他们通过测定闪光和水下钟响之间的时间差来完成测量。实验结束后，Colladon 在法国数学家 Charles Sturm 的帮助下，宣布了 8℃淡水中的声速为 1 435 m/s 的结论（另一种说法为 1 438 m/s）。此值与现代测量的 8℃淡水声速为 1 439 m/s 十分接近。Colladon 的实验已经显现出水下声设备的重要性，但囿于当时落后的科学和技术水平，因此很难推动水声换能器技术的开创和发展。而同一时期，电信技术极大地推动了电声器件（空气声学）的发展。当时通过电-机或磁-机装置实现电子信号和机械信号之间的相互转换，例如探针指示等形式。此时尚未涉及声能量。直到 1830 年，Joseph Henry 将动圈式器件引入电信技术中，才真正实现了电声信号之间的相互转换[4]。1876 年，Alexander Graham Bell 进一步发明了电话。与此同时，关于电声能量相互转换的物理机理研究也在进行。1842 年，James Joule 发现了磁致伸缩效应（Magnetostrictive Effect）[5]。1880 年，Jacques Curie 和 Pierre Curie 兄弟发现了压电效应（Piezoelectric Effect）[6]。这两种物理效应的发现极大地推动了电声换能器技术的发展。随后各种压电铁电材料和磁致伸缩材料被不断地发现、发明并得以应用，这些研究都为水声换能器的产生和发展奠定了理论和物质基础。

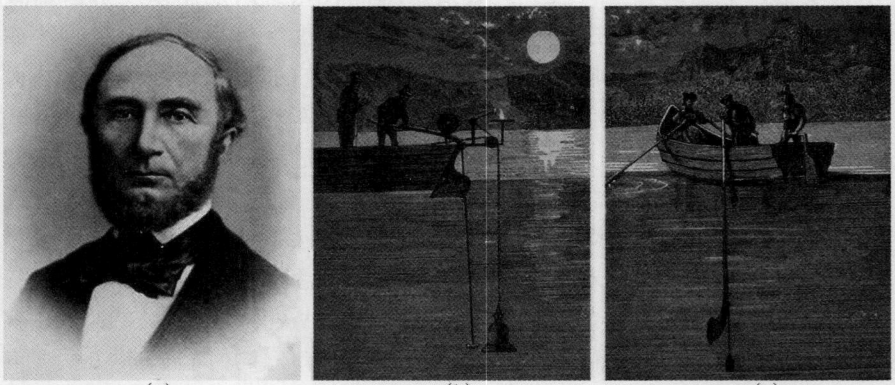

(a) (b) (c)

图 1-1 1826 年，瑞士物理学家 Colladon 和助手在日内瓦湖上进行的水中声速测量

20 世纪初期，海底信号公司（后成为雷神公司的一个分部）开始利用水声设备进行导航的尝试。他们是通过机械方式在水下产生声音，并利用双耳法实现定向的[7]，如图 1-2 所示。但关于声呐设想的真正方案，却诞生于 1912 年的"泰坦尼克号海难"。该海难事件警示人们必须利用导航、定位设备进行海上航船。同年，英国人 L. F. Richardson 提出设想，由水下发声器向水中发射声波，通过接收从暗礁、冰山等目标反射回来的回波，来实现目标探测。这是水声史上第一个利用水下回声进行目标定位的方案。遗憾的是，他本人没能实现这一方案[8]，其中一个重要原因就是没有合适的水声换能器。在这一时期，由于尚未开发出可用的电-机转换功能材料，所以基于功能材料电声转换原理的换能器研究依然没有开始，人们只能基于部分空气声学电声设备的原理进行改进，从而实现水下应用。1914 年，加拿大人 R. A. Fessenden 完善了一种动圈式器件（见图 1-3），并使用它探测到了近 2 mi（1 mi＝1.609 344 km，2 mi 约 3.2 km）外的冰山[9]。在第一次世界大战中，这种类型的电声器件也被美国应用在潜艇上，这应该算是水下电声转换器件的首次实际应用。

(a)　　　　(b)

图 1-2　海底信号公司进行水下探测和定位尝试

(a) 采用机械手段产生声音；(b) 采用双耳法进行定向

(a)　　　　(b)

图 1-3　1914 年，加拿大人 R. A. Fessenden 和他完善的一种新型动圈式换能器

第一次世界大战极大地促进了军用声呐的发展，迫使人们开始对水声学以及相应的水声技术进行研究，这里面就包括水声换能器技术。当时德国击沉了协约国大量的舰船，使其蒙受了重大的损失。其间，法国政府邀请 Paul Langevin 研制一种可以有效探测潜艇的设备。1915 年，Langevin 跟其合作者以防水的碳粒式接收器和静电式发射器作为水下声波收发组合进行试验。由于器件的电声性能低下，所以只实现了很近的作用距离。这也使如何提升水下电声器件的性能成为当时急需解决的难题。1916 年，Langevin 成功应用石英石材料，制作出第一只现代意义上的水声换能器(见图 1-4)，其电声性能的提升大幅延长了水下作用距离[10]。Langevin 的成功开创了基于功能材料及其物理效应的水声换能器研究先河，是具有里程碑意义的重大事件[11]。1918 年，Langevin 又通过提升换能器的性能，探测到了远处的潜艇回波。Langevin 的工作展现了压电效应的真正应用价值，而他所提出的郎之万(Langevin)换能器经后人改进，至今仍被广泛使用。Langevin 的工作也表明，只有借助性能优异的水声换能器并辅助相关的电子学手段，水声技术才有可能得到迅速发展和广泛应用。近代声呐技术的发展也有力地证明了这一点。

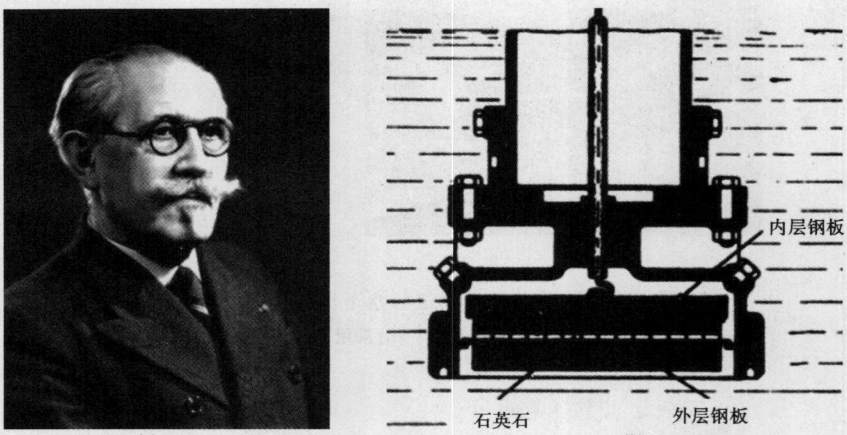

(a) (b)

图 1-4 法国科学家 Paul Langevin 及其发明的石英换能器

Langevin 的成功极大地促进了回声定位技术在潜艇上的应用，从此水声换能器技术也快速发展起来。在第二次世界大战和冷战期间，多个海洋大国对功能材料、电声转换原理以及换能器的机理、结构、设计、制作和测试方法等进行了极为广泛的研究。1943 年，钛酸钡陶瓷的发现，标志着压电陶瓷从单晶发展到了多晶领域[12]。人们可以替换掉前期采用的石英石、罗息盐等材料，此后电-机转换功能材料的研究开始进入快速发展时期。1954 年，B. Jaffe 成功制备出锆钛酸铅二元系压电陶瓷，该陶瓷以其优良的压电性能，翻开了压电陶瓷应用的新篇章[13]。从此，基于功能材料及其电声转换原理的换能器技术得以快速发展，并涌现出许多具有顽强生命力的伟大发明，例如纵振复合棒换能器[14]、弯曲伸张型换能器[15]、弯曲式换能器[16]、圆管式换能器[17]、球形换能器[18]、溢流式换能器[19]、超磁致伸缩换能器[20]等。这些水声换能器自其产生以来，不断地优化改进，实现了目前丰富的结构形式和优异的电声性能，它们至今仍被广泛应用。其中，以郎之万换能器为基础发展起来的纵向振动换能器，在很多水下应用中仍然占据着主导地位。

郎之万换能器也被形象地称为 Sandwich 换能器或夹心式换能器。它以石英石作为功能材料，在其前后粘接金属薄片形成谐振系统。这种典型的 Sandwich 结构，基于功能材料的电-机转换（Electromechanical Transduction）能力产生可用的伸缩振动，并向外辐射声波。这种电声转换结构在现代换能器设计中仍被采用[21]。此后，伴随着新型功能材料的发现及其性能提升，人们对郎之万换能器进行了改进，其中石英石被压电陶瓷晶堆或超磁致伸缩材料所替代，前后两个金属薄片也优化成了前辐射头和尾质量块，郎之万曾难以处理的粘接问题也得以解决，并且借助预应力螺栓实现了各部件的紧固。逐步地，郎之万换能器发展成了以长度振动为主的纵向振动换能器，简称“纵振换能器”。也有人根据其多部件串接的结构特点，称其为纵振复合棒换能器，或根据其形似活塞的形状及其振动特点，称其为“活塞式换能器”。

纵振换能器自产生以来，在各种水声应用中发挥了重要的作用。它既可以作为一种强功率辐射器使用，也可以作为水下声波接收器使用，在某些应用中还可以作为收发合置型换能器使用[22]。图 1－5 所示为利用 PZT－8 型压电陶瓷制作的强功率发射器。图 1－6 所示为利用 PZT－4 型压电陶瓷制作的接收换能器。

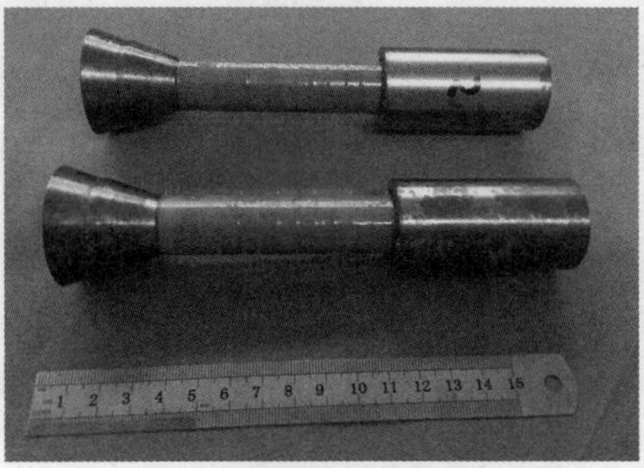

图 1－5 利用 PZT－8 型压电陶瓷制作的强功率发射器

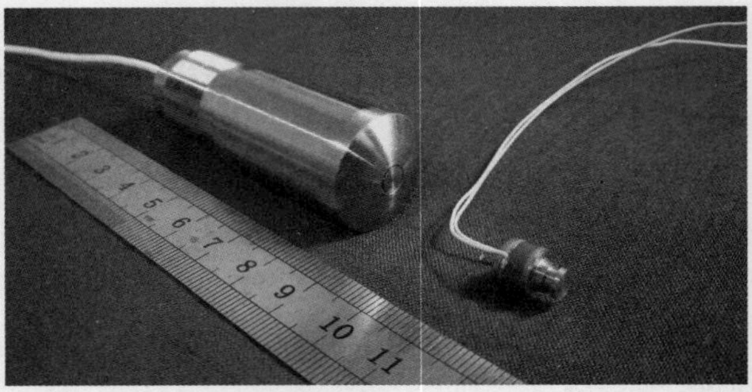

图 1-6　利用 PZT-4 型压电陶瓷制作的接收换能器

纵振换能器根据功能材料的不同，可分为超磁致伸缩纵振换能器、压电陶瓷纵振换能器和 Hybrid 换能器等。图 1-7 所示为稀土铽镝铁超磁致伸缩材料及其纵振换能器，这种类型换能器具有大功率、低频率的特性。图 1-8 所示为压电陶瓷材料及其纵振换能器。长期以来，压电陶瓷材料以其构型灵活、使用方便、性能稳定和经济实用等优势，在换能器应用中占据主导地位，其中压电纵振换能器最为常见。这种类型换能器由于其简单的结构、稳定的性能及其经济实用性而获得了广泛的应用，同时因其特殊的结构形式和声波辐射方式，而被作为阵元应用于各种线列阵、平面阵、圆柱阵、球壳阵和共形阵中。图 1-9 所示为压电纵振换能器及其构成的平面阵示意图。还有一种 Hybrid 换能器（见图 1-10）[23]，这是一种由超磁致伸缩材料和压电材料共同激励构成的混合式换能器。它能够在长度方向上形成低频和高频两个相近的谐振频率，二者之间的耦合可形成驼峰式响应，从而有效地拓展换能器的频带宽度，并获得良好的宽频带特性。

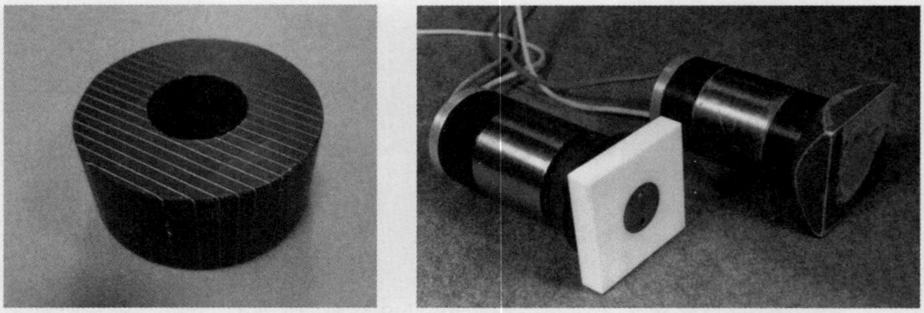

(a)　　(b)

图 1-7　稀土铽镝铁超磁致伸缩材料及其纵振换能器

(a) (b)

图1-8 压电陶瓷材料及其纵振换能器

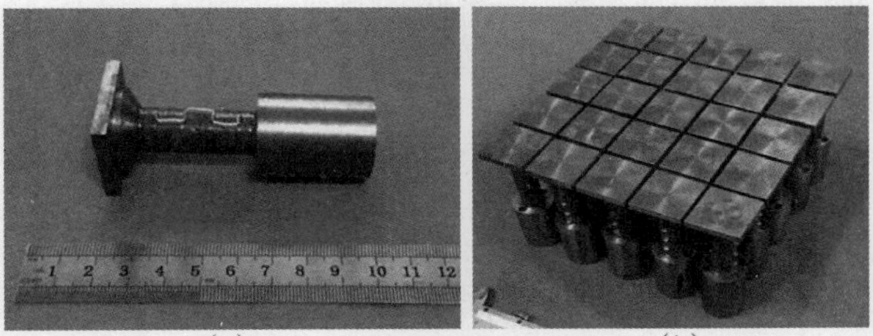

(a) (b)

图1-9 压电纵振换能器及其平面阵

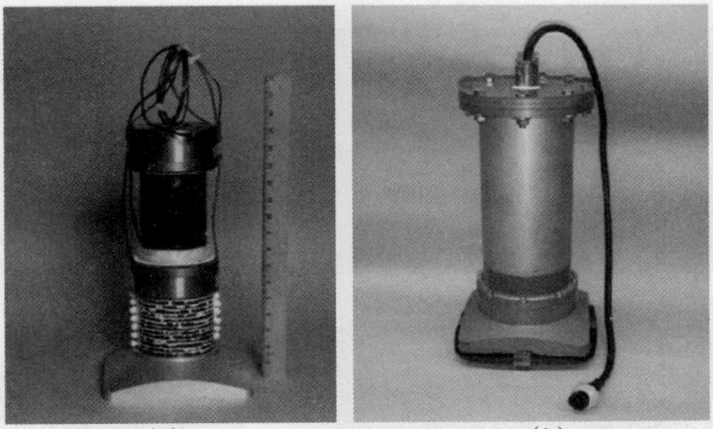

(a) (b)

图1-10 Hybrid换能器

纵振换能器自产生以来，根据不同的需求，也衍生出了很多分支，例如Tonpilz换能器、Janus换能器、级联式换能器和Wheel换能器等，它们都具有鲜明的结构特征。图 1－11 所示为 Tonpilz 换能器，Tonpilz 由德语词汇 ton（sound，声音）和 pilz（mushroom，蘑菇）合并而成，原意表示“会发声的蘑菇”[24]。这种换能器为了增大声波辐射面积而设计了一个较大的声辐射头，因此看上去形似蘑菇。图 1－12 所示为 Janus 换能器。Janus 原指古罗马的双面保护神雅努斯，在换能器领域借用 Janus 的双面特征，表示换能器具有两个辐射头，可以同时向前、后两个方向辐射声能量[25]。相对于单辐射头纵振换能器，Janus 换能器可以有效增大辐射面积，减小机械品质因数。上述纵振换能器都是利用结构体单一的纵向振动模态工作的。伴随着换能器的低频应用需求，也产生了一种纵弯耦合式换能器，这种换能器以纵振复合棒结构为基本构架，通过纵向振动和弯曲振动的耦合实现换能器的低频或宽带特性。图 1－13 所示为某种级联式换能器[26]，它通过多个压电晶堆和十字形弯曲梁首尾级联构成，具有显著的低频特性。图 1－14 所示为 Wheel 换能器，其形似车轮，由若干个辐射头呈辐射状排布，但共用一个质量块。这种类型换能器可利用其多种振动模态合成期望的指向性发声。

从 Langevin 实现夹心式的石英换能器开始算起，纵振换能器已历经百年发展历程。时至今日，换能器技术依然存在广阔的发展空间。伴随着各类性能优异的新型功能材料的推广和应用，以及结构体振动力学的深入研究，纵振换能器必将继续保持其顽强的生命力，并以新的功能和性能优势继续推动各类水下应用以及水声学研究向着纵深方向稳步发展[27]。

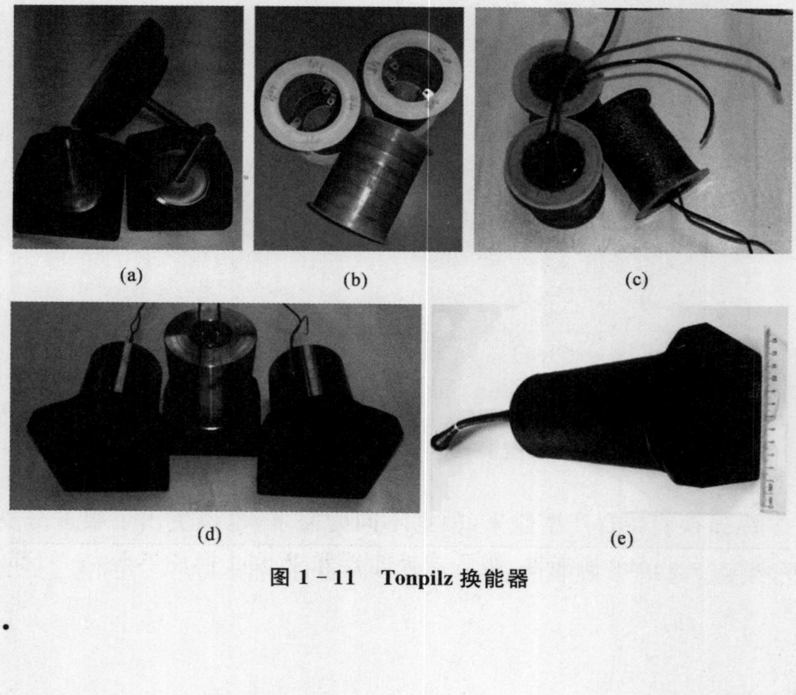

(a) (b) (c)

(d) (e)

图 1－11 Tonpilz 换能器

(a)

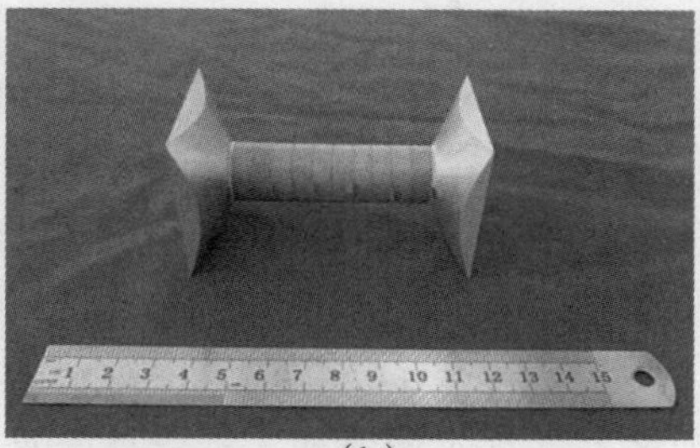

(b)

图1－12　古罗马Janus双面保护神以及Janus压电换能器

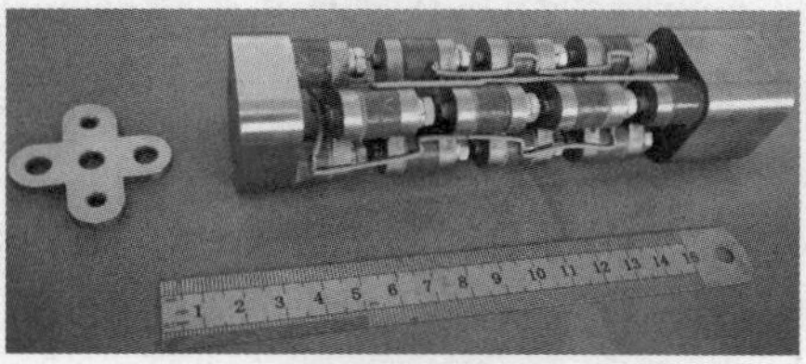

图1－13　级联式换能器

图1－14　Wheel换能器

1.2　纵振换能器的设计与分析方法

伴随着纵振换能器在水下应用中的发展，基于其工作原理的理论模型构建及其设计与分析方法研究也一直备受关注。严格来讲，用于描述纵振换能器的确切数学模型是基于换能器物理行为和边界条件的偏微分方程，但这种偏微分方程的获取及其解析解的获得无疑是困难的，甚至是不可行的。因此，建立一个准确可靠、快速易解且广泛通用的模型，具有十分重要的理论意义。然而，由于换能器涉及结构力学、电学以及声学等多个能量域，因此很难构建一个统一的模型进行描述。发展至今，较为理想的方法有等效网络法（Equivalent Circuit Method）、传输矩阵法（Transfer Matrix Method）、有限元法（Finite Element Method）以及边界元法（Boundary Element Method）等。这些方法至今仍被广泛应用，在换能器的理论研究和工程设计中发挥了重要作用。

1.2.1 等效网络法

等效网络法是进行换能器设计与分析最为重要的方法之一。换能器自其产生及发展以来，始终伴随着电学网络的理论支撑。在研究过程中，人们发现很多的电学元素与力学元素之间存在某些相似之处[28]，并根据其内在本质总结出一套行之有效的等效网络方法，其中 Warren Perry Mason 的工作极大地促进了该方法在换能器领域中的应用[29]，如图 1－15 所示。

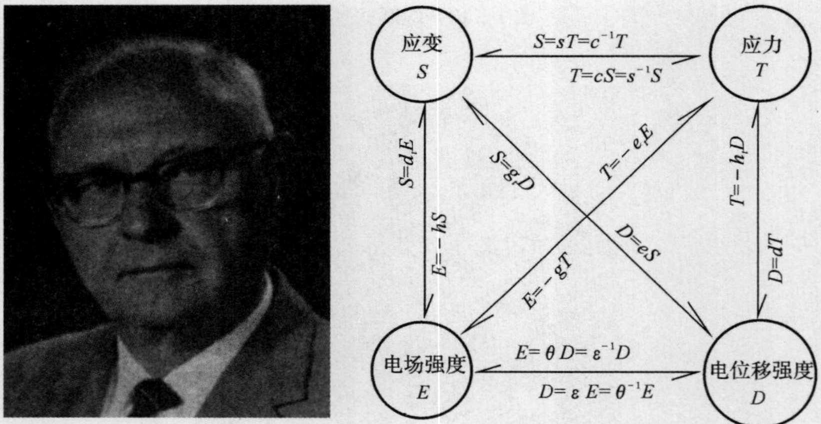

(a) (b)

图 1－15 Warren Perry Mason 及其描述的压电行为力学、电学参量关系

等效网络法的主要思想是，立足换能器的机电转换原理，通过“类比”的方式，将换能器系统的力学参量、声学参量类比成“等效的”电学参量，从而完成机、电、声不同能量域中各类元素的统一描述，并采用更容易处理的电学手段完成求解和分析。等效网络法之所以能够实现不同能量域中不同参量之间的“类比”，其根本原因是它们在数学描述中具有相似之处[30]。例如，在力学系统数学描述中的质量和电学系统（串联形式）数学描述中的电感，二者虽然物理意义不同，但二者数学表达式中的数学作用是相同的。更多的力学系统和电学系统之间的参量类比关系见表1-1。这种将力学参量甚至声学参量类比成电学参量的方式，完成了多能量域(力、声、电)的统一描述，有效避免了复杂偏微分方程的建立及其求解，使得换能器模型的构建变得简单。等效网络模型中，各元素的物理意义明确，这对理解换能器的电声行为大有裨益。同时，等效网络的处理手段丰富，可实现对换能器参数和性能的快速评估。上述优点使得等效网络法在换能器研究中发挥了重要的作用，是换能器研究者必须掌握的方法之一。

表1-1　力学系统和电学系统之间的参量类比关系

机械系统	电系统	
	串联形式	并联形式
质量 M	电感 L_s	电容 C_p
力顺 $1/K$	电容 C_s	电感 L_p
力阻 R_m	电阻 R_s	电导 $1/R_p$
力 F	电压 U_s	电流 I_p
速度 $\dot{\xi}_z$	电流 I_s	电压 U_p
机械阻抗 Z_m	阻抗 Z_s	导纳 Y_p

换能器的结构形式不同及其求解需求不同，其采用的等效网络形式也不尽相同。如果换能器各个物理元素的长度小于工作波长的1/4，此时换能器的质量、刚度、电容、电感等是可以进行集总假设的[31]。图1-16所示为一端固定的压电长条的集总参数(Lumped-parameter)等效网络示意图。这种集总参数等效网络对于理解换能器的电声行为是有帮助的，可以通过它快速设计或估计换能器的性能，但其精度有限，并且对于高阶谐振无能为力。

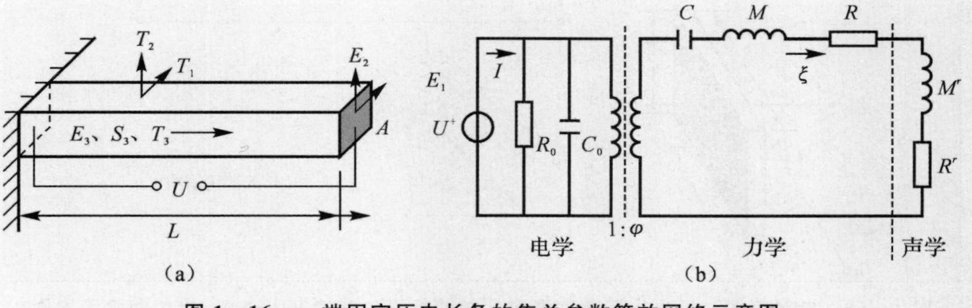

图1-16　一端固定压电长条的集总参数等效网络示意图

但如果换能器的各物理元素的长度可与波长相比拟甚至于大于波长，此时其质量、刚度等是连续分布的，这种情况下不能进行集总假设。图 1－17 所示是一个沿厚度方向极化的压电陶瓷薄片做厚度振动时的分布参数(Distributed－parameter)等效网络示意图[32]。这种分布参数等效网络物理意义明确，易于理解，便于求解，具有普遍的通用性，是换能器设计与分析的常用方法之一。

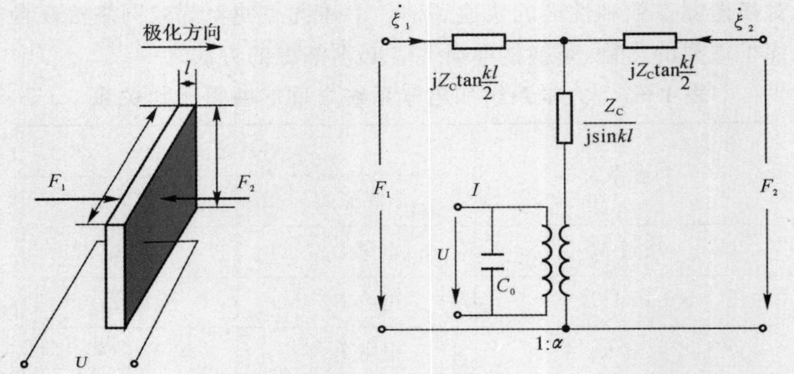

图 1－17　沿厚度方向极化的压电陶瓷薄片做厚度振动时的分布参数等效网络示意图

在等效网络法中，还有一种是 Krimholtz 等人在 Mason 等效网络的基础上提出的[33]。在这种 Krimholtz 等效网络中，系统的电学参量用集总参数表示，力学参量则用传输线(Transmission Line)的方式表示。当压电元件两端附加电极层、匹配层以及粘接层等多层结构时，在等效电路上，可把这些附加层也作为声学传输线与压电元件的传输线依次连接，并运用声学传输线的理论对换能器的整体性能进行分析。图 1－18 所示为沿厚度方向极化的压电陶瓷薄片做厚度振动时的 Krimholtz 等效网络示意图。

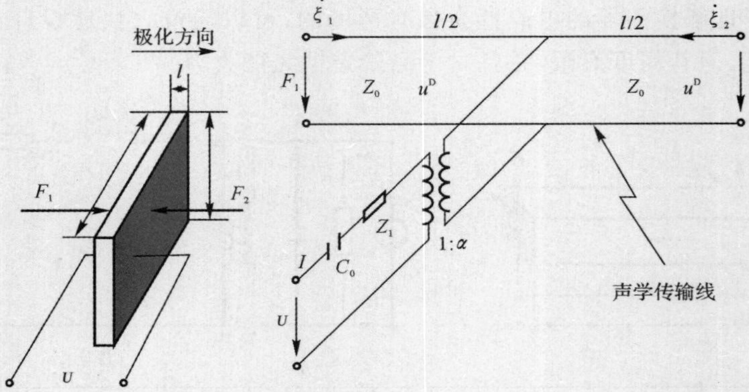

图 1－18　沿厚度方向极化的压电陶瓷薄片做厚度振动时的 Krimholtz 等效网络示意图

伴随着换能器结构的不断创新，其等效网络的形式也日渐复杂，但等效网络法的特点和优势使其依然保持着顽强的生命力。时至今日，等效网络法仍然是换能器理论学习和工程设计的主要方法之一。

1.2.2　传输矩阵法

一般来讲，纵振换能器是由多个部件按一定的机械方式连接而成的。传输矩阵法可以清晰地描述这种连接关系，但在很大程度上需要等效网络理论支撑。先将换能器中的每个部件描述成一个四端子（或六端子），并通过矩阵描述各部件的输入、输出关系；然后根据电学、力学及声学关系将上述端子相互连接，形成系统网络，此时整个换能器系统的输入、输出关系可通过传输矩阵连续相乘的方式获得[34]。图 1－19 所示为纵振压电换能器的传输矩阵模型示意图。

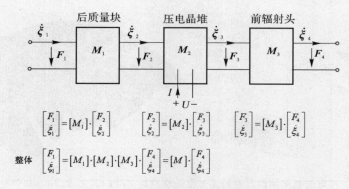

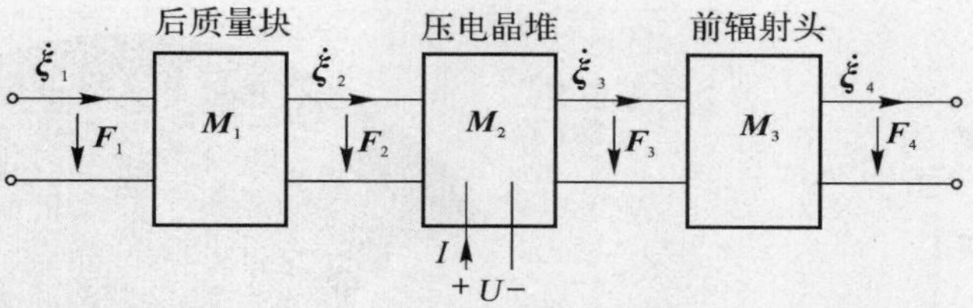

$$\begin{bmatrix} F_1 \\ \dot{\xi}_1 \end{bmatrix} = [M_1]\cdot\begin{bmatrix} F_2 \\ \dot{\xi}_2 \end{bmatrix} \qquad \begin{bmatrix} F_2 \\ \dot{\xi}_2 \end{bmatrix} = [M_2]\cdot\begin{bmatrix} F_3 \\ \dot{\xi}_3 \end{bmatrix} \qquad \begin{bmatrix} F_3 \\ \dot{\xi}_3 \end{bmatrix} = [M_3]\cdot\begin{bmatrix} F_4 \\ \dot{\xi}_4 \end{bmatrix}$$

整体　$$\begin{bmatrix} F_1 \\ \dot{\xi}_1 \end{bmatrix} = [M_1]\cdot[M_2]\cdot[M_3]\cdot\begin{bmatrix} F_4 \\ \dot{\xi}_4 \end{bmatrix} = [M]\cdot\begin{bmatrix} F_4 \\ \dot{\xi}_4 \end{bmatrix}$$

图 1－19　纵振压电换能器传输矩阵模型示意图

1.2.3　有限元法

自 20 世纪 70 年代以来，基于数值思想的有限元法被首次应用于压电体的振动分析[35]，引起了声学换能器设计方法质的飞跃。其基本思想是以变分原理和剖分插值为基础，从能量的角度出发，应用哈密顿变分原理，得出压电耦合问题的有限元控制方程[36]。通过将结构离散成有限个单元，建立整个连续体满足精度要求的方程组，并利用计算机技术进行有效求解。有限元法方法统一，易于掌握，能够适应许多水声换能器涉及的结构不规则、材料不均匀以及边界条件复杂等情况。随着计算机技术的快速发展，涌现出了许多功能强大的有限元软件，如 ANSYS[37]、COMSOL[38]、PZFLEX[39]、ATILA[40] 等，这给水声换能器的设计与分析带来了巨大的便利。图 1－20 所示为 Tonpilz 换能器及其有限元模型，图 1－21 所示为压电与超声换能器有限元专业分析软件 PZFLEX。总体来说，对于线性压电器件，在忽略机电损耗的情况下，有限元理论已基本完善，原则上可以解决换能器的所有问题，已成为当前换能器设计与分析的主流方法。

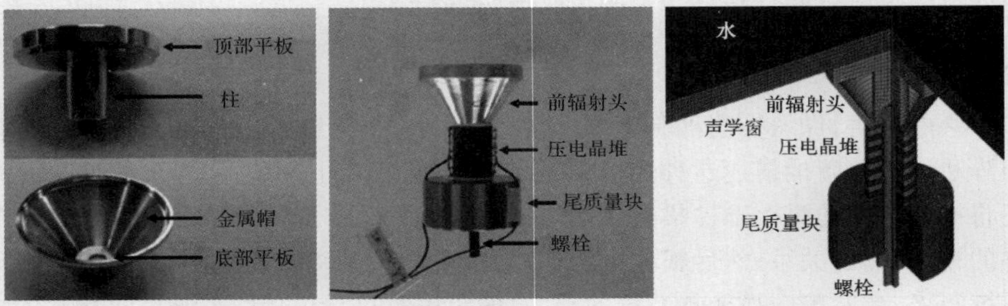

图 1－20　Tonpilz 换能器及其有限元模型[41]

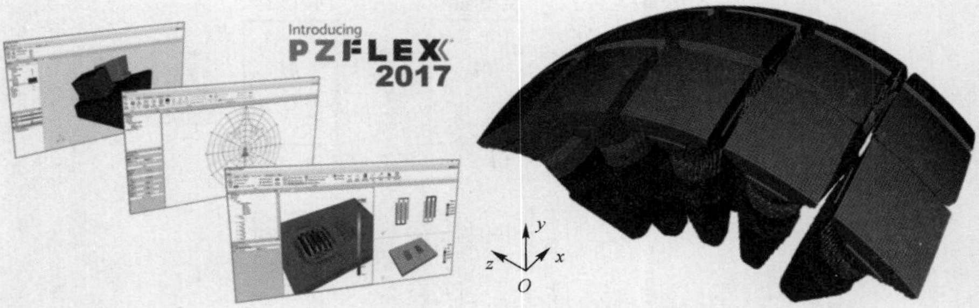

图 1－21　压电与超声换能器有限元专业分析软件 PZFLEX 以及 Tonpilz 换能器模型

1.2.4　边界元法

边界元法是在有限元法的基础上结合经典的积分方程发展而来的，是一种定义在边界上的有限单元。这种方法基于 Helmholtz 波动方程，将所研究问题的微分方程变换成边界积分方程，并将区域的边界划分为有限个单元，即把边界积分方程离散化，得到只含有边界上的节点未知量的方程组，然后进行数值求解[42]。边界元方法可分为直接边界元法（Direct BEM）和间接边界元法（Indirect BEM），两者求解的系统方程是不同的[43]，其中直接边界元法用以解决声辐射体内部或外部的声场问题。与有限元法相比，边界元法处理问题的维数要降低一维，这使得处理的数据大大减少，从而计算速度会有明显的提高，其求解精度也能得到保障，但边界元法在处理非均一、非同质问题时会比较困难。针对水声换能器的声场设计，边界元法正好能发挥其所长，这是有限元法所不能比拟的。图 1－22 所示为应用边界元法分析的某种纵振换能器平面阵列的辐射声场。LMS Virtual.Lab Acoustics 声学仿真软件(Sysnoise 的升级产品)是目前换能器领域中常用的边界元声学分析软件[44]。

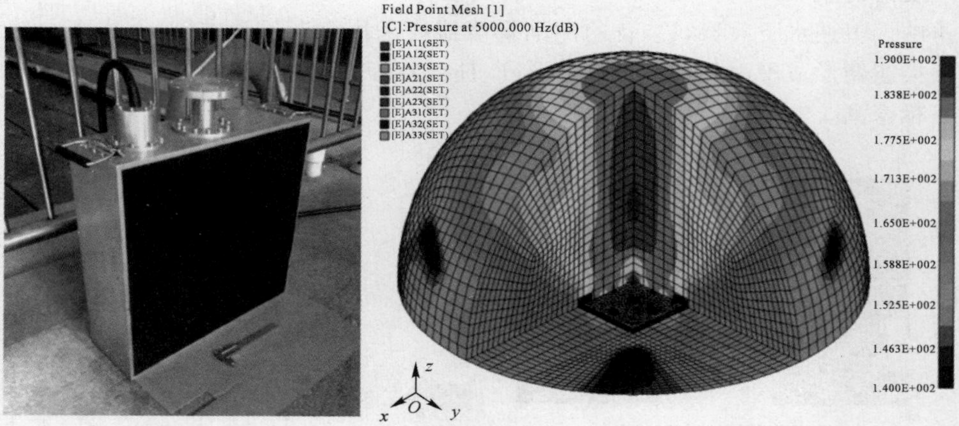

图 1－22　纵振换能器平面阵列及其基于边界元法分析的辐射声场

1.3　纵振换能器的应用

大约 100 年前，人们对各种水下现象和水下应用的探索，促进了水声换能器的产生并进一步推进了水声技术的发展。经由两次世界大战战争需求的牵引，立足于现代功能材料的性能提升，伴随着现代制造技术、信号处理技术和计算机技术的飞速发展，水声换能器取得了长足的技术进步，获得了广泛的应用，在各种水下领域中发挥着至关重要的作用，是不可或缺的关键器件。水声换能器的功能实现和性能提升，为人类更加深入地认识海洋、利用海洋和开发海洋提供了强有力的支撑。

纵振换能器作为一种最常见的换能器类型，具有结构简单、易于加工、经济实用、性能稳定的优势，并且兼顾收发功能。纵振换能器的结构形式及其声辐射方式，特别适合于排布成不同形式的阵列。因此，这种换能器一直是各类水下应用的首选。图 1－23 所示为应用等效网络法设计的 Tonpilz 换能器及其构成的共形阵。图 1－24 是俄罗斯 UGST 重型鱼雷及其声自导头的声系统。图 1－25 所示为德国 DM2A4 Sea Hake(海鳕)重型鱼雷自导头的声系统。图 1－26 所示为韩国 Blue Shark 轻型鱼雷及其声自导头。图 1－27 所示是美国“海狼”级攻击核潜艇艇艄的 3 种声呐系统，最上面的是直径为 7 m 的球形被动声呐阵列，外围环绕的是低频被动声呐阵列，下面的是它的主动声呐阵列。图 1－28 所示为俄罗斯基洛级潜艇艇艏声呐换能器阵。图 1－29 所示为日本金刚级驱逐舰球鼻艏中的声呐阵列。图 1－30 所示为英国 Atlas Elektronik 公司研制的用于反潜的舰载声呐。图 1－31 所示为法国 Thales 公司研制的 FLASH 吊放式声呐。上述水下兵器或装备的声呐换能器均采用纵向振动类型，并由多个纵振换能器形成平面阵、共形阵、球形阵、柱面阵等不同的阵列形式，实现了水下目标探测。

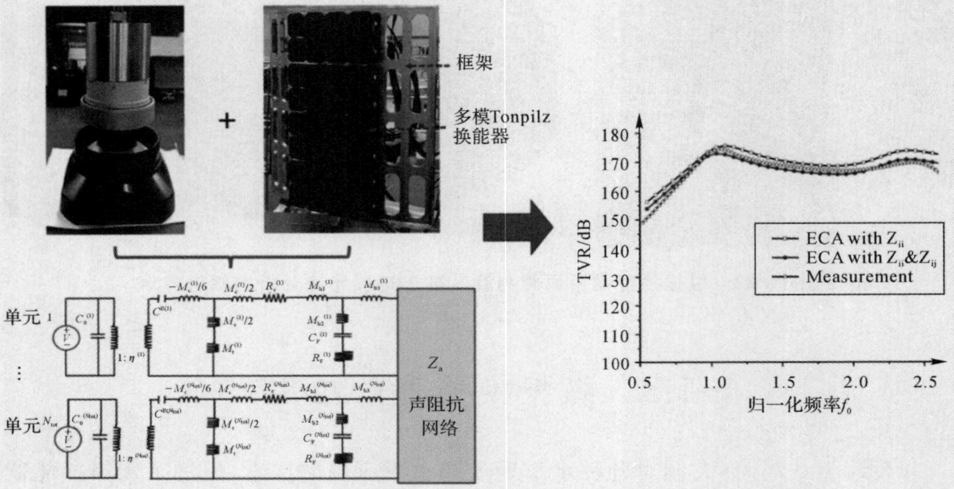

图 1－23　应用等效网络法设计的 Tonpilz 换能器及其构成的共形阵[45]

图 1－24　俄罗斯 UGST 重型鱼雷及其声自导头

图 1-25　德国 DM2A4 Sea Hake(海鳕)重型鱼雷及其声自导头

图 1-26　韩国 Blue Shark 轻型鱼雷及其声自导头

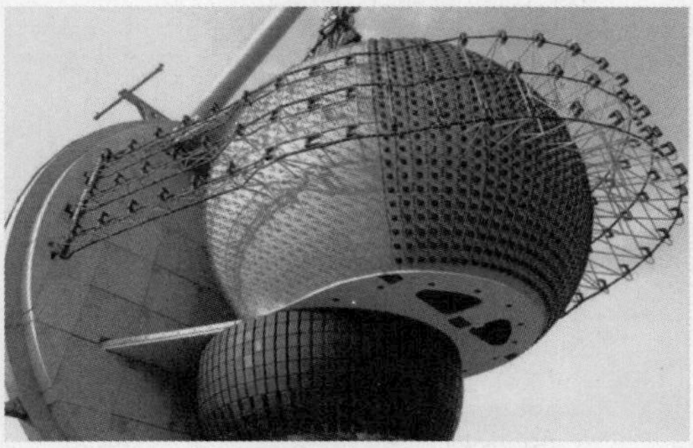

图 1-27　美国“海狼”级攻击核潜艇舰艏声呐系统

图 1－28　俄罗斯基洛级潜艇艇艏声呐换能器阵

图 1－29　日本金刚级驱逐舰球鼻艏中的声呐阵列

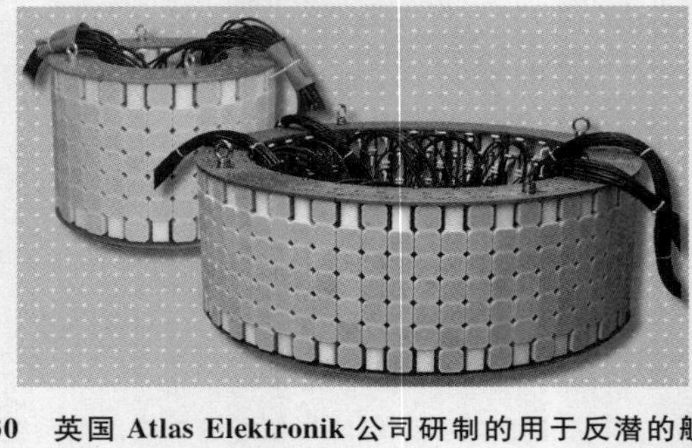

图 1－30　英国 Atlas Elektronik 公司研制的用于反潜的舰载声呐

图1-31　法国 Thales 公司研制的 FLASH 吊放式声呐

除了上述军事用途外，纵振换能器也被广泛应用于民用领域。图1-32所示为超声清洗用 Tonpilz 换能器及其阵列。图1-33所示为一种分裂波束鱼探仪换能器以及一种四频鱼探仪换能器。图1-34所示为两种纵振低频声源，一种是压电陶瓷激励的 Tonpilz 换能器，另一种是超磁致伸缩驱动的 Tonpilz 换能器。

(a)　　(b)

图1-32　超声清洗用 Tonpilz 换能器及其阵列

(a)　　(b)

图1-33　一种分裂波束鱼探仪换能器及一种四频鱼探仪换能器[46]

（a）　　　　　　　　　　　　（b）

图 1-34　两种纵振低频声源

(a)压电陶瓷激励的 Tonpilz 换能器(谐振频率低于 3 kHz)[47]；

(b)超磁致伸缩驱动的 Tonpilz 换能器(谐振频率为 1.6 kHz)[48]

除了上述水下相关的部分应用外，纵振换能器在其他领域也有广泛应用，例如随钻测井、超声焊接、无损检测、医疗超声以及压电式激振器等。随着功能材料性能的提升、纵振系统结构的创新以及制作工艺的优化改进，相信纵向振动换能器依然会保持广阔的应用空间，在各类应用中发挥重要的作用。

第 2 章　电-机转换功能材料及其物理效应

2.1　电-机转换功能材料

功能材料是换能器进行电-声能量转换最为重要的核心部件。毫不夸张地说，功能材料研究是换能器研究的先导，如果没有性能优异的电-机转换(Electromechanical Transduction)功能材料，也就不可能开发出满足需求的换能器器件。从本质上讲，换能器的电声转换行为取决于功能材料的电-机转换机理，因此功能材料是换能器研制、应用和发展的关键因素[49]。迄今为止，应用较为广泛的功能材料大致分为两类：①压电铁电材料，主要指压电陶瓷，当然还包括压电单晶、压电高聚物、压电复合材料、弛豫铁电单晶等[50]；②磁致伸缩材料，主要指近几十年来快速发展起来的稀土超磁致伸缩材料，即铽镝铁合金[51]。这两类功能材料的分类如下：

- 压电铁电材料
  - 压电单晶(石英、罗息盐)
  - 压电陶瓷
  - 压电高聚物
  - 压电复合材料
  - 弛豫铁电体
- 磁致伸缩材料
  - 传统磁致伸缩材料(铁、钴、镍、铁氧体)
  - 超磁致伸缩材料
  - 大磁致伸缩材料

2.1.1　压电铁电材料的发展

从 1880 年居里兄弟发现石英具有压电性至今，压电材料的发展可归纳为四个阶段，即单晶石英(Single - crystal Quartz)、单晶罗息盐(Single - crystal Rochelle Salt)、钛酸钡(Barium Titanate，BT)陶瓷和锆钛酸铅(Lead Zirconate Titanate，PZT)陶瓷，如图 2 - 1 和图 2 - 2 所示。第一次世界大战期间，Langevin 应用石英晶体制成水声换能器，从此压电晶体及其应用的研究才开始取得重大发展。1919 年，第一个罗息盐电声器件问世。在随后的 20 年里，人们对热释电晶体（Pyroelectric）和铁电晶体（Ferroelectric）进行了研究，直到 1943 年钛酸钡陶瓷的发现，标志着压电陶瓷从单晶发展到了多晶新领域。1954 年，B. Jaffe 成功研制出锆钛酸铅二元系压电陶瓷。它具有优良的压电性能，从此翻开了压电陶瓷应用史上新的一页。1965 年，日本成功研制了含铌镁酸铅的三元系压电陶瓷，此后各种性能优良的单元系、二元系、三元系、四元系压电陶瓷以及非铅陶瓷、压电半导体陶瓷、铁电热释电陶瓷不断问世，大大促进了压电陶瓷的发展和应用。20 世纪 70 年代国际上开始研究弛豫铁电单晶材料，1997 年其研究取得了突破性进展，成功生长出了接近实用尺寸的新型弛豫铁电单晶——铌镁酸铅-钛酸铅（PMNT）和铌锌酸铅-钛酸铅（PZNT）。该材料的压电系数为传统 PZT 的 3～6 倍。当前压电陶瓷品种繁多，尤以 PZT 系列应用最为广泛，其主要特点是具有优异的机电性能，构形灵活，极化方向可控等，但其密度较大，特性阻抗较高，与水介质的声匹配效果不佳。目前我国已出台了多个关于压电陶瓷的行业命名[52]及测试标准，产品性能达到国际水平[53]。

(a) (b)

图 2－1　法国物理学家居里兄弟发现压电效应

图 2－1(a)从左至右依次为 Pierre Curie(1905 年)和 Jacques Curie(1926 年)。

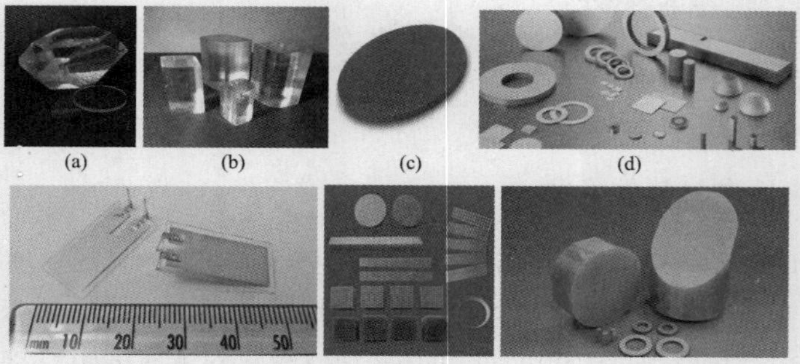

(a) (b) (c) (d)

(e) (f) (g)

图 2－2　压电铁电功能材料

(a)石英晶体；(b)罗息盐晶体；(c)钛酸钡陶瓷；(d)锆钛酸铅陶瓷；

(e)聚偏二氟乙烯薄膜；(f)压电复合材料；(g)弛豫铁电单晶

从 20 世纪 40 年代中期开始，人们发现生物有机体组织具有一定的压电性，至 1969 年 H. Kawai 发现聚偏二氟乙烯薄膜（Polyvinglidene Difluoride，PVDF）经极化处理后具有较强的压电性能，从此之后有机压电材料及其应用开始迅速发展[54]。这种压电高聚物的特点是：密度小（2 g/cm^3），声阻抗与水相近，灵敏度较高，制作成本低，但极化困难，适用于制作水听器，不宜制作发射器。

为了综合压电陶瓷和压电高聚物的优点，1978 年美国的 R. E. Newnham 等提出应用 PZT 与聚合物进行复合的构想，从此压电复合材料（Piezoelectric Compostite Material，PCM）得以发展，并取得显著成果[55]。与压电陶瓷相比，压电复合材料改善了压电陶瓷的物理性能和机电参数，已在相关领域取得了好的应用效果。

2.1.2　磁致伸缩材料的发展

磁致伸缩现象的研究开始于 1842 年 James Prescott Joule 发现焦耳效应（正磁致伸缩效应，见图 2－3），随后在 1865 年 Emilio Villari 又发现了维拉里效应（反磁致伸缩效应，见图 2－4）[56]。20 世纪 40 年代，人们发现铁、钴、镍、铝等合金具有较大的磁致伸缩系数[57]，进入 60 年代，人们又发现了铁氧体材料，这些都称为传统的磁致伸缩材料，它们在换能器的应用上都存在一定的局限性。

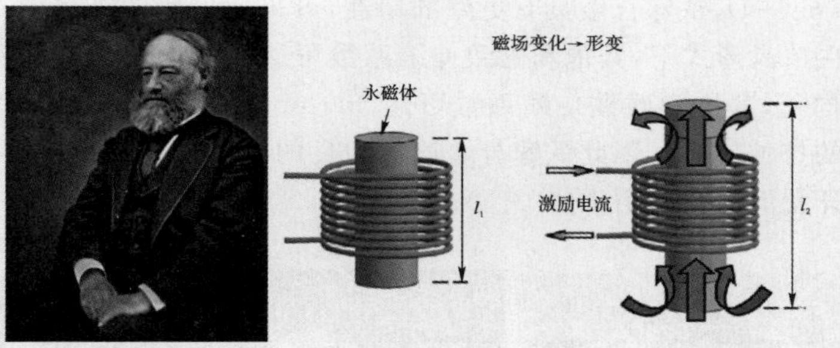

图 2－3　英国物理学家 James Prescott Joule 发现焦耳效应（正磁致伸缩效应）

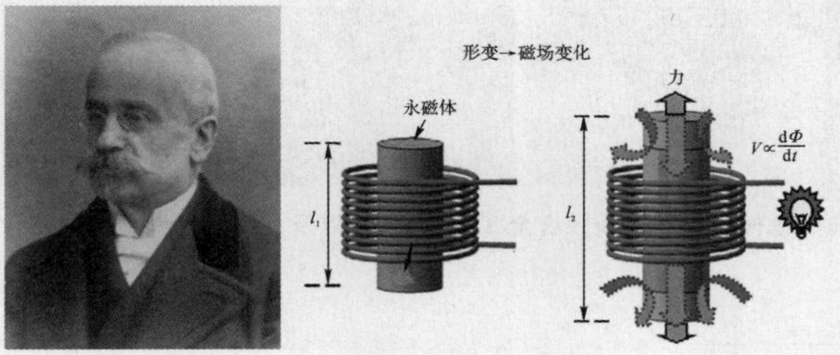

图 2－4　意大利物理学家 Emilio Villari 发现维拉里效应（反磁致伸缩效应）

20 世纪 70 年代初期，美国水面武器中心的 Clark 发现 RFe_2 型二元稀土-铁化合物在常温下具有很大的磁致伸缩系数[58]，20 世纪 80 年代进一步发展成了三元稀土铁化合物，典型材料为 $Tb_xDy_{1-x}Fe_{2-y}$，由于它能获得更大的磁致伸缩系数，故被称为超磁致伸缩材料（Giant Magnetostrictive Material，GMM），并出现了牌号为 Terfenol－D（成分为 $Tb_{0.27}Dy_{0.73}Fe_{1.93}$）的商品化产品[59]（见图 2－5）。这种材料的性能更加稳定，与传统材料相比其主要特点是：可承受压力高达 200～700 MPa，为深海工作提供可能；磁致伸缩应变大（是镍的40～50 倍，是 PZT 材料的 5～8 倍），故在低频下可使换能器获得很高的体积速度和声源级；能量密度高（是镍的 400～500 倍，是 PZT 材料的 10～14 倍），有利于大功率发射；声速低（是镍的 1/3，约为 PZT 的 1/2），有利于换能器的小型化设计；高的机电转换效率，是 PZT 材料的 6～30 倍；还有频带宽、激励电压低、响应速度快、居里温度高、可靠性好等优点[60-61]。可见，这种材料十分适合于低频大功率换能器的研制[62]。

1998 年，另一种大磁致伸缩材料（Large Magnetostrictive Material，LMM）在美国海军水面战中心（Naval Surface Warfare Center，NSWC）研制成功，这就是 Galfenol[63]（见图 2－5），其主要组成元素是铁（Fe）、镓（Ga）。相对于铽镝铁合金 Terfenol－D，铁镓合金具有更好的韧性，可采用一般的金属加工工艺进行深加工。在单晶形式下，其饱和磁致伸缩系数可达 400 ppm①，在相对容易生产的多晶结构下，其饱和磁致伸缩系数可达 300 ppm。铁镓合金可以承受 400～500 MPa 的拉伸应力。因此铁镓合金兼具优良的机械性能和磁致伸缩特性，具有很大的开发潜力和应用价值[64]。

图 2－5　超磁致伸缩材料铽镝铁合金 Terfenol－D 以及大磁致伸缩材料铁镓合金 Galfenol

① 1 ppm $=10^{-6}$。

目前，人们对水声换能器的研究主要基于上述压电铁电和磁致伸缩两大类功能材料。一般根据换能器性能指标的要求和应用需求的不同来选择材料。由于换能器是通过功能材料的某种特殊物理效应来实现电声能量相互转换的，所以这些物理效应与功能材料的物理特性是密切相关的。下面将分别介绍压电效应、电致伸缩效应和磁致伸缩效应及其换能机理、本构方程和应用条件等。

2.2　压电陶瓷及其压电效应

20 世纪 40 年代，钛酸钡陶瓷的出现，拉开了压电陶瓷研究和应用的序幕。1954 年，B. Jaffe 成功研制出锆钛酸铅(PZT)二元系压电陶瓷，从此翻开了压电陶瓷应用的新篇章[65]。经过几十年的发展，形成了品种繁多的局面，其中尤以 PZT 系列应用最为广泛。压电陶瓷之所以能够完成电-机之间的相互转换，是由其内部晶体结构和物理属性决定的。

2.2.1　压电陶瓷的物理性能

压电陶瓷属于多晶体，它具有晶体的通性，即解理性、自限性、均匀性、对称性、各项异性以及晶面角守恒等[66]。同时作为可实现电-机能量转换的功能材料，它还具有不可或缺的三个特性，即介电性、弹性和压电性。

1. 压电陶瓷的介电性(Dielectricity)

首先介绍电介质的特性。电介质的电子和原子核的结合能力很强，一般电子不能挣脱原子核的束缚，因此电介质的电阻率很大、导电能力很差。从宏观来看，电介质是电中性的。但在外电场作用下，电介质中会出现极化电荷，这种现象称为电介质的极化。衡量电介质极化程度的物理量称为电极化强度，它定义为单位体积内分子电偶极矩的矢量和，即

$$\boldsymbol{P}=\frac{\sum \boldsymbol{p}}{\Delta V} \tag{2.1}$$

电介质任一点的极化强度与该点的合场强 $\boldsymbol{E}$ 存在如下关系：

$$\boldsymbol{P}=\chi_e \varepsilon_0 \boldsymbol{E} \tag{2.2}$$

式中：χ_e 为电介质的电极化率；ε_0 为真空介电系数。

我们可以根据高斯定理来描述电介质的静电场属性，表述为通过任一闭合曲面 S 的电场强度通量，等于该曲面内电荷量的代数和除以 ε_0，即

$$\oiint_S \boldsymbol{E}\cdot \mathrm{d}S=\frac{1}{\varepsilon_0}\left(\sum q_0+\sum q'\right) \tag{2.3}$$

式中：q_0 为自由电荷；q' 为极化电荷。

为了解决极化电荷带来的不便，引入电位移的概念，即

$$\boldsymbol{D}=\varepsilon_0\boldsymbol{E}+\boldsymbol{P}=\varepsilon_0\boldsymbol{E}+\chi_e\varepsilon_0\boldsymbol{E}=\varepsilon_0(1+\chi_e)\boldsymbol{E}=\varepsilon_0\varepsilon_r\boldsymbol{E} \tag{2.4}$$

式中：ε_r 为相对介电系数。

此时式(2.3) 变为

$$\oiint_S \boldsymbol{D}\cdot \mathrm{d}S=\sum q_0 \tag{2.5}$$

式中：$\boldsymbol{D}$ 为电位移，单位为 $\mathrm{C/m^2}$，没有明确的物理意义。这里仅仅是为了高斯处理时不考虑极化电荷的分布[67]。

压电陶瓷是一种电介质。从晶体结构上来看，压电陶瓷是由许多的小晶粒构成的，压电陶瓷 SEM 照片及其电畴自极化示意图如图 2－6 所示。为了使压电陶瓷处于能量(静电能与弹性能)最低状态，晶粒中就会出现若干小区域，每个小区域内的晶胞具有相同的自发极化方向，但邻近区域之间的自发极化方向不同。自发极化方向一致的区域称为电畴。就压电陶瓷整体而言，因各电畴的极化方向是杂乱无章的，所以压电陶瓷的总电偶极矩等于零，它对外显电中性。在这种状态下，压电陶瓷的极化强度为零，称这种状态为去极化状态。

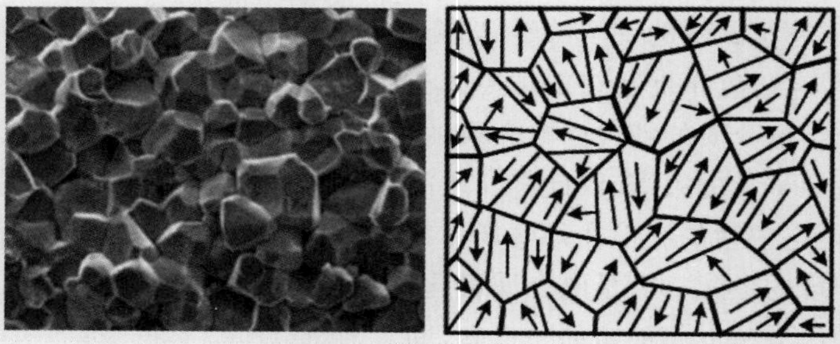

图 2－6　压电陶瓷 SEM 照片及其电畴自极化示意图

将一个处于去极化状态下的“压电陶瓷”置于电场中，它将产生极化强度和电位移。当循环变化外加电场时会发现存在一种电滞现象，如图 2－7 所示。具体表现为，在外加电场持续加大至饱和后(A 处)，此时逐渐减小电场，极化曲线并不按原曲线(虚线)减小，而是按另一条曲线(线 ABC)变化。当外加电场减小到零时，极化强度仍保留一个值 P_r(B 点)，称它为剩余极化强度。循环变化外加电场会得到图 2－7 所示的电滞回线。把具有这种特性的材料称为铁电体，而压电陶瓷就是一种铁电体。

将一个处于去极化状态下的“压电陶瓷”经强电场作用(该电场取决于矫顽

场的值，一般高达几十 kV/mm）极化至饱和后移去电场，此时陶瓷将保留一定的剩余极化强度，这道工序称为极化处理，其原理示意图如图 2-8 所示。只有经过极化处理的压电陶瓷才是真正意义上的压电陶瓷，才具有线性压电效应。

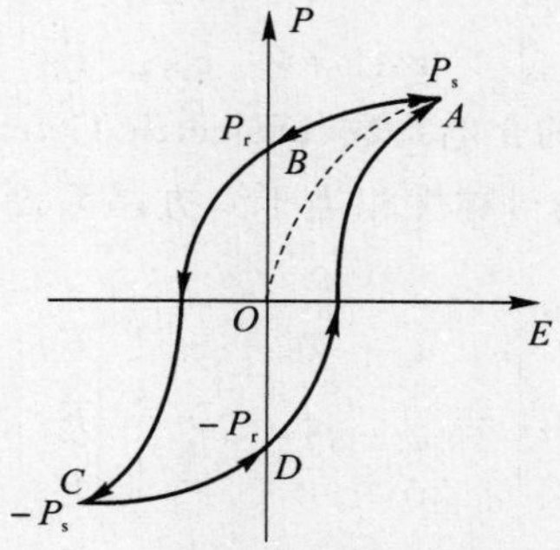

图 2-7　铁电体的电滞回线示意图

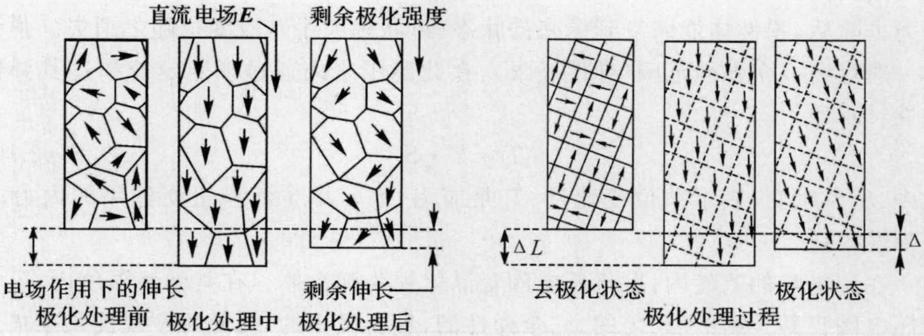

图 2-8　铁电材料的极化原理示意图

在压电陶瓷完成极化处理后，其电介质属性是各向异性的。某一方向的外加电场作用会导致不同方向的电极化强度发生变化。在一般情况下，电极化强度矢量 $\boldsymbol{P}$ 和电场强度矢量 $\boldsymbol{E}$ 的各分量间存在以下线性关系：

$$\begin{bmatrix} P_1 \\ P_2 \\ P_3 \end{bmatrix} = \begin{bmatrix} \eta_{11} & \eta_{12} & \eta_{13} \\ \eta_{12} & \eta_{22} & \eta_{23} \\ \eta_{13} & \eta_{23} & \eta_{33} \end{bmatrix} \begin{bmatrix} E_1 \\ E_2 \\ E_3 \end{bmatrix} \begin{matrix} x \\ y \\ z \end{matrix} \tag{2.6}$$

式中：x、y、z 表示各分量的方向；η_{ij} 是介电极化率分量，表示当其余电场强度分量全为零时，j 方向的附加单位电场在 i 方向上产生的电极化强度，并且有 $\eta_{ij}=\eta_{ji}$。此时晶体中的电位移矢量 $\boldsymbol{D}$ 可表示为

$$[\boldsymbol{D}]=\varepsilon_0[\boldsymbol{E}]+[\boldsymbol{P}] \tag{2.7}$$

于是,描述压电陶瓷晶体电学本构关系的介电方程可表示为

$$\begin{bmatrix} D_1 \\ D_2 \\ D_3 \end{bmatrix}=\begin{bmatrix} \varepsilon_{11} & \varepsilon_{12} & \varepsilon_{13} \\ \varepsilon_{12} & \varepsilon_{22} & \varepsilon_{23} \\ \varepsilon_{13} & \varepsilon_{23} & \varepsilon_{33} \end{bmatrix}\begin{bmatrix} E_1 \\ E_2 \\ E_3 \end{bmatrix}\begin{matrix} x \\ y \\ z \end{matrix} \tag{2.8}$$

式中:ε_{ij} 为压电陶瓷晶体的介电系数(Dielectric Constant)。对于一个沿 z 轴极化处理的压电陶瓷来讲,其对称性相当于六方晶系 6 mm 点群晶体[68],式(2.8)可以简化为

$$\begin{bmatrix} D_1 \\ D_2 \\ D_3 \end{bmatrix}=\begin{bmatrix} \varepsilon_{11} & 0 & 0 \\ 0 & \varepsilon_{11} & 0 \\ 0 & 0 & \varepsilon_{33} \end{bmatrix}\begin{bmatrix} E_1 \\ E_2 \\ E_3 \end{bmatrix}\begin{matrix} x \\ y \\ z \end{matrix} \tag{2.9}$$

2. 压电陶瓷的弹性(Elasticity)

首先介绍弹性体的特性。弹性体在外力的作用下,它的形状和大小会发生变化,这种现象称为应变,例如伸缩应变、弯曲应变、扭转应变、剪切应变等。在外力去除后,弹性体能恢复到原来的状态(形状和大小),应变也随之消失。弹性体一般存在一个弹性范围(弹性极限),在此范围之内通过胡克定律描述其弹性特性,即

$$T=Y\cdot S \tag{2.10}$$

式中:S 为应变,表示单位变化量;T 是应力,表示单位面积上所作用的内力;Y 是弹性模量。

在压电学的范畴内,可将压电陶瓷晶体视为弹性体。在其弹性限度内,可认为压电陶瓷是连续的、均匀的、完全弹性的、形变微小的,因此可按线性关系描述其弹性特性。由于压电陶瓷晶体呈各向异性,所以这些弹性物理量都是高阶张量。根据广义胡克定律,考虑压电陶瓷晶体的点群对称性,可得沿 z 轴极化的压电陶瓷晶体弹性本构关系的物理方程为

$$\begin{bmatrix} S_1 \\ S_2 \\ S_3 \\ S_4 \\ S_5 \\ S_6 \end{bmatrix}=\begin{bmatrix} s_{11} & s_{12} & s_{13} & 0 & 0 & 0 \\ & s_{11} & s_{13} & 0 & 0 & 0 \\ & & s_{33} & 0 & 0 & 0 \\ & \text{对} & & s_{44} & 0 & 0 \\ & & \text{称} & & s_{44} & 0 \\ & & & & & s_{66} \end{bmatrix}\cdot\begin{bmatrix} T_1 \\ T_2 \\ T_3 \\ T_4 \\ T_5 \\ T_6 \end{bmatrix}\begin{matrix} x \\ y \\ z \\ yz \\ zx \\ xy \end{matrix} \tag{2.11}$$

式中:S_i 为应变分量;T_i 为应力分量;s_{ij} 表示晶体的柔性系数(Compliance Coefficients)。式(2.11)的书写格式遵循国际通用标准,即 IEEE 标准[69]。

3. 压电陶瓷的压电性(Piezoelectricity)

压电陶瓷晶体的介电性和弹性属性分别在电学和力学领域进行描述,但没有涉及二者之间的耦合效应——机电耦合效应。机电耦合效应的线性部分就是压电效应。因此,压电效应反映的是压电陶瓷晶体弹性和介电性之间的相互耦合作用。

压电陶瓷的压电效应有正向和反向之分。所谓正向压电效应是指压电陶瓷在受外力作用下,除发生形变及内部产生应力外,还会产生极化强度及电位移,而且所产生的极化强度及电位移与应变或应力成正比例关系;反向压电效应是指当压电陶瓷受电场作用时,除产生极化强度和电位移外,还会产生应变并产生应力,所产生的应变和应力与电场强度或电位移成正比例关系。

压电陶瓷正是通过正向和反向压电效应实现电、机之间的相互转换的。但对于一个处于去极化状态的“压电陶瓷”来说,是不具备这样的特性的。当“压电陶瓷”处于去极化状态时,其内部电畴的自发极化方向在统计学上来讲是各向均匀分布的,整个“压电陶瓷”的宏观极化强度为零。如果对处于这种状态的“压电陶瓷”某个方向(如 z 轴方向)施以力 F(见图 2-9),假设“压电陶瓷”在外力作用下发生形变长了 Δl,此时“压电陶瓷”内部电畴的极化方向将随着形变发生偏移,使其极化方向沿着形变伸长的方向偏转。但总体来讲,转向 z 轴反方向和转向 z 轴正方向的电畴在数量上是相当的,因此在宏观上极化强度仍然为零。也就是说,处于去极化状态的“压电陶瓷”尽管受到了外力的作用产生了形变,但不会在电极面上聚积电荷,因此不具备正向压电效应。同样地,如果力 F 作用在某个经极化处理的压电陶瓷上,由于此时电畴极化强度方向的偏转具有同向性,所以压电陶瓷的形变会使得极化强度沿同一方向趋于一致,这时电极面上将会有电荷聚积,这时才具有正向压电效应。

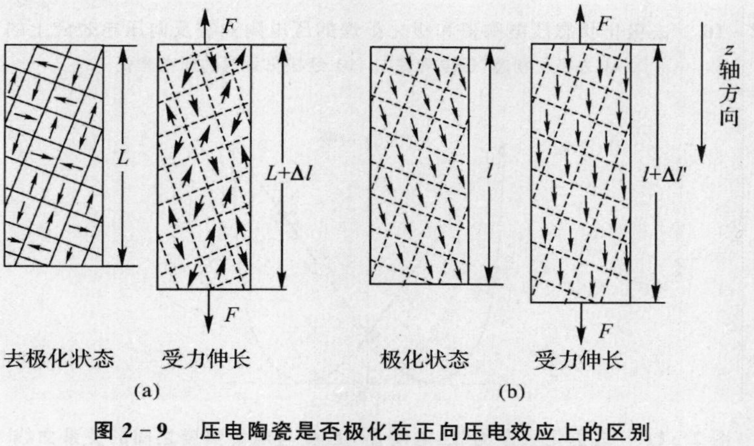

图 2-9　压电陶瓷是否极化在正向压电效应上的区别

(a) 去极化状态“压电陶瓷”; (b) 经极化处理的压电陶瓷

如果对处于去极化状态的"压电陶瓷"施加外加电场激励，将会产生极化强度，陶瓷内部电畴结构发生变化，陶瓷的外在表现是产生形变，但是沿 z 轴正方向的电场激励和沿 z 轴反方向的电场激励引起的形变效果将是一样的，如图 2-10 所示。图 2-11 是去极化状态的"压电陶瓷"应变与电场强度之间的关系曲线。从图 2-11 中可以看出，无论是施加正向电场激励还是施加反向电场激励，都将使得"压电陶瓷"沿激励方向伸长，并且二者之间的变化关系是非线性的，大概近似于虚线所示的二次方关系，这种关系也就是后面要提及的电致伸缩效应。由上述内容可知：一个处于去极化状态的"压电陶瓷"在受到外电场的作用时将产生形变，但这种形变不是线性的，因此不具备线性的反向压电效应；如果想要获得线性关系的反向压电效应，可采用偏置电场附加小信号交变电场的方式获得，如图中位置 A 或位置 B 处。但对压电陶瓷施加一个大的直流偏置电场在实际应用中极为不便，因此通常的做法是对压电陶瓷极化处理后，使其保留剩余应变和剩余极化，此时只需要施加小信号交变电场激励，就可以获得线性的反向压电效应了，见图 2-11 中的位置 C 处。

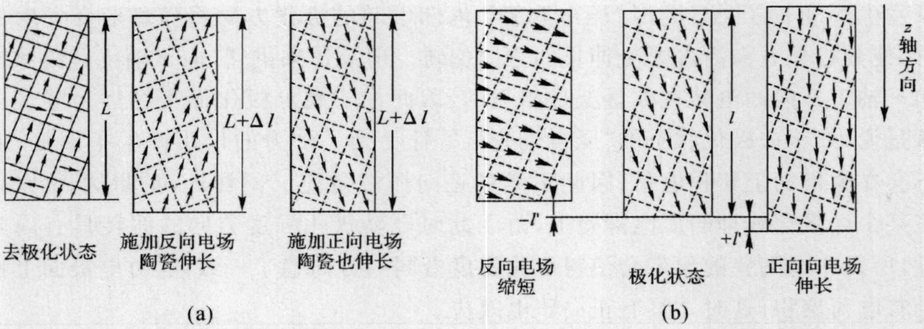

图 2-10　去极化状态压电陶瓷和极化处理的压电陶瓷在反向压电效应上的区别

(a) 去极化状态"压电陶瓷"；(b) 经极化处理的压电陶瓷

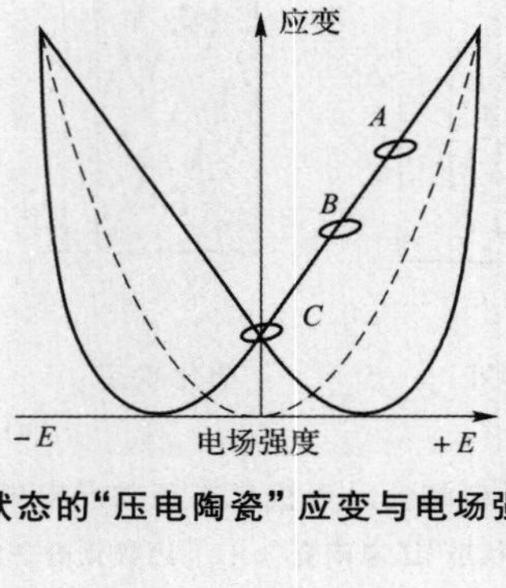

图 2-11　去极化状态的"压电陶瓷"应变与电场强度之间的关系曲线

可见，只有经过极化处理(Polarization)[70] 的压电陶瓷才具有正、反向压电效应，才能实现电-机之间的同频线性相互转换，才可被用作换能器的功能材料实现电声转换。

对于压电陶瓷晶体而言，我们用介电系数来描述其介电性质，用弹性系数来描述其弹性性质，这里引入压电系数来描述其压电性质。

正向压电效应是在没有外界电场作用的情况下，仅由弹性体的形变而产生极化现象的，因此这个过程反映的是弹性物理量(**T** 或 **S**)引起电学物理量(**D** 或 **E**)的变化关系。同样考虑压电陶瓷晶体的点群对称性，对一个沿 z 轴极化的压电陶瓷晶体来说，用 D_i 和 T_i 描述其正向压电效应的关系式如下：

$$\begin{bmatrix} D_1 \\ D_2 \\ D_3 \end{bmatrix} = \begin{bmatrix} 0 & 0 & 0 & 0 & d_{15} & 0 \\ 0 & 0 & 0 & d_{15} & 0 & 0 \\ d_{31} & d_{31} & d_{33} & 0 & 0 & 0 \end{bmatrix} \cdot \begin{bmatrix} T_1 \\ T_2 \\ T_3 \\ T_4 \\ T_5 \\ T_6 \end{bmatrix} \begin{matrix} x \\ y \\ z \\ yz \\ zx \\ xy \end{matrix} \tag{2.12a}$$

式中：d_{ij} 表示晶体的压电应变系数(Piezoelectric Strain Constant)。

与上面的过程相反，反向压电效应反映的是外加电场产生形变的过程，用 S_i 和 E_i 描述如下：

$$\begin{bmatrix} S_1 \\ S_2 \\ S_3 \\ S_4 \\ S_5 \\ S_6 \end{bmatrix} \begin{matrix} x \\ y \\ z \\ yz \\ zx \\ xy \end{matrix} = \begin{bmatrix} 0 & 0 & d_{31} \\ 0 & 0 & d_{31} \\ 0 & 0 & d_{33} \\ 0 & d_{15} & 0 \\ d_{15} & 0 & 0 \\ 0 & 0 & 0 \end{bmatrix} \cdot \begin{bmatrix} E_1 \\ E_2 \\ E_3 \end{bmatrix} \tag{2.12b}$$

当然对于压电陶瓷晶体还存在所谓的二次压电效应，这是一种压电反作用，它对压电体的弹性和介电性会产生一定的影响。二次压电效应与应用边界条件密切相关，压电陶瓷晶体只有在电学开路条件下才会由应力产生二次压电效应，也只有在机械自由条件下才能由电场产生二次压电效应。关于这方面的理论可参阅文献[71]。

2.2.2　压电方程

压电方程是对压电体弹性、介电性和压电性的统一描述，是反映压电体中电位移 **D**、电场强度 **E**、应力张量 **T** 和应变张量 **S** 之间关系的数学表述，它是压电体研究和应用的基础。压电方程研究的是压电体在弹性限度范围内上述物理量间的线性关系，它的导出完全建立在实验的基础之上，但可通过热力学理论严格论证[72]。

压电振子的应用与边界条件是分不开的，其中：机械边界条件有两种 —— 机械自由和机械夹持；电学边界条件也有两种 —— 电学开路和电学短路。

(1) 机械自由边界条件。如果压电陶瓷晶片的中心被夹住，晶片的边界却处于机械自由状态，这时边界上的应力 $\boldsymbol{T}\,|_{边界}=\mathbf{0}$，应变 $\boldsymbol{S}\neq\mathbf{0}$，这样的边界称为机械自由条件。

(2) 机械夹持边界条件。如果压电陶瓷晶片的边界被刚性夹住，这时边界上的应变 $\boldsymbol{S}\,|_{边界}=\mathbf{0}$，应力 $\boldsymbol{T}\neq\mathbf{0}$，这样的边界称为机械夹持条件。

(3) 电学短路边界条件。如果测量电路的电阻远小于晶片电阻，那么可认为外电路处于短路状态，这时电极面上没有电荷积累，即晶片内的电场 $\boldsymbol{E}=\mathbf{0}$(或常数)，这样的电学边界条件称为电学短路边界条件。

(4) 电学开路边界条件。如果测量电路的电阻远大于晶片的内电阻，那么可认为外电路处于开路状态，这时电极面上的自由电荷保持不变，即晶片内的电位移 $\boldsymbol{D}=\mathbf{0}$(或常数)，这样的电学边界条件称为电学开路边界条件。

针对不同的边界条件，为了运算和应用方便，可以选择不同的自变量，因此可将压电方程写成以下 4 种形式，见表 2-1。

表 2-1　压电方程的 4 种形式

形式	边界条件	压电方程
第 1 类 (d 型)	机械自由：$\boldsymbol{T}=\mathbf{0},c$；$\boldsymbol{S}\neq\mathbf{0},c$ 电学短路：$\boldsymbol{E}=\mathbf{0},c$；$\boldsymbol{D}\neq\mathbf{0},c$	$\boldsymbol{S}=\boldsymbol{s}^{E}\boldsymbol{T}+\boldsymbol{d}_{t}\boldsymbol{E}$ $\boldsymbol{D}=\boldsymbol{\varepsilon}^{T}\boldsymbol{E}+\boldsymbol{d}\boldsymbol{T}$
第 2 类 (e 型)	机械夹持：$\boldsymbol{S}=\mathbf{0},c$；$\boldsymbol{T}\neq\mathbf{0},c$ 电学短路：$\boldsymbol{E}=\mathbf{0},c$；$\boldsymbol{D}\neq\mathbf{0},c$	$\boldsymbol{T}=\boldsymbol{c}^{E}\boldsymbol{S}-\boldsymbol{e}_{t}\boldsymbol{E}$ $\boldsymbol{D}=\boldsymbol{\varepsilon}^{s}\boldsymbol{E}+\boldsymbol{e}\boldsymbol{S}$
第 3 类 (g 型)	机械自由：$\boldsymbol{T}=\mathbf{0},c$；$\boldsymbol{S}\neq\mathbf{0},c$ 电学开路：$\boldsymbol{D}=\mathbf{0},c$；$\boldsymbol{E}\neq\mathbf{0},c$	$\boldsymbol{S}=\boldsymbol{s}^{D}\boldsymbol{T}+\boldsymbol{g}_{t}\boldsymbol{D}$ $\boldsymbol{E}=\boldsymbol{\theta}^{T}\boldsymbol{D}-\boldsymbol{g}\boldsymbol{T}$
第 4 类 (h 型)	机械夹持：$\boldsymbol{S}=\mathbf{0},c$；$\boldsymbol{T}\neq\mathbf{0},c$ 电学开路：$\boldsymbol{D}=\mathbf{0},c$；$\boldsymbol{E}\neq\mathbf{0},c$	$\boldsymbol{T}=\boldsymbol{c}^{D}\boldsymbol{S}-\boldsymbol{h}_{t}\boldsymbol{D}$ $\boldsymbol{E}=\boldsymbol{\theta}^{s}\boldsymbol{D}-\boldsymbol{h}\boldsymbol{S}$

上述压电方程中：上标“E”表示恒定电场，也称恒 E 状态或短路状态；上标

"D"表示恒定电位移，也称恒 D 状态或开路状态；上标"S"表示恒定应变，也称恒 S 状态或截止状态；上标"T" 表示恒定应力，也称恒 T 状态或自由状态；下标"t" 表示矩阵的转置。各系数含义见表 2－2。

表 2－2　压电方程中各系数含义

名称		符号	边界条件	物理意义	单位
介电常数	自由介电系数或恒定应力介电系数	ε^{T}_{mn}	$\boldsymbol{T}=0, c$	$\left(\frac{\partial D_m}{\partial E_n}\right)^{T}$	$\frac{F}{m}$
	夹持介电系数或恒定应变介电系数	ε^{S}_{mn}	$\boldsymbol{S}=0, c$	$\left(\frac{\partial D_m}{\partial E_n}\right)^{S}$	$\frac{F}{m}$
	自由介电隔离率系数或恒定应力介电隔离率系数	θ^{T}_{nm}	$\boldsymbol{T}=0, c$	$\left(\frac{\partial E_n}{\partial D_m}\right)^{T}$	$\frac{m}{F}$
	夹持介电隔离率系数或恒定应变介电隔离率系数	θ^{S}_{nm}	$\boldsymbol{T}=0, c$	$\left(\frac{\partial E_n}{\partial D_m}\right)^{S}$	$\frac{m}{F}$
弹性常数	短路柔性系数或恒定电场柔性系数	s^{E}_{ij}	$\boldsymbol{E}=0, c$	$\left(\frac{\partial S_i}{\partial T_j}\right)^{E}$	$\frac{m^2}{N}$
	短路刚度系数或恒定电场弹性系数	c^{E}_{ji}	$\boldsymbol{E}=0, c$	$\left(\frac{\partial T_j}{\partial S_i}\right)^{E}$	$\frac{N}{m^2}$
	开路柔性系数或恒定电位移柔性系数	s^{D}_{ij}	$\boldsymbol{D}=0, c$	$\left(\frac{\partial S_i}{\partial T_j}\right)^{D}$	$\frac{m^2}{N}$
	开路刚度系数或恒定电位移弹性系数	c^{D}_{ji}	$\boldsymbol{D}=0, c$	$\left(\frac{\partial T_j}{\partial S_i}\right)^{D}$	$\frac{N}{m^2}$

续表

	名称	符号	边界条件	物理意义	单位
压电常数	压电应变系数	d_{ni}	$\boldsymbol{T}=0, c$	$\left(\frac{\partial S_i}{\partial E_n}\right)^{\mathrm{T}}$	$\frac{\mathrm{m}}{\mathrm{V}}$ 或 $\frac{\mathrm{C}}{\mathrm{N}}$
		d_{mj}	$\boldsymbol{E}=0, c$	$\left(\frac{\partial D_m}{\partial T_j}\right)^{\mathrm{E}}$	
	压电应力系数	e_{nj}	$\boldsymbol{S}=0, c$	$-\left(\frac{\partial T_j}{\partial E_n}\right)^{\mathrm{S}}$	$\frac{\mathrm{N}}{\mathrm{V}\cdot\mathrm{m}}$ 或 $\frac{\mathrm{C}}{\mathrm{m}^2}$
		e_{mi}	$\boldsymbol{E}=0, c$	$\left(\frac{\partial D_m}{\partial S_i}\right)^{\mathrm{E}}$	
	压电电压系数	g_{mi}	$\boldsymbol{T}=0, c$	$\left(\frac{\partial S_i}{\partial D_m}\right)^{\mathrm{T}}$	$\frac{\mathrm{V}\cdot\mathrm{m}}{\mathrm{N}}$ 或 $\frac{\mathrm{m}^2}{\mathrm{C}}$
		g_{nj}	$\boldsymbol{D}=0, c$	$-\left(\frac{\partial E_n}{\partial T_j}\right)^{\mathrm{D}}$	
	压电劲度系数	h_{mj}	$\boldsymbol{S}=0, c$	$-\left(\frac{\partial T_j}{\partial D_m}\right)^{\mathrm{S}}$	$\frac{\mathrm{N}}{\mathrm{C}}$ 或 $\frac{\mathrm{V}}{\mathrm{m}}$
		h_{ni}	$\boldsymbol{D}=0, c$	$-\left(\frac{\partial E_n}{\partial S_i}\right)^{\mathrm{D}}$	

表2-1所列的4类压电方程构成描述压电效应的本构方程，4个方程所表达的意义完全相同，其形式上的差别仅仅是为了处理上的方便，它们之间可进行等价转换，各系数之间也可以相互推导得出，见图2-12和表2-3。图中无箭头的连线表示“相乘”，有箭头的连线表示“等于”。

例如 $\varepsilon^{\mathrm{S}}h=e$，$\varepsilon^{\mathrm{T}}g=d$，$es^{\mathrm{E}}=d$ 等。

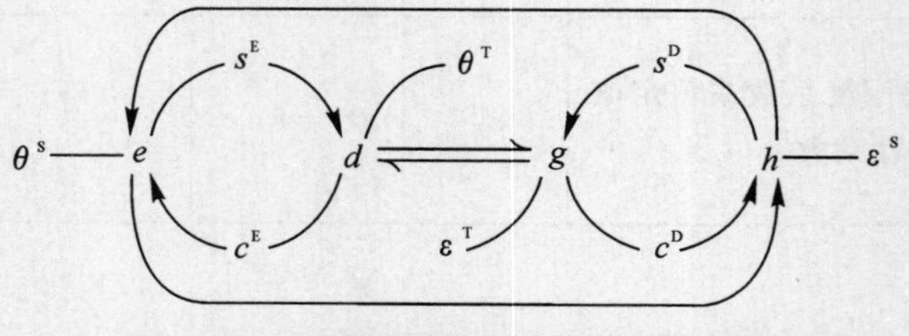

图2-12　压电方程各系数间关系示意图

表 2-3　压电方程中各系数间关系

系　数	各系数间的关系
介电系数与弹性模量、压电系数间关系	$\varepsilon^{T}-\varepsilon^{S}=de_{t}=ed_{t}=dc^{E}d_{t}=es^{E}e_{t}$
	$\theta^{S}-\theta^{T}=gh_{t}=hg_{t}=gc^{D}g_{t}=hs^{D}h_{t}$
弹性模量与介电系数、压电系数间关系	$s^{E}-s^{D}=d_{t}g=g_{t}d=d_{t}\theta^{T}d=g_{t}\varepsilon^{T}g$
	$c^{D}-c^{E}=e_{t}h=h_{t}e=e_{t}\theta^{S}e=h_{t}\varepsilon^{S}h$
压电系数与介电系数、弹性模量间关系	$d=es^{E}=\varepsilon^{T}g$
	$e=dc^{E}=\varepsilon^{S}h$
	$g=hs^{D}=\theta^{T}d$
	$h=gc^{D}=\theta^{S}e$

这里以第一类边界条件为例，一个沿 z 轴极化的压电陶瓷片在机械自由、电学短路情况下的压电方程可综合写成

$$
\begin{array}{c}
\\
\begin{bmatrix} S_1\\S_2\\S_3\\S_4\\S_5\\S_6\\ \hline D_1\\D_2\\D_3\end{bmatrix}
\end{array}
=
\begin{array}{c}
\begin{array}{ccccccccc} x & y & z & yz & zx & xy & x & y & z\end{array}\\
\left[\begin{array}{cccccc|ccc}
s_{11}^{E} & s_{12}^{E} & s_{13}^{E} & 0 & 0 & 0 & 0 & 0 & d_{31}\\
 & s_{11}^{E} & s_{13}^{E} & 0 & 0 & 0 & 0 & 0 & d_{31}\\
 & & s_{33}^{E} & 0 & 0 & 0 & 0 & 0 & d_{33}\\
 & & & s_{44}^{E} & 0 & 0 & 0 & d_{15} & 0\\
 & & & & s_{44}^{E} & 0 & d_{15} & 0 & 0\\
 & & & & & s_{66}^{E} & 0 & 0 & 0\\ \hline
0 & 0 & 0 & 0 & d_{15} & 0 & \varepsilon_{11}^{T} & 0 & 0\\
0 & 0 & 0 & d_{15} & 0 & 0 & 0 & \varepsilon_{11}^{T} & 0\\
d_{31} & d_{31} & d_{33} & 0 & 0 & 0 & 0 & 0 & \varepsilon_{33}^{T}
\end{array}\right]
\end{array}
\cdot
\begin{array}{c}
\\
\begin{bmatrix} T_1\\T_2\\T_3\\T_4\\T_5\\T_6\\ \hline E_1\\E_2\\E_3\end{bmatrix}
\end{array}
\begin{array}{c}
\text{方向}\\
\left|\begin{array}{c} x\\y\\z\\yz\\zx\\xy\\x\\y\\z\end{array}\right.
\end{array}
\tag{2.13}
$$

其他类型边界条件下、沿某方向极化的压电陶瓷的压电方程也可以写出类似的方程式。

2.2.3　压电陶瓷材料的型号命名方法

下面根据《压电陶瓷材料型号命名方法》(GB/T 3388 — 2002)，对压电材料

的型号命名方式进行了规定，如图 2－13 所示。其型号共有 4 部分，第 1 部分英文字母用以说明材料的主要组分（见表 2－4），第 2 部分为“-”符，第 3 部分用一位阿拉伯数字用以说明材料的主要特性（见表 2－5），第 4 部分数字或字母用以区别材料在同一个主要组分、同一性能特征条件下的不同[73]。

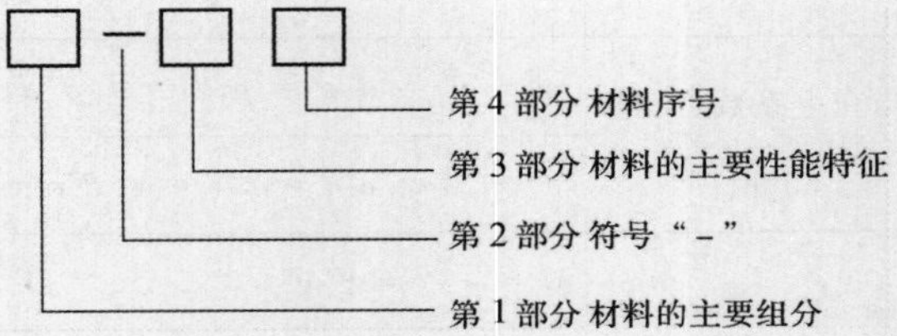

图 2－13　压电材料的型号命名方式

表 2－4　压电材料型号命名方式(第 1 部分)

化学元素符号缩写	材料的主要组分	中文名称
P(PZT)	$Pb(ZrTi)O_3$	锆钛酸铅
BT	$BaTiO_3$	钛酸钡
PT	$PbTiO_3$	钛酸铅
PN	$PbNb_2O_3$	铌酸铅

表 2－5　压电材料型号命名方式(第 3 部分)

数字	0	1	2	3	4	5	6	7	8
材料主要特征	电光	低品质因数	热释电	高温	中功率	高灵敏度	高稳定	高频	大功率

例如：P－42 表示适用于中功率发射的锆钛酸铅压电陶瓷；P－5 表示具有高灵敏度特性的适用于声波接收的锆钛酸铅压电陶瓷；P－8 表示适用于大功率发射的锆钛酸铅压电陶瓷；等等。

2.2.4　不同压电陶瓷材料在小信号下的性能参数

表 2－6 所示为国外几家公司的压电陶瓷产品的性能参数，以供读者查阅，包括 Morgan Electro Ceramic，Channel Industries，Santa Barbara，EDO Ceramics，Piezo Kinetics 等，读者可登录其网站查阅更为详尽的内容。

表 2-6　不同压电陶瓷材料在小信号下的性能参数[74]

材料参数	PZT-8 Type Ⅲ	PZT-4 Type Ⅰ	PZT-5A Type Ⅱ	PZT-5H Type Ⅵ	PMN-.33PT SingleCrystal
k_{33}	0.64	0.70	0.705	0.752	0.956 9
k_{31}	0.30	0.334	0.344	0.388	0.591 6
k_{15}	0.55	0.513	0.486	0.505	0.322 3
k_p	0.51	0.58	0.60	0.65	0.929 0
k_t	0.48	0.513	0.486	0.505	0.632 6
$\varepsilon_{33}{}^T/\varepsilon_0$	1 000	1 300	1 700	3 400	8 200
$\varepsilon_{33}{}^S/\varepsilon_0$	600	635	830	1 470	679.0
$\varepsilon_{11}{}^T/\varepsilon_0$	1 290	1 475	1 730	3 130	1 600
$\varepsilon_{11}{}^S/\varepsilon_0$	900	730	916	1 700	1 434
$d_{33}/(\mathrm{pC \cdot N^{-1}})$	225	289	374	593	2 820
d_{31}	−97	−123	−171	−274	−1 335
d_{15}	330	496	584	741	146.1
$g_{33}/(\mathrm{mVm \cdot N^{-1}})$	25.4	26.1	24.8	19.7	38.84
g_{31}	−10.9	−11.1	−11.4	−9.11	−18.39
g_{15}	28.9	39.4	38.2	26.8	10.31
$e_{33}/(\mathrm{C \cdot m^{-2}})$	14.0	15.1	15.8	23.3	20.40
e_{31}	−4.1	−5.2	−5.4	−6.55	−3.390
e_{15}	10.3	12.7	12.3	17.0	10.08
$h_{33}/(\mathrm{GV \cdot m^{-1}})$	2.64	2.68	2.15	1.80	3.394
h_{31}	−0.77	−0.92	−0.73	−0.505	−0.536 9
h_{15}	1.29	1.97	1.52	1.13	0.793 8
$s_{33}{}^E/(\mathrm{pm^2 \cdot N^{-1}})$	13.5	15.5	18.8	20.7	119.6
$s_{11}{}^E$	11.5	12.3	16.4	16.5	70.15
$s_{12}{}^E$	−3.7	−4.05	−5.74	−4.78	−13.19
$s_{13}{}^E$	−4.8	−5.31	−7.22	−8.45	−55.96
$s_{44}{}^E$	31.9	39.0	47.5	43.5	14.49

续 表

材料参数	PZT-8 Type Ⅲ	PZT-4 Type Ⅰ	PZT-5A Type Ⅱ	PZT-5H Type Ⅵ	PMN-.33PT SingleCrystal
$s_{33}{}^{D}$	8.5	7.90	9.46	8.99	10.08
$s_{11}{}^{D}$	10.1	10.9	14.4	14.05	45.60
$s_{12}{}^{D}$	−4.5	−5.42	−7.71	−7.27	−37.74
$s_{13}{}^{D}$	−2.5	−2.10	−2.98	−3.05	−4.111
$s_{44}{}^{D}$	22.6	19.3	25.2	23.7	12.99
$c_{33}{}^{E}$/GPa	132	115	111	117	103.8
$c_{11}{}^{E}$	149	139	121	126	115.0
$c_{12}{}^{E}$	81.1	77.8	75.4	79.5	103.0
$c_{13}{}^{E}$	81.1	74.3	75.2	84.1	102.0
$c_{44}{}^{E}$	31.3	25.6	21.1	23.0	69.00
$c_{33}{}^{D}$	169	159	147	157	173.1
$c_{11}{}^{D}$	152	145	126	130	116.9
$c_{12}{}^{D}$	84.1	83.9	80.9	82.8	104.9
$c_{13}{}^{D}$	70.3	60.9	65.2	72.2	90.49
$c_{44}{}^{D}$	44.6	51.8	39.7	42.2	77.00
$\rho/(\mathrm{kg \cdot m^{-3}})$	7 600	7 500	7 750	7 500	8 038
Q_m	1 000	600	75	65	
tanδ	0.004	0.004	0.02	0.02	<0.01
T_c/℃	300	330	370	195	—

2.3 弛豫铁电体及其电致伸缩效应

如果晶体在某个温度范围内不仅具有自发极化强度，而且其自发极化强度的方向能随外电场的作用而重新取向，那么这类晶体就被称为铁电体，晶体的这种性质称为铁电性。类似于铁磁体的磁滞回线，铁电体也有相似滞后关系的电滞回线，如图 2-14 所示。这种铁电现象是 Valasek 首先于 1922 年在罗息盐中发现的。20 世纪 50 年代，人们发现弛豫铁电体具有很大的电致伸缩系数而且无明显的滞后效应，从而引发了广泛且深入的研究。目前包括我国在内的很多国家都可制备性能稳定的成熟产品以供应用，例如铌镁酸铅-钛酸铅（PMN - PT）、铌铟酸铅-铌镁酸铅-钛酸铅（PIN - PMN - PT）等。图 2 - 15 所示为利用 PMN - PT 制成的 Tonpilz 型换能器。

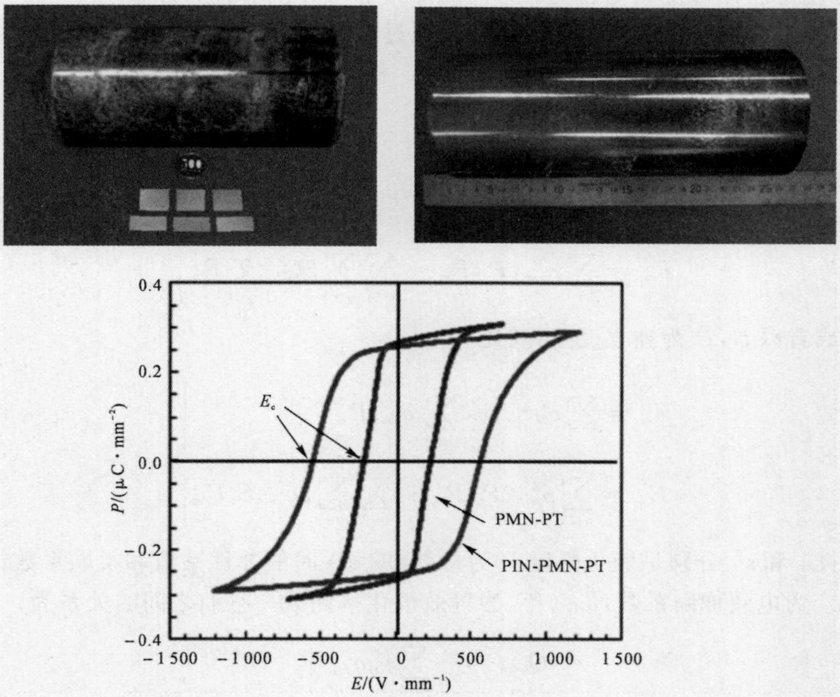

图 2 - 14　铁电单晶材料 PMN - PT、PIN - PMN - PT 以及二者的电滞回线对比[75]

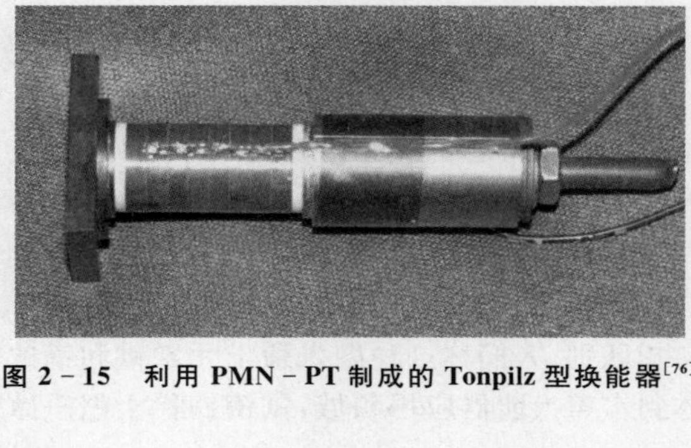

图 2 - 15　利用 PMN - PT 制成的 Tonpilz 型换能器[76]

弛豫铁电体作为一种电-机转换功能材料，应用于换能器领域，其基本原理是基于电致伸缩效应的。电致伸缩效应可表述为晶体的应变与电场强度(或极化强度)之间存在非线性关系，或者近似认为应变与电场强度(或极化强度)的二次方成比例，这与压电效应显示的线性关系是有区别的。

铁电体除了具有压电体的诸如介电性、弹性和压电性外，还必须具备铁电性，也就是晶体自发极化强度的方向能随外电场的作用而重新取向。

对于压电体而言，其压电效应可以通过压电方程来描述，同样铁电体的电致伸缩效应也可以用电致伸缩方程来描述。根据铁电体的热力学函数，可以导出电致伸缩方程为

$$\left.\begin{aligned} S_i &= \sum_{j=1}^{6} s_{ij}^{\mathrm{P}} T_j + \sum_{m,n=1}^{3} Q_{imn} P_m P_n \\ E_m &= \sum_{n=1}^{3} \rho_{mn}^{\mathrm{T}}(P) P_n - \sum_{i=1}^{6} \sum_{n=1}^{3} 2 Q_{imn} T_i P_n \end{aligned}\right\} \tag{2.14}$$

或者以 S,P 为独立变量，表述为

$$\left.\begin{aligned} T_i &= \sum_{j=1}^{6} c_{ij}^{\mathrm{P}} S_j + \sum_{m,n=1}^{3} q_{imn} P_m P_n \\ E_m &= \sum_{n=1}^{3} \rho_{mn}^{\mathrm{S}}(P) P_n + \sum_{i=1}^{6} \sum_{n=1}^{3} 2 q_{imn} S_i P_n \end{aligned}\right\} \tag{2.15}$$

式中：c_{ij}^{P} 和 s_{ij}^{P} 分别是极化强度 P 为常数(或零)时的弹性系数和柔顺系数；Q_{imn} 和 q_{imn} 为电致伸缩系数；$\rho_{mn}(P)$ 为等效极化率倒数。它们之间的关系为

$$\left.\begin{aligned} Q_{imn} &= -\sum_{j=1}^{6} s_{ij}^{\mathrm{P}} q_{imn} \\ q_{imn} &= -\sum_{j=1}^{6} c_{ij}^{\mathrm{P}} Q_{imn} \end{aligned}\right\} \tag{2.16}$$

2.4 磁致伸缩材料及其磁致伸缩效应

1972 年，美国水面武器中心的 Clark 发现 RFe_2 二元稀土铁化合物在常温下具有很大的磁致伸缩系数，随后与 Ames 实验室的 McMasters 合作研制出 $Tb_{0.27}Dy_{0.73}Fe_{1.93}$(Terfenol-D)材料。经验证，这种材料具有超大的磁致伸缩系数，从此开启了磁致伸缩材料研究和应用的新篇章。为了和铁、钴、镍、铁氧体等传统磁致伸缩材料相区别，人们称这种融入稀土元素铽和镝的铁化合物为超磁致伸缩材料。具体到水声换能器应用领域，铽镝铁稀土超磁致伸缩材料是通过

磁致伸缩效应实现电-磁-声能量转换的。

磁致伸缩效应跟电致伸缩效应所描述的现象有相似之处，当铁磁物质受外磁场作用时，其长度和体积将会发生变化，这是一种由磁场产生应力或应变的现象，这种效应(现象)是 Joule 在 1842 年发现的，被称为焦耳效应(也就是正向磁致伸缩效应)；后来 Villari 发现了反向磁致伸缩效应，即铁磁物质发生形变或受到外力作用时，会引起材料内部的磁场发生变化，这是一个由形变引起磁场变化的过程。上述正、反两个过程统称为磁致伸缩效应(现象)。一般来讲，上述过程中的形变与磁场的变化是成非线性关系的。

2.4.1　超磁致伸缩材料的物理性能

磁致伸缩材料之所以能够实现电-磁-声能量的转换，与其特殊的物理性能密不可分。首先作为振动体发声的一部分，它必须是一个弹性体，其应力和应变可通过胡克定律进行描述；其次它必须是一种磁介质，其磁感应强度 $\boldsymbol{B}$ 和磁场强度 $\boldsymbol{H}$ 可通过下式来描述：

$$\boldsymbol{B}=\boldsymbol{\mu H} \tag{2.17}$$

除了弹性特性和磁介质特性外，磁致伸缩材料还必须具有铁磁体的属性。类似于铁电体极化过程中的电滞现象，铁磁体在磁化过程中也显示出了相似的磁滞现象(Hysteresis)[77]，即磁感应强度 $\boldsymbol{B}$ 的变化总是落后于磁场强度 $\boldsymbol{H}$ 的变化，这将导致磁滞损耗(Hysteresis Loss)的出现，如图 2－16 所示。磁滞现象可通过磁畴(Magnetic Domain)的相关理论进行解释[78]，如图 2－17 所示。通过磁致伸缩应变与磁场强度之间的非线性关系(见图 2－18)，可以发现如果想避免倍频现象的出现并获得期望的线性响应的话，需要对超磁致伸缩材料施加一个偏置磁场，使其处于"磁化"状态(类似于压电陶瓷的极化状态)，相当于使得超磁致伸缩材料工作于图 2－19 中的位置 A 处，此时附加激励一个交变小信号的话就会产生近似线性的响应。

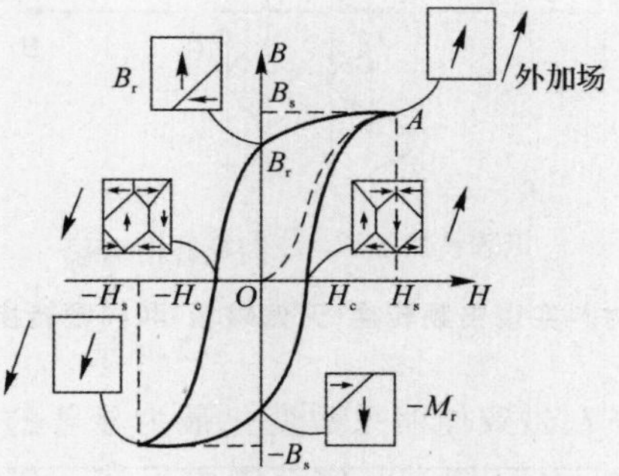

图 2－16　铁磁体的磁滞回线示意图

图 2－17　磁畴微观及显示磁畴结构的铁粉图形

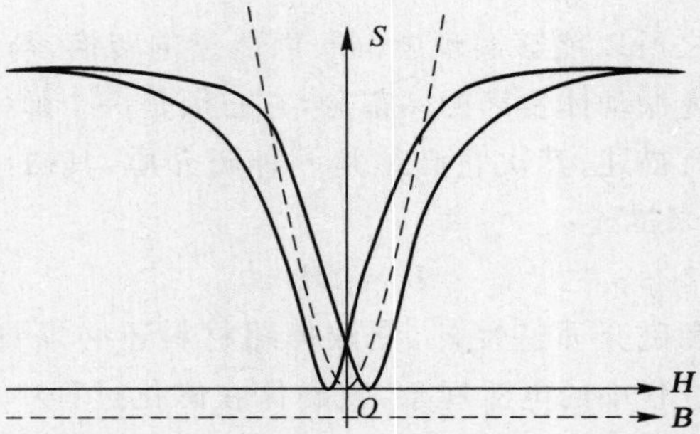

图 2－18　磁致伸缩应变与磁场强度之间的非线性关系

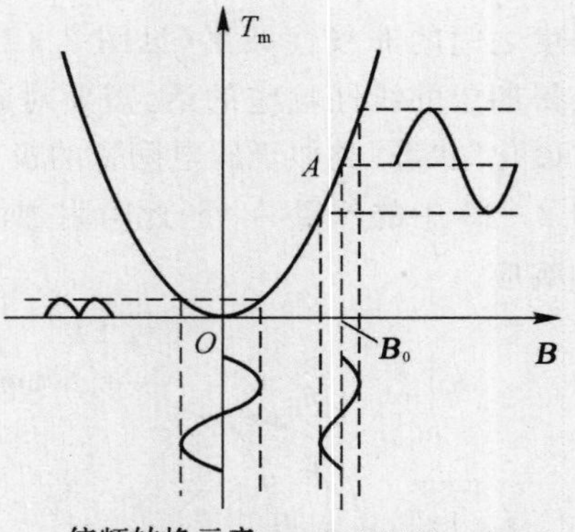

图 2－19　超磁致伸缩材料实现倍频转换(无偏磁场)和同频转换(有偏磁场)原理示意图

偏置磁场最好选择在磁致伸缩系数变化最为显著的地方，即某个能使磁致伸缩系数 $\tilde{d}$ 较大的地方，并且能在一定范围内保持近似线性，此时最有利于换能器的应用。图 2－20 是当施加偏置磁场时材料磁化过程原理示意图。在施加外磁场前，磁畴内磁矩的统计平均为零，宏观不显磁性，即 O 状态；随着外加磁场的逐渐增强（由低磁场Ⅰ区到高磁场Ⅲ区），磁畴内的磁矩逐渐旋转到外磁场方向，直至饱和。可见磁畴磁化方向的改变，伴随着磁矩的变化和晶格的形变，磁致伸缩效果就是这种微观形变的累加，这也正是正向磁致伸缩效应的物理机理[79]。针对换能器的应用，将偏置磁场施加在磁致伸缩曲线变化较为显著的Ⅱ区最为合适。

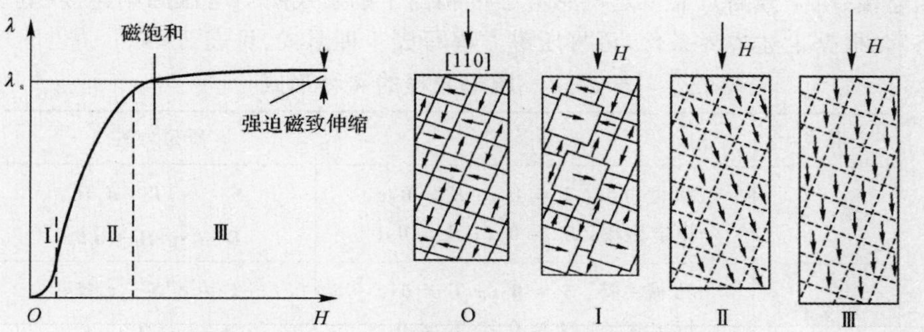

图 2－20 施加偏置磁场实现磁化过程原理示意图

一般来说偏置磁场对超磁致伸缩材料参数的影响较大。在换能器的应用中，偏置磁场需要结合预应力因素精确设计。经过实测验证，当预应力为 10 MPa 左右，偏置磁场在 40 kA/m 附近时，超磁致伸缩材料可以获得相对较好的性能。关于预应力和偏置磁场的施加方式及其仿真结果，请读者参阅第 6 章。

2.4.2 压磁方程

超磁致伸缩材料的本构行为具有多场耦合及磁滞效应。目前对于其本构行为的理论研究主要有两种途径：一种是基于磁畴理论，从磁畴的两种基本运动（畴转和壁移）对磁化过程的影响入手，获得材料宏观磁化及磁致伸缩应变的变化规律。这种方法的物理意义比较明确，但推导复杂，仅适用于比较简单的情况；另一种是基于连续介质力学的宏观唯象方法，由经典热力学导出本构关系的具体形式，再根据试验进行修正或近似简化代替。这种方法过程简单，具有普遍性，容易与宏观力学、磁学的控制方程配合使用，涉及的材料参数较少，且都是试验中易于测量的，适用于工作点（指初始预应力和偏置磁场）附近的小范围线性工作区域[80]。

尽管理论和试验都已经验证了超磁致伸缩材料本构行为的非线性特征，但在目前的工程应用中（如水声换能器），通常还是使用线性耦合的压磁

(Piezomagnetic)模型[81]。这种处理方式的依据在于,超磁致伸缩材料在工作点(即给定的偏置磁场和预应力)附近的一定范围内可以认为是近似线性的,这种本构关系与前面所讲的压电很相似,可以通过比拟的方式借用压电的相关处理技巧[82],因此这种线性耦合的压磁本构模型更容易获得工程应用上的认可。

类似于压电振子,超磁致伸缩压磁本构方程也与边界条件密不可分,其中机械边界条件有两种:机械自由和机械夹持。磁学边界条件也有两种:恒定磁场强度和恒定磁感应强度。恒定磁场强度相当于产生交变磁场的励磁线圈与电流源相连接(电学开路),而恒定磁感应强度相当于励磁线圈与电压源相连接(电学短路)。根据上述边界条件,可将压磁方程写成 4 种形式,见表 2-7。

表 2-7　压磁方程的 4 种形式

形式	边界条件	压磁方程
第 1 种	机械自由:$\boldsymbol{T}=0,c$; $\boldsymbol{S}\neq 0,c$ 恒定磁场:$\boldsymbol{H}=0,c$; $\boldsymbol{B}\neq 0,c$	$\boldsymbol{S}=\boldsymbol{s}^{H}\boldsymbol{T}+\tilde{\boldsymbol{d}}_{t}\boldsymbol{H}$ $\boldsymbol{B}=\boldsymbol{\mu}^{T}\boldsymbol{H}+\tilde{\boldsymbol{d}}\boldsymbol{T}$
第 2 种	机械夹持:$\boldsymbol{S}=0,c$; $\boldsymbol{T}\neq 0,c$ 恒定磁场:$\boldsymbol{H}=0,c$; $\boldsymbol{B}\neq 0,c$	$\boldsymbol{T}=\boldsymbol{c}^{H}\boldsymbol{S}-\tilde{\boldsymbol{e}}_{t}\boldsymbol{H}$ $\boldsymbol{B}=\boldsymbol{\mu}^{s}\boldsymbol{H}+\tilde{\boldsymbol{e}}\boldsymbol{S}$
第 3 种	机械自由:$\boldsymbol{T}=0,c$; $\boldsymbol{S}\neq 0,c$ 恒定磁感应:$\boldsymbol{B}=0,c$; $\boldsymbol{H}\neq 0,c$	$\boldsymbol{S}=\boldsymbol{s}^{B}\boldsymbol{T}+\tilde{\boldsymbol{g}}_{t}\boldsymbol{B}$ $\boldsymbol{H}=\boldsymbol{\gamma}^{T}\boldsymbol{B}-\tilde{\boldsymbol{g}}\boldsymbol{T}$
第 4 种	机械夹持:$\boldsymbol{S}=0,c$; $\boldsymbol{T}\neq 0,c$ 恒定磁感应:$\boldsymbol{B}=0,c$; $\boldsymbol{H}\neq 0,c$	$\boldsymbol{T}=\boldsymbol{c}^{B}\boldsymbol{S}-\tilde{\boldsymbol{h}}_{t}\boldsymbol{B}$ $\boldsymbol{H}=\boldsymbol{\gamma}^{s}\boldsymbol{B}-\tilde{\boldsymbol{h}}\boldsymbol{S}$

在表 2-7 的压磁方程中:上标“H”表示恒定磁场,也称恒 H 状态;上标“B”表示恒定磁感应,也称恒 B 状态;磁导率系数矩阵 $\boldsymbol{\mu}$ 和磁阻率系数矩阵 $\boldsymbol{\gamma}$ 描述磁介质的特性;而 $\tilde{\boldsymbol{d}}$,$\tilde{\boldsymbol{e}}$,$\tilde{\boldsymbol{g}}$ 和 $\tilde{\boldsymbol{h}}$ 在压磁方程中称为压磁系数矩阵,用以描述超磁致伸缩材料的压磁特性,4 者之间存在确定的相互转换关系[83],其上标“～”是为了与压电系数区别开来。

注意上面压磁方程中应用到的材料参数是在相应的工作状态点处测得的。也就是说,偏置磁场和预应力不同,材料的参数也会不同。压磁方程主要应用于近似线性响应的区域(见图 2-20),如果研究的是超磁致伸缩材料的非线性行为,则压磁方程是不适用的,这时需另行建立非线性本构模型。

第 3 章　基于等效网络法的压电纵振换能器设计与分析

3.1　压电纵振换能器

3.1.1　压电纵振换能器的结构

压电纵振换能器是目前水声领域中应用最为广泛的一类换能器。相对来说，压电纵振换能器的结构是比较简单的，它的主要组件包括压电晶堆(Piezoelectric Ceramic Stack)、前辐射头(Radiation Head or Piston Head)、尾质量块(Tail Mass)以及预应力螺栓(Prestressed Bolt)等，如图 3 - 1 所示。

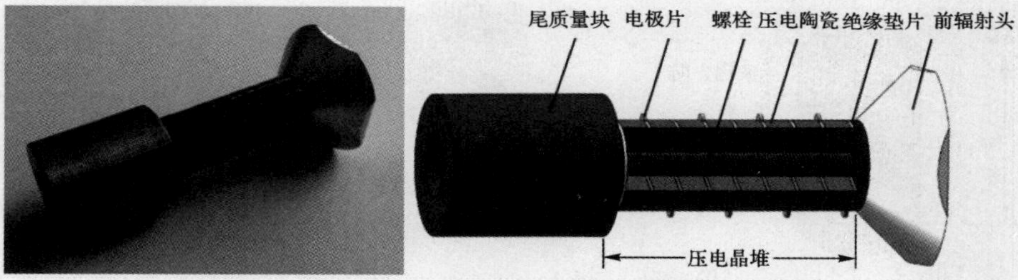

图 3 - 1　压电纵振换能器结构示意图

纵振换能器的前辐射头俗称前盖板，一般采用轻金属(如硬铝、铝镁合金等)，用以辐射或接收声能量。在水声应用中，前辐射头一般做成喇叭口或圆锥台似的形状，如图 3 - 2 所示，其喉部与压电晶堆黏结。这样的结构设计可以获得较大的声辐射面积。在纵振换能器研制过程中，前辐射头是比较重要的部件，针对前辐射头的结构优化可有效提升换能器的性能。例如，水声应用中可以通过前辐射头打孔的方式来拓展换能器的频带宽度[84]，或者在超声应用中将前辐射头母线设计成指数形、圆锥形、悬链线形或阶梯形等形式的变幅杆来放大振动、聚集能量[85]。

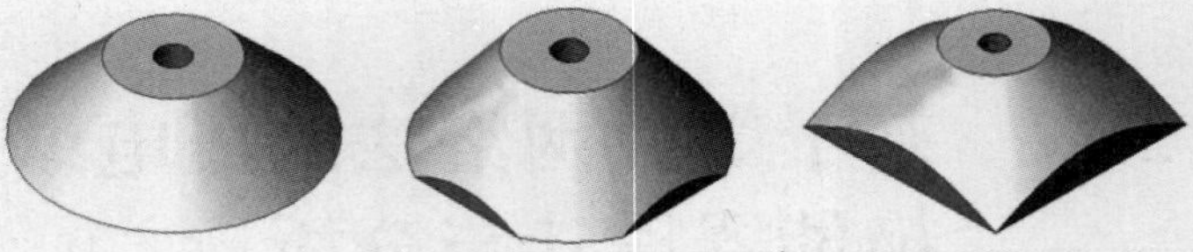

图 3-2　纵振换能器前辐射头结构示意图

尾质量块俗称后盖板，一般采用重金属(如钢、铜等)，以圆柱形结构居多，也可考虑安装需求设计成专用形式。在水声应用中，纵振换能器前辐射头与尾质量块的材料选择和结构设计，主要是为了获得较大的前后质量差。这样依据动量守恒，就可以获得较大的前后振速比，这个振速比往往大于 3∶1。其结果就可以使得换能器的前半部分获得较大的动能，从而有效地增加前向声能量辐射。

压电陶瓷晶堆是进行电-机能量转换的核心部件，一般是由多个沿厚度方向极化的压电陶瓷片粘接而成的。压电陶瓷片通常是偶数个，电学上以并联连接居多，也就是保证相邻两片的极化方向相反[86]，如图 3-3 所示。但在一些接收器中也会采用串联连接的方式以提高接收灵敏度[87]。压电晶堆的电学引线可通过电极片引出。

图 3-3　纵振换能器压电晶堆

纵振换能器的前辐射头、尾质量块和压电晶堆，一般会通过预应力螺栓紧固在一起，从而形成一个统一的振动系统。螺栓使得纵振换能器的各个部分充分胶接，并使其处于合适的受压状态，预应力的大小应大于换能器在振动时压电陶瓷所受的最大拉应力。

压电纵振换能器除了上述 4 个主要组件外，还有一些其他的部件。例如，用普通陶瓷薄片或其他的电绝缘材料制成的绝缘垫片，它是用来保持压电晶堆和前辐射头、尾质量块之间电学绝缘的；具有水密功能和透声功能的硫化橡胶层

（一般透声硫化橡胶的 ρc 特性与水的 ρc 特性相近）；黏结在声辐射面上的用以实现声阻抗过渡的声学匹配层；黏结在换能器背面或侧面用于吸收声能量的背衬（例如用环氧树脂混合钨粉制成不同声阻抗特性的背衬材料）；一般在压电纵振换能器形成阵列时还需要考虑阵元之间的隔振结构（可采用硬质聚氨酯泡沫）；等等。本书后续的论述只考虑纵振换能器的主要结构部件。

3.1.2 压电纵振换能器的工作原理

压电水声换能器实现电声转换，离不开 3 个要素，即压电陶瓷的电-机转换能力、结构体的某种有效振动模式以及系统的有效声辐射方式。一个性能优良的压电发射换能器，结构体的振动是关键，压电陶瓷或压电晶堆则是借助压电效应将电激励高效地转换成系统振动，而声辐射面（体）则将这种系统振动有效地辐射到声介质中。压电纵振换能器之所以性能优良，是由于：

（1）纵振换能器利用的是单一的基频纵向振动，这种振动模态振型对大振幅输出是有益的；

（2）压电晶堆采用的是 33 模式，即压电陶瓷的电场方向与振动方向相一致，这种模式能保证高的电-机转换能力；

（3）活塞式的声辐射头保持了与换能器相一致的纵向振动，同时，喇叭口形的声辐射形式有效增大了辐射面积。

上述特征保证了纵振换能器可以高效地实现声波的发射或接收。当压电纵振换能器作为声波发射器使用时，来自发射机的电信号以一定频率的电压激励压电陶瓷，依据反向压电效应，换能器的压电晶堆将产生形变，其外在表现是压电晶堆与换能器的前辐射头和尾质量块等部件将作为一个整体共同产生纵向振动，并主要通过前辐射头向外辐射声能量。

当换能器作为声波接收器使用时，来自水介质的声信号激励迫使换能器产生受迫振动，依据正向压电效应，换能器压电晶堆的形变将在压电陶瓷片两极感应出电荷，并以电压信号的形式传送给接收机进行处理，从而实现声信号到电信号的转换。

压电纵振换能器无论是作为发射还是作为接收应用，一般都是利用了它的纵振基频，可按照半波长理论近似估计换能器长度和频率之间的关系。

3.1.3 压电纵振换能器的特点及应用

压电纵振换能器具有体积小、质量轻、声能量密度大、结构简单、造价低廉、易于布阵等优点，被普遍用作强功率发射器，或作为阵元组成各种不同形式的阵列，一般具有收发合置功能。压电纵振换能器一般在几 kHz 到几十 kHz 使用，有些工作频率可高达上百 kHz，是水声领域最为重要的换能器类型之一。除此之外，压电纵振换能器还在超声清洗、无损探测、声波测距、医疗超声等应用领域大量使用。

3.2 压电纵振换能器的等效网络模型

本节将构建图 3-1 所示的压电纵振换能器的 Mason 等效网络模型。该换能器是典型的半波长振子，因此换能器的各力学参量是分布存在的，不适合进行集总假设。同时为了简化描述压电纵振换能器的振动，根据其特点，可进行以下假设：

(1)在所研究的频率范围内，纵振换能器的长度可与波长相比拟，而其直径远小于波长，这时可把换能器看作由多个部件组成的复合式细棒，并且仅考虑其纵波振动。

(2)压电晶堆是由多个带有通孔的压电陶瓷片叠合而成的，由于通孔的直径很小，因此把这种带孔陶瓷片近似看作实心陶瓷片。

(3)根据实际情况可以忽略各种小尺寸部件，例如预应力螺栓、电极片、绝缘垫片、胶层等。本书的等效网络模型仅考虑压电晶堆、前辐射头和尾质量块等主要部件。

3.2.1 压电晶堆的分布参数等效网络

在上述换能器假设的基础上，可对压电晶堆进一步简化如下：

(1)相对于纵振波长，压电晶堆的直径比 λ 小很多，这时可以认为压电晶堆仅受纵向方向力的作用，而其他方向上应力分量皆为零，即 $T_3^{\mathrm{P}} \neq 0, T_1^{\mathrm{P}} = T_2^{\mathrm{P}} = T_4^{\mathrm{P}} = T_5^{\mathrm{P}} = T_6^{\mathrm{P}} = 0$；

(2) 假设换能器处于机械自由边界条件下，也就是说换能器两端自由振动，换能器是受电压激励的，压电晶堆仅在纵向方向上存在电场 $E_3^{\mathrm{P}} \neq 0$，其他方向的电场近似为零，即 $E_1^{\mathrm{P}} = E_2^{\mathrm{P}} = 0$；

(3) 压电晶堆是由压电陶瓷片构成的，当采用电学并联连接时，陶瓷片的厚度 l^{P} 相对于波长 λ 来说是小值，因此可近似认为其厚度方向电场强度处处相等，即 $\dfrac{\partial E_3^{\mathrm{P}}}{\partial z} = 0$，且有 $E_3^{\mathrm{P}} = \dfrac{U}{l^{\mathrm{P}}}$，其中 U 为激励电压。

为了区分纵振换能器不同部件，上述各参量中的上标“P”表示压电陶瓷。除上述假设外，还可以证明，当 n 片厚度为 l^{P} 的压电陶瓷片机械串联黏结成压电晶堆时，可等效成一个长度为 L^{P} 的压电细棒，即 $L^{\mathrm{P}} = n \cdot l^{\mathrm{P}}$，如图 3-4 所示。图中，$F_{\mathrm{in}}^{\mathrm{P}}$ 和 $F_{\mathrm{out}}^{\mathrm{P}}$ 表示压电晶堆两端面受到的力，$\dot{\xi}_{\mathrm{in}}^{\mathrm{P}}$ 和 $\dot{\xi}_{\mathrm{out}}^{\mathrm{P}}$ 表示压电晶堆两端面的振速，箭头 P_0 表示极化方向。具体的推导过程可参文献[88]。

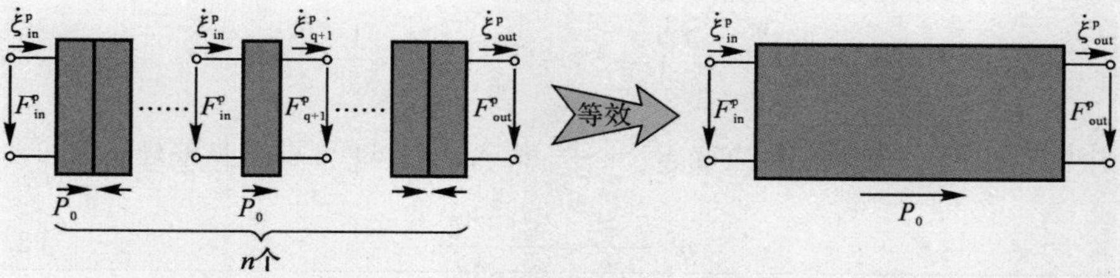

图 3-4　机械串联、电学并联的压电晶堆与压电细棒的等效关系示意图

基于上述假设和等效处理，可对图 3-5 所示的压电晶堆进行受力分析，并从第一类压电方程出发推导压电晶堆的机电状态方程式。在片内取一微段 dz，其两端面的应力分别为 T_3^{P} 和 $T_3^{\mathrm{P}}+\dfrac{\partial T_3^{\mathrm{P}}}{\partial z}\mathrm{d}z$，如果其截面积为 A^{P}，则微段的合力为

$$\Sigma F^{\mathrm{P}}=\left(T_3^{\mathrm{P}}+\frac{\partial T_3^{\mathrm{P}}}{\partial z}\mathrm{d}z\right)A^{\mathrm{P}}-T_3^{\mathrm{P}}A^{\mathrm{P}}=\frac{\partial T_3^{\mathrm{P}}}{\partial z}\mathrm{d}zA^{\mathrm{P}} \tag{3.1}$$

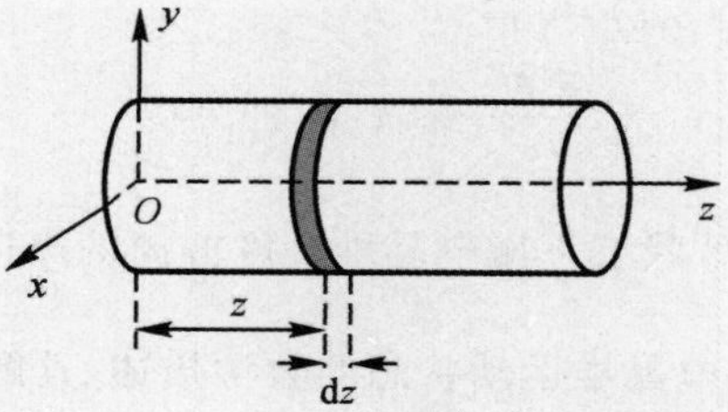

图 3-5　压电晶堆的受力分析示意图

由于微段的质量为 $\rho^{\mathrm{P}}A^{\mathrm{P}}\mathrm{d}z$，此时根据牛顿第二定律可得

$$\rho^{\mathrm{P}}A^{\mathrm{P}}\mathrm{d}z\,\frac{\partial^2\xi^{\mathrm{P}}}{\partial t^2}=\frac{\partial T_3^{\mathrm{P}}}{\partial z}\mathrm{d}zA^{\mathrm{P}} \tag{3.2}$$

式中：ρ^{P} 为压电陶瓷的密度；ξ^{P} 为微段沿 z 轴的位移，进一步简化可得

$$\rho^{\mathrm{P}}\,\frac{\partial^2\xi^{\mathrm{P}}}{\partial t^2}=\frac{\partial T_3^{\mathrm{P}}}{\partial z} \tag{3.3}$$

根据前面的假设，可以写出压电晶堆的第 Ⅰ 类压电方程，即

$$\left.\begin{aligned}S_3^{\mathrm{P}}&=s_{33}^{\mathrm{E}}T_3^{\mathrm{P}}+d_{33}E_3^{\mathrm{P}}\\D_3^{\mathrm{P}}&=d_{33}T_3^{\mathrm{P}}+\varepsilon_{33}^{\mathrm{T}}E_3^{\mathrm{P}}\end{aligned}\right\} \tag{3.4}$$

式中：各参数含义详见表 2-2。此时，应力 T_3^{P} 可以表示为

$$T_3^{\mathrm{P}} = \frac{1}{s_{33}^{\mathrm{E}}} S_3^{\mathrm{P}} - \frac{d_{33}}{s_{33}^{\mathrm{E}}} E_3^{\mathrm{P}} \tag{3.5}$$

将 T_3 代入式(3.3),整理可得

$$\rho^{\mathrm{P}} \frac{\partial^2 \xi^{\mathrm{P}}}{\partial t^2} = \frac{\partial}{\partial z}\left(\frac{1}{s_{33}^{\mathrm{E}}} S_3^{\mathrm{P}} - \frac{d_{33}}{s_{33}^{\mathrm{E}}} E_3^{\mathrm{P}}\right) = \frac{1}{s_{33}^{\mathrm{E}}} \frac{\partial S_3^{\mathrm{P}}}{\partial z} \tag{3.6}$$

式中考虑到了$\dfrac{\partial E_3^{\mathrm{P}}}{\partial z}=0$。将应变 $S_3^{\mathrm{P}} = \dfrac{\partial \xi^{\mathrm{P}}}{\partial z}$ 代入式(3.6) 可进一步整理为

$$\rho^{\mathrm{P}} \frac{\partial^2 \xi^{\mathrm{P}}}{\partial t^2} = \frac{1}{s_{33}^{\mathrm{E}}} \frac{\partial^2 \xi^{\mathrm{P}}}{\partial z^2} \tag{3.7}$$

由于 ξ^{P} 是一个关于角频率 ω,坐标 z 和时间 t 的函数,即 $\xi^{\mathrm{P}} = \xi^{\mathrm{P}}(\omega, z, t)$,它在以角频率 ω 做简谐振动时的解可以表示成

$$\xi^{\mathrm{P}}(\omega, z, t) = [M\cos(k^{\mathrm{P}} z) + N\sin(k^{\mathrm{P}} z)]\,\mathrm{e}^{\mathrm{j}\omega t} \tag{3.8}$$

其中 M 和 N 为待定系数,写出(3.8) 式对时间 t 的一阶和二阶导数分别为

$$\dot{\xi}^{\mathrm{P}} = \frac{\partial \xi^{\mathrm{P}}}{\partial t} = \mathrm{j}\omega[M\cos(k^{\mathrm{P}} z) + N\sin(k^{\mathrm{P}} z)]\,\mathrm{e}^{\mathrm{j}\omega t} = \mathrm{j}\omega \xi^{\mathrm{P}} \tag{3.9a}$$

$$\ddot{\xi}^{\mathrm{P}} = \frac{\partial^2 \xi^{\mathrm{P}}}{\partial t^2} = -\omega^2[M\cos(k^{\mathrm{P}} z) + N\sin(k^{\mathrm{P}} z)]\,\mathrm{e}^{\mathrm{j}\omega t} = -\omega^2 \xi^{\mathrm{P}} \tag{3.9b}$$

将式(3.9b) 代入式(3.7),可得

$$\frac{\partial^2 \xi^{\mathrm{P}}}{\partial z^2} + (k^{\mathrm{P}})^2 \xi^{\mathrm{P}} = 0 \tag{3.10}$$

式中:波数 $k^{\mathrm{P}} = \dfrac{\omega}{c^{\mathrm{P}}}$;恒 E 状态下压电晶堆长度方向的声速 $c^{\mathrm{P}} = \dfrac{1}{\sqrt{s_{33}^{\mathrm{E}} \rho^{\mathrm{P}}}}$。

式(3.10) 则表示压电晶堆运动状态的数学描述,其解的形式见式(3.8)。现在需要根据边界条件来确定解的待定系数 M 和 N。

结合求解的问题,压电晶堆两侧端面所受到的边界条件有

$$\left.\begin{aligned} \xi_{\mathrm{in}}^{\mathrm{P}} &= \xi^{\mathrm{P}}\big|_{z=0} \\ \xi_{\mathrm{out}}^{\mathrm{P}} &= \xi^{\mathrm{P}}\big|_{z=L^{\mathrm{P}}} \end{aligned}\right\} \tag{3.11a}$$

$$\left.\begin{aligned} F_{\mathrm{in}}^{\mathrm{P}} &= -A^{\mathrm{P}}\, T_3^{\mathrm{P}}\big|_{z=0} \\ F_{\mathrm{out}}^{\mathrm{P}} &= -A^{\mathrm{P}}\, T_3^{\mathrm{P}}\big|_{z=L^{\mathrm{P}}} \end{aligned}\right\} \tag{3.11b}$$

式(3.11b) 中的负号表示 $F_{\mathrm{in}}^{\mathrm{P}}$ 和 $F_{\mathrm{out}}^{\mathrm{P}}$ 力的方向始终与应力 T_3^{P} 的方向相反。

根据边界条件(3.11a),可以求得待定系数 M 和 N 如下:

$$\left.\begin{aligned} M &= \frac{1}{\mathrm{j}\omega} \dot{\xi}_{\mathrm{in}}^{\mathrm{P}} \mathrm{e}^{-\mathrm{j}\omega t} \\ N &= \frac{1}{\mathrm{j}\omega}\left[\frac{\dot{\xi}_{\mathrm{out}}^{\mathrm{P}}}{\sin(k^{\mathrm{P}} L^{\mathrm{P}})} - \frac{\dot{\xi}_{\mathrm{in}}^{\mathrm{P}}}{\tan(k^{\mathrm{P}} L^{\mathrm{P}})}\right] \mathrm{e}^{-\mathrm{j}\omega t} \end{aligned}\right\} \tag{3.12}$$

将 M 和 N 代入式(3.8) 可得

$$\xi^{P}(\omega,z,t)=\frac{1}{j\omega}\left\{\left[\cos(k^{P}z)-\frac{\sin(k^{P}z)}{\tan(k^{P}L^{P})}\right]\dot{\xi}_{in}^{P}+\frac{\sin(k^{P}z)}{\sin(k^{P}L^{P})}\dot{\xi}_{out}^{P}\right\} \tag{3.13}$$

式(3.13) 对 z 求偏导可得

$$\frac{\partial}{\partial z}\xi^{P}(\omega,z,t)=-\frac{k^{P}}{j\omega}\left\{\left[\sin(k^{P}z)+\frac{\cos(k^{P}z)}{\tan(k^{P}L^{P})}\right]\dot{\xi}_{in}^{P}-\frac{\cos(k^{P}z)}{\sin(k^{P}L^{P})}\dot{\xi}_{out}^{P}\right\} \tag{3.14}$$

根据边界条件式(3.11.b)，结合式(3.5) 和式(3.14)，整理可得

$$F_{in}^{P}=\frac{\rho^{P}c^{P}A^{P}}{j\tan(k^{P}L^{P})}\dot{\xi}_{in}^{P}-\frac{\rho^{P}c^{P}A^{P}}{j\sin(k^{P}L^{P})}\dot{\xi}_{out}^{P}+\frac{d_{33}}{s_{33}^{E}}E_{3}^{P}A^{P} \tag{3.15}$$

由于压电晶堆是由 n 片厚度为 l^{P} 的压电陶瓷片机械串联、电学并联黏结而成的，每个陶瓷片的电场强度为 $E_{3}^{P}=\dfrac{U}{l^{P}}$。尽管等效成了长度为 L^{P} 的压电晶堆，但在不考虑实际工程差异的情况下，可近似认为其内部的电场强度是保持不变的。

令机电转换系数 $\alpha=\dfrac{d_{33}A^{P}}{s_{33}^{E}l^{P}}$，$R^{P}=\rho^{P}c^{P}A^{P}$，式(3.15) 可以写为

$$F_{in}^{P}=\frac{R^{P}}{j\tan(k^{P}L^{P})}\dot{\xi}_{in}^{P}-\frac{R^{P}}{j\sin(k^{P}L^{P})}\dot{\xi}_{out}^{P}+\alpha U \tag{3.16a}$$

同理可得

$$F_{out}^{P}=\frac{R^{P}}{j\sin(k^{P}L^{P})}\dot{\xi}_{in}^{P}-\frac{R^{P}}{j\tan(k^{P}L^{P})}\dot{\xi}_{out}^{P}+\alpha U \tag{3.16b}$$

下面对电流 I 进行分析。先通过式(3.4) 整理出电位移如下：

$$D_{3}^{P}=\frac{d_{33}}{s_{33}^{E}}\frac{\partial\xi^{P}}{\partial z}+\varepsilon_{33}^{S}E_{3}^{P} \tag{3.17}$$

式中：$\varepsilon_{33}^{S}=\varepsilon_{33}^{T}(1-k_{33}^{2})$，$k_{33}^{2}=\dfrac{d_{33}^{2}}{s_{33}^{E}\cdot\varepsilon_{33}^{T}}$，$k_{33}$ 是机电耦合系数，ε_{33}^{T} 是恒定应力介电常数，ε_{33}^{S} 是恒定应变介电常数。

假设电极面的面积为 A^{P}，上面存在的电荷量为 Q，根据有电介质时的高斯定理[见式(2.5)]，有

$$Q=A^{P}\frac{d_{33}}{s_{33}^{E}}\frac{\partial\xi^{P}}{\partial z}+A^{P}\varepsilon_{33}^{S}E_{3}^{P} \tag{3.18}$$

通过对电荷 Q 求时间 t 的导数可得

$$I=\frac{dQ}{dt}=A^{P}\frac{d_{33}}{s_{33}^{E}}\frac{\partial\dot{\xi}^{P}}{\partial z}+j\omega A^{P}\varepsilon_{33}^{S}E_{3}^{P} \tag{3.19}$$

式(3.19)显示压电晶堆的电流 I 是一个随坐标 z 变化的函数 $I(z)$。由于压电晶堆是由多个压电陶瓷片电学并联而成的,所以可依据这种并联关系来分析单个压电陶瓷片电流和压电晶堆电流之间的关系。假设第 q 个压电陶瓷片的电流为 I_q,每个压电陶瓷片的厚度 l^{P} 与波长相比很小,因此可以简单用陶瓷片两个电极端面的速度 $\dot{\xi}_{q+1}^{\mathrm{P}}$ 和 $\dot{\xi}_q^{\mathrm{P}}$ 的差分来表示$\dfrac{\partial \dot{\xi}^{\mathrm{P}}}{\partial z}$,即

$$\frac{\partial \dot{\xi}^{\mathrm{P}}}{\partial z}=\frac{\dot{\xi}_{q+1}^{\mathrm{P}}-\dot{\xi}_q^{\mathrm{P}}}{l^{\mathrm{P}}} \tag{3.20}$$

根据式(3.19),可以写出流经第 q 个压电陶瓷片的电流为

$$I_q=\frac{\mathrm{d}Q_q}{\mathrm{d}t}=A^{\mathrm{P}}\frac{d_{33}}{s_{33}^{\mathrm{E}}}\left(\frac{\dot{\xi}_{q+1}^{\mathrm{P}}-\dot{\xi}_q^{\mathrm{P}}}{l^{\mathrm{P}}}\right)+\mathrm{j}\omega A^{\mathrm{P}}\varepsilon_{33}^{\mathrm{S}}\frac{U}{l^{\mathrm{P}}} \tag{3.21}$$

由于 n 个压电陶瓷片是电学并联的,考虑到相邻陶瓷片的连续性,有

$$I=\sum_{q=1}^{n}I_q=A^{\mathrm{P}}\frac{d_{33}}{s_{33}^{\mathrm{E}}}\frac{\dot{\xi}_{\mathrm{out}}^{\mathrm{P}}-\dot{\xi}_{\mathrm{in}}^{\mathrm{P}}}{l^{\mathrm{P}}}+\mathrm{j}\omega A^{\mathrm{P}}n\varepsilon_{33}^{\mathrm{S}}\frac{\boldsymbol{U}}{l^{\mathrm{P}}} \tag{3.22}$$

整理可得

$$I=\mathrm{j}\omega nC_0U-\alpha\left(\dot{\xi}_{\mathrm{in}}^{\mathrm{P}}-\dot{\xi}_{\mathrm{out}}^{\mathrm{P}}\right) \tag{3.23}$$

式中:$C_0=\dfrac{\varepsilon_{33}^{\mathrm{S}}A^{\mathrm{P}}}{l^{\mathrm{P}}}$ 表示静态电容。

将式(3.16)和式(3.23)写成矩阵形式如下:

$$\begin{bmatrix}F_{\mathrm{in}}^{\mathrm{P}}\\F_{\mathrm{out}}^{\mathrm{P}}\\I\end{bmatrix}=\begin{bmatrix}\dfrac{R^{\mathrm{P}}}{\mathrm{j}\tan(k^{\mathrm{P}}L^{\mathrm{P}})} & -\dfrac{R^{\mathrm{P}}}{\mathrm{j}\sin(k^{\mathrm{P}}L^{\mathrm{P}})} & \alpha\\ \dfrac{R^{\mathrm{P}}}{\mathrm{j}\sin(k^{\mathrm{P}}L^{\mathrm{P}})} & -\dfrac{R^{\mathrm{P}}}{\mathrm{j}\tan(k^{\mathrm{P}}L^{\mathrm{P}})} & \alpha\\ -\alpha & \alpha & \mathrm{j}\omega nC_0\end{bmatrix}\cdot\begin{bmatrix}\dot{\xi}_{\mathrm{in}}^{\mathrm{P}}\\ \dot{\xi}_{\mathrm{out}}^{\mathrm{P}}\\ U\end{bmatrix} \tag{3.24}$$

为简化表述,我令

$$Z_1^{\mathrm{P}}=\frac{R^{\mathrm{P}}}{\mathrm{j}\tan(k^{\mathrm{P}}L^{\mathrm{P}})} \tag{3.25a}$$

$$Z_2^{\mathrm{P}}=\frac{R^{\mathrm{P}}}{\mathrm{j}\sin(k^{\mathrm{P}}L^{\mathrm{P}})} \tag{3.25b}$$

此时,式(3.24)可以写成

$$\begin{bmatrix}F_{\mathrm{in}}^{\mathrm{P}}\\F_{\mathrm{out}}^{\mathrm{P}}\\I\end{bmatrix}=\begin{bmatrix}Z_1^{\mathrm{P}} & -Z_2^{\mathrm{P}} & \alpha\\ Z_2^{\mathrm{P}} & -Z_1^{\mathrm{P}} & \alpha\\ -\alpha & \alpha & \mathrm{j}\omega nC_0\end{bmatrix}\cdot\begin{bmatrix}\dot{\xi}_{\mathrm{in}}^{\mathrm{P}}\\ \dot{\xi}_{\mathrm{out}}^{\mathrm{P}}\\ U\end{bmatrix} \tag{3.26}$$

下面应用倍角公式 $\tan(2\theta)=\dfrac{2\tan\theta}{1-\tan^2\theta}$ 对式(3.24)中的$\dfrac{R^{\mathrm{P}}}{\mathrm{j}\tan(k^{\mathrm{P}}L^{\mathrm{P}})}$项进行

整理，可写成如下形式：

$$\frac{R^{\mathrm{P}}}{\mathrm{j}\tan(k^{\mathrm{P}}L^{\mathrm{P}})}=\mathrm{j}R^{\mathrm{P}}\tan\left(\frac{k^{\mathrm{P}}L^{\mathrm{P}}}{2}\right)+\frac{R^{\mathrm{P}}}{\mathrm{j}\sin(k^{\mathrm{P}}L^{\mathrm{P}})} \tag{3.27}$$

此时式(3.24) 可写成

$$\left.\begin{aligned}F_{\mathrm{in}}^{\mathrm{P}}&=\mathrm{j}R^{\mathrm{P}}\tan\left(\frac{k^{\mathrm{P}}L^{\mathrm{P}}}{2}\right)\dot{\xi}_{\mathrm{in}}^{\mathrm{P}}+\frac{R^{\mathrm{P}}}{\mathrm{j}\sin(k^{\mathrm{P}}L^{\mathrm{P}})}(\dot{\xi}_{\mathrm{in}}^{\mathrm{P}}-\dot{\xi}_{\mathrm{out}}^{\mathrm{P}})+\alpha U\\F_{\mathrm{out}}^{\mathrm{P}}&=-\mathrm{j}R^{\mathrm{P}}\tan\left(\frac{k^{\mathrm{P}}L^{\mathrm{P}}}{2}\right)\dot{\xi}_{\mathrm{out}}^{\mathrm{P}}+\frac{R^{\mathrm{P}}}{\mathrm{j}\sin(k^{\mathrm{P}}L^{\mathrm{P}})}(\dot{\xi}_{\mathrm{in}}^{\mathrm{P}}-\dot{\xi}_{\mathrm{out}}^{\mathrm{P}})+\alpha U\\I&=\mathrm{j}\omega nC_0U-\alpha(\dot{\xi}_{\mathrm{in}}^{\mathrm{P}}-\dot{\xi}_{\mathrm{out}}^{\mathrm{P}})\end{aligned}\right\} \tag{3.28}$$

根据式(3.28) 可以获得压电晶堆的等效网络模型，如图 3-6 所示。其中，R_0 是静态电阻，对压电换能器而言就是介电损耗电阻。

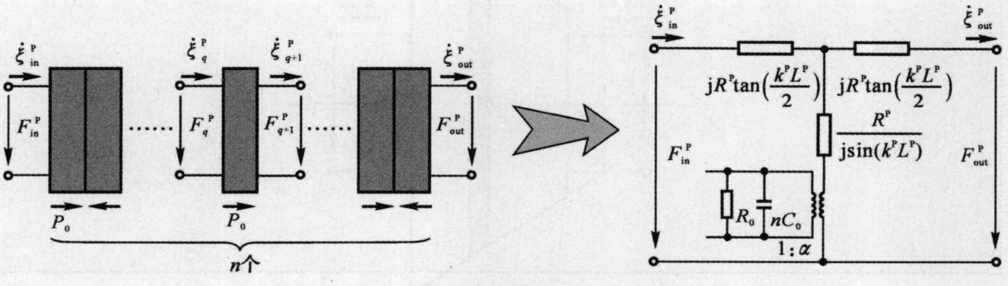

图 3-6　压电晶堆的等效网络模型

3.2.2　喇叭形前辐射头的分布参数等效网络

前辐射头一般为轻金属材料，在水声换能器应用领域多设计成喇叭形的圆锥台结构，以获得较大的辐射面积，也有人通过优化前辐射头的结构来调节换能器的机械品质因数 Q_{m}，改善换能器的带宽，甚至改善换能器的辐射声场等性能[89]。

假设圆锥台的高度为 L^{H}，z_1 和 z_2 表示前辐射头两端面到原点 O 的距离，圆锥台的喉部面积为 $A_{\mathrm{in}}^{\mathrm{H}}$，辐射面面积为 $A_{\mathrm{out}}^{\mathrm{H}}$，其中上标“H”表示前辐射头。$F_{\mathrm{in}}^{\mathrm{H}}$ 和 $F_{\mathrm{out}}^{\mathrm{H}}$ 表示前辐射头两端面受到的力，$\dot{\xi}_{\mathrm{in}}^{\mathrm{H}}$ 和 $\dot{\xi}_{\mathrm{out}}^{\mathrm{H}}$ 表示前辐射头两端面的振速，如图 3-7 所示。对于圆锥台中的某一个小微段 dz，其在坐标 z 处的截面积为 A_z^{H}，小微段的体积约为 $A_z^{\mathrm{H}}\mathrm{d}z$。小微段两侧分别受到 $(A^{\mathrm{H}}T^{\mathrm{H}})\big|_z$ 和 $(A^{\mathrm{H}}T^{\mathrm{H}})\big|_{z+\mathrm{d}z}$ 的作用力，其合力可表示为

$$\Sigma F^{\mathrm{H}}=(A^{\mathrm{H}}T^{\mathrm{H}})\big|_{z+\mathrm{d}z}-(A^{\mathrm{H}}T^{\mathrm{H}})\big|_z=\frac{\partial(A^{\mathrm{H}}T^{\mathrm{H}})}{\partial z}\mathrm{d}z \tag{3.29}$$

根据牛顿第二定律，在坐标 z 处的小微段满足

$$\rho^{H} A_{z}^{H} \mathrm{d}z \frac{\partial^{2} \xi^{H}}{\partial t^{2}}=\frac{\partial\left(A^{H} T^{H}\right)}{\partial z} \mathrm{d}z \tag{3.30}$$

式中：A^{H} 和 T^{H} 均随着坐标 z 的变化而变化。令 A_{z}^{H} 表示坐标 z 处的截面积，根据几何关系，由于 $\frac{A_{z}^{H}}{A_{in}^{H}}=\left(\frac{z}{z_{1}}\right)^{2}$，同时考虑 $T^{H}=Y^{H} \frac{\partial \xi^{H}}{\partial z}$，其中 Y^{H} 为前辐射头的弹性模量，式(3.29) 中：

$$\frac{\partial\left(A^{H} T^{H}\right)}{\partial z}=\frac{\partial A^{H}}{\partial z} T^{H}+A^{H} \frac{\partial T^{H}}{\partial z}=2 \frac{z}{z_{1}^{2}} A_{in}^{H} Y^{H} \frac{\partial \xi^{H}}{\partial z}+A^{H} Y^{H} \frac{\partial^{2} \xi^{H}}{\partial z^{2}} \tag{3.31}$$

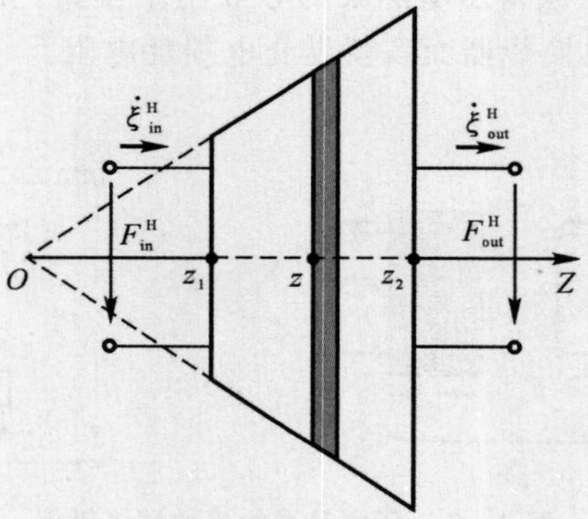

图 3-7　前辐射头截面示意图

将式(3.31) 表示的坐标 z 处的小微段的合力代入式(3.30)，整理可得

$$\frac{\partial^{2} \xi^{H}}{\partial z^{2}}+\frac{2}{z} \frac{\partial \xi^{H}}{\partial z}=\frac{\rho^{H}}{Y^{H}} \frac{\partial^{2} \xi^{H}}{\partial t^{2}} \tag{3.32}$$

由于 ξ^{H} 是一个关于频率 ω，位移 z 和时间 t 的函数，即 $\xi^{H}=\xi^{H}(\omega, z, t)$，它在以角频率 ω 做简谐振动时，其二阶时间导数可以写成 $\ddot{\xi}^{H}=\frac{\partial^{2} \xi^{H}}{\partial t^{2}}=-\omega^{2} \xi^{H}$，将其代入式(3.32)，整理可得

$$\frac{\partial^{2} \xi^{H}}{\partial z^{2}}+\frac{2}{z} \frac{\partial \xi^{H}}{\partial z}+\left(k^{H}\right)^{2} \xi^{H}=0 \tag{3.33}$$

式中：考虑到了前辐射头的声速 $c^{H}=\sqrt{\frac{Y^{H}}{\rho^{H}}}$；波数 $k^{H}=\frac{\omega}{c^{H}}$；$\rho^{H}$ 为前辐射头的密度。

令 $\xi^{H}=\frac{y(\omega, z, t)}{z}$，则式(3.33) 可进一步简化成

$$\frac{\partial^2 y}{\partial z^2} + (k^{\mathrm{H}})^2 y = 0 \tag{3.34}$$

式(3.34)则是表示前辐射头运动状态的数学描述，其解的形式为

$$y = [M\cos(k^{\mathrm{H}} z) + N\sin(k^{\mathrm{H}} z)]\mathrm{e}^{\mathrm{j}\omega t} \tag{3.35a}$$

或是

$$\xi^{\mathrm{H}}(\omega, z, t) = \frac{1}{z}[M\cos(k^{\mathrm{H}} z) + N\sin(k^{\mathrm{H}} z)]\mathrm{e}^{\mathrm{j}\omega t} \tag{3.35b}$$

现在需要根据边界条件来确定解的待定系数 M 和 N。结合求解的问题，前辐射头端面所受到的边界条件有

$$\left.\begin{aligned} \xi_{\mathrm{in}}^{\mathrm{H}} &= \xi^{\mathrm{H}}\big|_{z=z_1} \\ \xi_{\mathrm{out}}^{\mathrm{H}} &= \xi^{\mathrm{H}}\big|_{z=z_2} \end{aligned}\right\} \tag{3.36a}$$

$$\left.\begin{aligned} F_{\mathrm{in}}^{\mathrm{H}} &= -A_{\mathrm{in}}^{\mathrm{H}} Y^{\mathrm{H}} \frac{\partial \xi^{\mathrm{H}}}{\partial z}\bigg|_{z=z_1} \\ F_{\mathrm{out}}^{\mathrm{H}} &= -A_{\mathrm{out}}^{\mathrm{H}} Y^{\mathrm{H}} \frac{\partial \xi^{\mathrm{H}}}{\partial z}\bigg|_{z=z_2} \end{aligned}\right\} \tag{3.36b}$$

根据边界条件(3.36a)，可以求得待定系数 M 和 N 如下：

$$\left.\begin{aligned} M &= \frac{z_1\xi_{\mathrm{in}}^{\mathrm{H}}\sin(k^{\mathrm{H}} z_2) - z_2\xi_{\mathrm{out}}^{\mathrm{H}}\sin(k^{\mathrm{H}} z_1)}{\sin(k^{\mathrm{H}} L^{\mathrm{H}})} \cdot \mathrm{e}^{-\mathrm{j}\omega t} \\ N &= \frac{-z_1\xi_{\mathrm{in}}^{\mathrm{H}}\cos(k^{\mathrm{H}} z_2) + z_2\xi_{\mathrm{out}}^{\mathrm{H}}\cos(k^{\mathrm{H}} z_1)}{\sin(k^{\mathrm{H}} L^{\mathrm{H}})} \cdot \mathrm{e}^{-\mathrm{j}\omega t} \end{aligned}\right\} \tag{3.37}$$

式中：前辐射头的长度 $L^{\mathrm{H}} = z_2 - z_1$。

将式(3.37)代入式(3.35b)，整理可得

$$\xi^{\mathrm{H}}(\omega, z, t) = \frac{1}{z}\,\frac{z_1\dot{\xi}_{\mathrm{in}}^{\mathrm{H}}\sin[k^{\mathrm{H}}(z_2 - z)] + z_2\dot{\xi}_{\mathrm{out}}^{\mathrm{H}}\sin[k^{\mathrm{H}}(z - z_1)]}{\mathrm{j}\omega\sin(k^{\mathrm{H}} L^{\mathrm{H}})} \tag{3.38}$$

式(3.38)对 z 求偏导可得

$$\begin{aligned} \frac{\partial \xi^{\mathrm{H}}}{\partial z} = &-\frac{1}{z^2}\,\frac{z_1\dot{\xi}_{\mathrm{in}}^{\mathrm{H}}\sin[k^{\mathrm{H}}(z_2 - z)] + z_2\dot{\xi}_{\mathrm{out}}^{\mathrm{H}}\sin[k^{\mathrm{H}}(z - z_1)]}{\mathrm{j}\omega\sin(k^{\mathrm{H}} L^{\mathrm{H}})} \\ &-\frac{k^{\mathrm{H}}}{z}\,\frac{z_1\dot{\xi}_{\mathrm{in}}^{\mathrm{H}}\cos[k^{\mathrm{H}}(z_2 - z)] - z_2\dot{\xi}_{\mathrm{out}}^{\mathrm{H}}\cos[k^{\mathrm{H}}(z - z_1)]}{\mathrm{j}\omega\sin(k^{\mathrm{H}} L^{\mathrm{H}})} \end{aligned} \tag{3.39}$$

根据边界条件式(3.36b)，可得

$$\begin{bmatrix} F_{\mathrm{in}}^{\mathrm{H}} \\ F_{\mathrm{out}}^{\mathrm{H}} \end{bmatrix} = \begin{bmatrix} \dfrac{R_{\mathrm{in}}^{\mathrm{H}}}{\mathrm{j}k^{\mathrm{H}} L^{\mathrm{H}}}\left(\sqrt{\dfrac{A_{\mathrm{out}}^{\mathrm{H}}}{A_{\mathrm{in}}^{\mathrm{H}}}} - 1\right) + \dfrac{R_{\mathrm{in}}^{\mathrm{H}}}{\mathrm{j}\tan(k^{\mathrm{H}} L^{\mathrm{H}})} & -\dfrac{\sqrt{R_{\mathrm{in}}^{\mathrm{H}} R_{\mathrm{out}}^{\mathrm{H}}}}{\mathrm{j}\sin(k^{\mathrm{H}} L^{\mathrm{H}})} \\ \dfrac{\sqrt{R_{\mathrm{in}}^{\mathrm{H}} R_{\mathrm{out}}^{\mathrm{H}}}}{\mathrm{j}\sin(k^{\mathrm{H}} L^{\mathrm{H}})} & \dfrac{R_{\mathrm{out}}^{\mathrm{H}}}{\mathrm{j}k^{\mathrm{H}} L^{\mathrm{H}}}\left(1 - \sqrt{\dfrac{A_{\mathrm{in}}^{\mathrm{H}}}{A_{\mathrm{out}}^{\mathrm{H}}}}\right) - \dfrac{R_{\mathrm{out}}^{\mathrm{H}}}{\mathrm{j}\tan(k^{\mathrm{H}} L^{\mathrm{H}})} \end{bmatrix} \cdot \begin{bmatrix} \dot{\xi}_{\mathrm{in}}^{\mathrm{H}} \\ \dot{\xi}_{\mathrm{out}}^{\mathrm{H}} \end{bmatrix} \tag{3.40}$$

为简化表述，令

$$Z_1^{\mathrm{H}}=\frac{R_{\mathrm{in}}^{\mathrm{H}}}{\mathrm{j}k^{\mathrm{H}}L^{\mathrm{H}}}\left(\sqrt{\frac{A_{\mathrm{out}}^{\mathrm{H}}}{A_{\mathrm{in}}^{\mathrm{H}}}}-1\right)+\frac{R_{\mathrm{in}}^{\mathrm{H}}}{\mathrm{j}\tan(k^{\mathrm{H}}L^{\mathrm{H}})} \tag{3.41a}$$

$$Z_2^{\mathrm{H}}=\frac{\sqrt{R_{\mathrm{in}}^{\mathrm{H}}R_{\mathrm{out}}^{\mathrm{H}}}}{\mathrm{j}\sin(k^{\mathrm{H}}L^{\mathrm{H}})} \tag{3.41b}$$

$$Z_3^{\mathrm{H}}=\frac{R_{\mathrm{out}}^{\mathrm{H}}}{\mathrm{j}k^{\mathrm{H}}L^{\mathrm{H}}}\left(\sqrt{\frac{A_{\mathrm{in}}^{\mathrm{H}}}{A_{\mathrm{out}}^{\mathrm{H}}}}-1\right)+\frac{R_{\mathrm{out}}^{\mathrm{H}}}{\mathrm{j}\tan(k^{\mathrm{H}}L^{\mathrm{H}})} \tag{3.41c}$$

此时，式(3.40)可以写成

$$\begin{bmatrix}F_{\mathrm{in}}^{\mathrm{H}}\\F_{\mathrm{out}}^{\mathrm{H}}\end{bmatrix}=\begin{bmatrix}Z_1^{\mathrm{H}} & -Z_2^{\mathrm{H}}\\Z_2^{\mathrm{H}} & -Z_3^{\mathrm{H}}\end{bmatrix}\cdot\begin{bmatrix}\dot{\xi}_{\mathrm{in}}^{\mathrm{H}}\\\dot{\xi}_{\mathrm{out}}^{\mathrm{H}}\end{bmatrix} \tag{3.42}$$

为了方便建立前辐射头的等效网络，式(3.40)也可以写成

$$\left.\begin{aligned}F_{\mathrm{in}}^{\mathrm{H}}&=\left[\frac{R_{\mathrm{in}}^{\mathrm{H}}}{\mathrm{j}k^{\mathrm{H}}L^{\mathrm{H}}}\left(\sqrt{\frac{A_{\mathrm{out}}^{\mathrm{H}}}{A_{\mathrm{in}}^{\mathrm{H}}}}-1\right)+\frac{R_{\mathrm{in}}^{\mathrm{H}}}{\mathrm{j}\tan(k^{\mathrm{H}}L^{\mathrm{H}})}-\frac{\sqrt{R_{\mathrm{in}}^{\mathrm{H}}R_{\mathrm{out}}^{\mathrm{H}}}}{\mathrm{j}\sin(k^{\mathrm{H}}L^{\mathrm{H}})}\right]\dot{\xi}_{\mathrm{in}}^{\mathrm{H}}+\frac{\sqrt{R_{\mathrm{in}}^{\mathrm{H}}R_{\mathrm{out}}^{\mathrm{H}}}}{\mathrm{j}\sin(k^{\mathrm{H}}L^{\mathrm{H}})}(\dot{\xi}_{\mathrm{in}}^{\mathrm{H}}-\dot{\xi}_{\mathrm{out}}^{\mathrm{H}})\\F_{\mathrm{out}}^{\mathrm{H}}&=\left[\frac{R_{\mathrm{out}}^{\mathrm{H}}}{\mathrm{j}k^{\mathrm{H}}L^{\mathrm{H}}}\left(1-\sqrt{\frac{A_{\mathrm{in}}^{\mathrm{H}}}{A_{\mathrm{out}}^{\mathrm{H}}}}\right)-\frac{R_{\mathrm{out}}^{\mathrm{H}}}{\mathrm{j}\tan(k^{\mathrm{H}}L^{\mathrm{H}})}+\frac{\sqrt{R_{\mathrm{in}}^{\mathrm{H}}R_{\mathrm{out}}^{\mathrm{H}}}}{\mathrm{j}\sin(k^{\mathrm{H}}L^{\mathrm{H}})}\right]\dot{\xi}_{\mathrm{out}}^{\mathrm{H}}+\frac{\sqrt{R_{\mathrm{in}}^{\mathrm{H}}R_{\mathrm{out}}^{\mathrm{H}}}}{\mathrm{j}\sin(k^{\mathrm{H}}L^{\mathrm{H}})}(\dot{\xi}_{\mathrm{in}}^{\mathrm{H}}-\dot{\xi}_{\mathrm{out}}^{\mathrm{H}})\end{aligned}\right\} \tag{3.43}$$

式中：$R_{\mathrm{in}}^{\mathrm{H}}=\rho^{\mathrm{H}}c^{\mathrm{H}}A_{\mathrm{in}}^{\mathrm{H}}$，$R_{\mathrm{out}}^{\mathrm{H}}=\rho^{\mathrm{H}}c^{\mathrm{H}}A_{\mathrm{out}}^{\mathrm{H}}$。

根据式(3.43)，可以获得喇叭形前辐射头的等效网络模型，如图 3-8 所示。

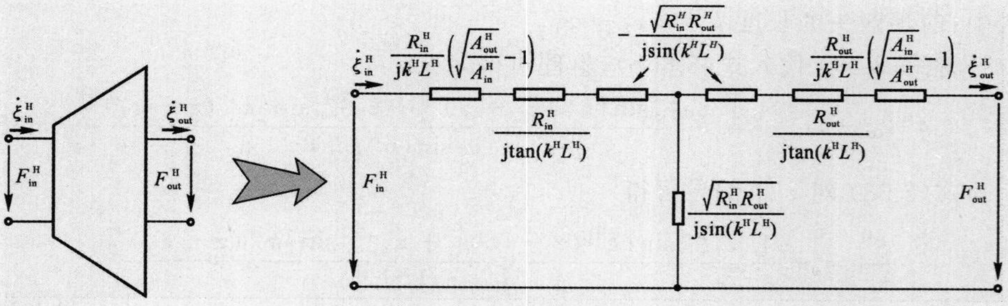

图 3-8　前辐射头的等效网络模型

3.2.3　圆柱形尾质量块的分布参数等效网络

尾质量块一般是重金属材料。其结构没有特殊的要求，往往是出于装配的考虑而设计成各种形状的。当尾质量块是圆柱形结构时，由于圆柱可以看作是圆锥台横截面积处处相等的特殊情况，所以两端面的面积存在 $A_{\mathrm{in}}^{\mathrm{T}}=A_{\mathrm{out}}^{\mathrm{T}}$，此时借助式(3.40)，可获得尾质量块的输入、输出关系如下：

$$\begin{bmatrix} F_{\text{in}}^{\text{T}} \\ F_{\text{out}}^{\text{T}} \end{bmatrix} = \begin{bmatrix} \dfrac{R^{\text{T}}}{\text{j}\tan(k^{\text{T}}L^{\text{T}})} & -\dfrac{R^{\text{T}}}{\text{j}\sin(k^{\text{T}}L^{\text{T}})} \\ \dfrac{R^{\text{T}}}{\text{j}\sin(k^{\text{T}}L^{\text{T}})} & -\dfrac{R^{\text{T}}}{\text{j}\tan(k^{\text{T}}L^{\text{T}})} \end{bmatrix} \cdot \begin{bmatrix} \dot{\xi}_{\text{in}}^{\text{T}} \\ \dot{\xi}_{\text{out}}^{\text{T}} \end{bmatrix} \tag{3.44}$$

为简化表述，令

$$Z_1^{\text{T}} = \frac{R^{\text{T}}}{\text{j}\tan(k^{\text{T}}L^{\text{T}})} \tag{3.45a}$$

$$Z_2^{\text{T}} = \frac{R^{\text{T}}}{\text{j}\sin(k^{\text{T}}L^{\text{T}})} \tag{3.45b}$$

此时，式(3.44) 可以写成

$$\begin{bmatrix} F_{\text{in}}^{\text{T}} \\ F_{\text{out}}^{\text{T}} \end{bmatrix} = \begin{bmatrix} Z_1^{\text{T}} & -Z_2^{\text{T}} \\ Z_2^{\text{T}} & -Z_1^{\text{T}} \end{bmatrix} \cdot \begin{bmatrix} \dot{\xi}_{\text{in}}^{\text{T}} \\ \dot{\xi}_{\text{out}}^{\text{T}} \end{bmatrix} \tag{3.46}$$

为了方便建立前辐射头的等效网络，式(3.44) 也可以写成

$$\left.\begin{aligned} F_{\text{in}}^{\text{T}} &= \text{j}R^{\text{T}}\tan\left(\frac{k^{\text{T}}L^{\text{T}}}{2}\right)\dot{\xi}_{\text{in}}^{\text{T}} + \frac{R^{\text{T}}}{\text{j}\sin(k^{\text{T}}L^{\text{T}})}(\dot{\xi}_{\text{in}}^{\text{T}} - \dot{\xi}_{\text{out}}^{\text{T}}) \\ F_{\text{out}}^{\text{T}} &= -\text{j}R^{\text{T}}\tan\left(\frac{k^{\text{T}}L^{\text{T}}}{2}\right)\dot{\xi}_{\text{out}}^{\text{T}} + \frac{R^{\text{T}}}{\text{j}\sin(k^{\text{T}}L^{\text{T}})}(\dot{\xi}_{\text{in}}^{\text{T}} - \dot{\xi}_{\text{out}}^{\text{T}}) \end{aligned}\right\} \tag{3.47}$$

式中：$R^{\text{T}} = \rho^{\text{T}}c^{\text{T}}A^{\text{T}}$，上标“T”表示尾质量块；$\rho^{\text{T}}$、$c^{\text{T}}$、$L^{\text{T}}$ 和 k^{T} 分别为尾质量块的密度、声速、长度和波数。

根据式(3.47)，可以获得圆柱形尾质量块的等效网络模型，如图 3－9 所示。

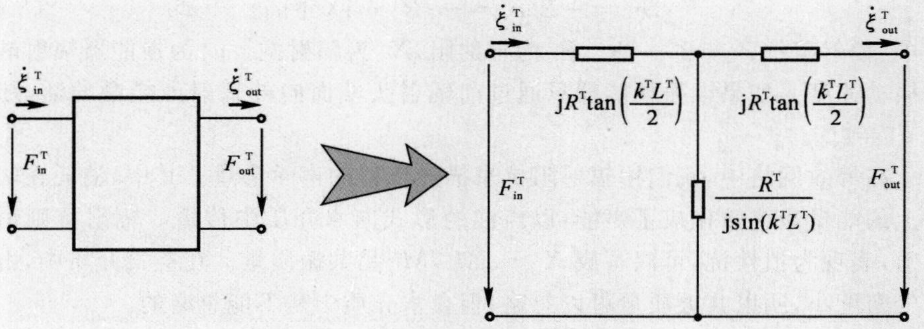

图 3－9　尾质量块的等效网络模型

3.2.4　压电纵振换能器的分布参数等效网络

对于压电纵振换能器而言，其压电晶堆、前辐射头和尾质量块之间是胶黏成一个整体的，因此各部件之间的作用力和振速是具有连续性的。也就是说，相邻

的第 i 个部件和第 $i+1$ 个部件之间存在如下关系：

$$F_{\text{out}}^{i}=F_{\text{in}}^{i+1} \tag{3.48a}$$

$$\dot{\xi}_{\text{out}}^{i}=\dot{\xi}_{\text{in}}^{i+1} \tag{3.48b}$$

根据上述连续性关系，我们可以将前辐射头、压电晶堆和尾质量块 3 部分的等效网络依次相接，从而获得整个纵振换能器的等效网络，如图 3－10 所示。

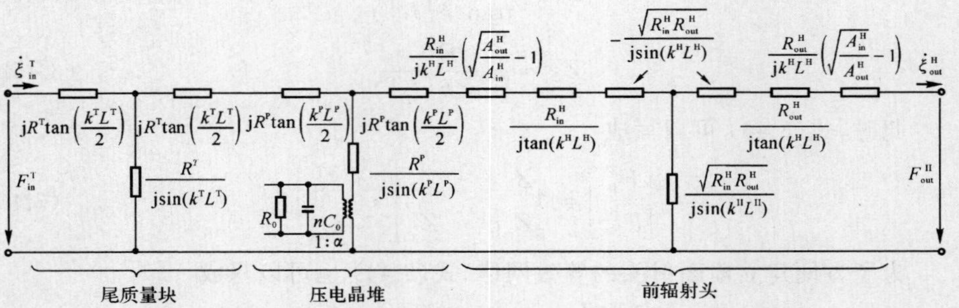

图 3－10　压电纵振换能器的分布参数等效网络(不含辐射阻抗)

上述等效网络两侧的的两个端口，需要根据换能器的实际工况设定。当换能器的前辐射面与尾质量块端面是自由振动时，其载荷力为零，在等效网络中可以使用直线直接封连端口。但如果换能器的辐射端面有声负载的作用时，那么需要添加适当的声学元素。例如有水介质作用时，换能器辐射面会受到辐射声场的作用力，即

$$F^{\text{r}}=-Z^{\text{r}}u^{\text{r}}=-(R^{\text{r}}+\text{j}X^{\text{r}})\,u^{\text{r}} \tag{3.49}$$

式中：辐射阻抗 $Z^{\text{r}}=R^{\text{r}}+\text{j}X^{\text{r}}$，$R^{\text{r}}$ 为辐射阻，X^{r} 为辐射抗。u^{r} 为换能器辐射端面的振动速度。如果纵振换能器只通过前辐射头端面向外辐射声能量的话，那么有 $u^{\text{r}}=\dot{\xi}_{\text{out}}^{\text{H}}$。

在等效网络中，我们用辐射阻抗来描述辐射的声学参量。其中，消耗在辐射阻上的能量最终转化成了声能，以声波的形式向水介质中传播。辐射抗则恒取正值，表现为惯性抗，可以写成 $X^{\text{r}}=\omega M^{\text{r}}$，$M^{\text{r}}$ 是共振质量。在空气介质中，由于空气密度小，所以共振质量可以忽略，但在水介质中是不能忽略的。

辐射阻抗跟声介质的特性和辐射器的形状有关。当 $ka\ll 1$ 时，不同形状辐射器的辐射阻抗见表 3-1，其中波数 $k=\omega/c$，c 为声介质的声速，ρ 为声介质的密度，a 为辐射面的半径，A 为辐射面的面积。

表 3-1　当 $ka \ll 1$ 时,不同形状辐射器的辐射阻抗[90]

辐射器形状	辐射阻	辐射抗	共振质量
脉动球体	$\rho cA\dfrac{(ka)^2}{1+(ka)^2}$	$\rho cA\dfrac{ka}{1+(ka)^2}$	$\dfrac{4\pi\rho a^3}{1+(ka)^2}$
无障板的活塞	$\rho cA\dfrac{(ka)^4}{34.3}$	$\rho cA\dfrac{8}{3\pi}ka$	$\dfrac{8}{3}\rho a^3$
无限大障板上的活塞	$\rho cA\dfrac{(ka)^2}{2}$	$\rho cA\dfrac{8}{3\pi}ka$	$\dfrac{8}{3}\rho a^3$
单面活塞	$\rho cA\left(\dfrac{ka}{2}\right)^2$	$\rho cA\dfrac{2}{\pi}ka$	$2\rho a^3$

3.3 压电纵振换能器的等效网络分析

3.3.1 压电纵振换能器的发射性能

本节以图 3-1 所示的压电纵振换能器为例来分析其发射性能。假设换能器在水中只有前辐射头端面向外辐射声波,此时图 3-10 所示的等效网络可变为图 3-11 所示的等效网络。

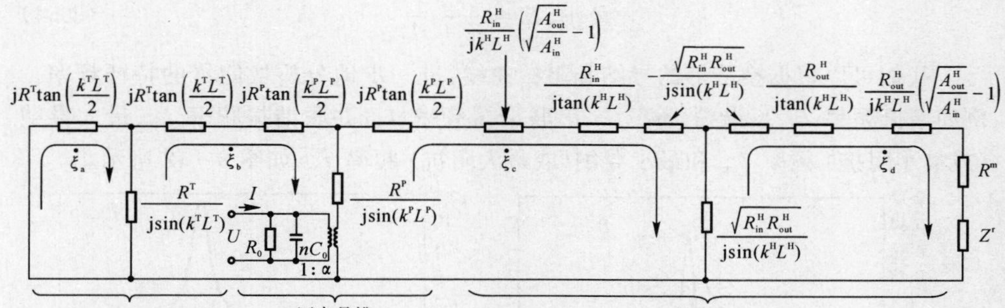

图 3-11　发射状态下压电纵振水声换能器的分布参数等效网络

图中:U 是换能器两端的激励电压;I 是电流;R^m 是换能器的机械损耗阻;$\dot{\xi}_a \sim \dot{\xi}_d$ 是流经每个网孔的电流,电流方向均定义顺时针为正。

对于上面的等效网络,可以采用电学手段继续简化电路,使得整个网络包含更少量的元素,然后进行分析。这种处理方式增加了电路元素合并的难度,同时也会使得网络失去对应的物理意义。另一种思路是保留当前的网络形式，此时图 3-11 中各元素的物理意义是明确的，这种网络形式有利于读者对于换能器电声行为的理解，也有助于换能器的优化设计。我们可以基于 Kirchhoff 电压定律，结合式(3.25)、式(3.41) 和式(3.45)，将上述等效网络写成矩阵形式 $\boldsymbol{Z}\cdot\boldsymbol{\xi}=\boldsymbol{F}$，即

$$\begin{bmatrix} Z_1^{\mathrm{T}} & -Z_2^{\mathrm{T}} & 0 & 0 \\ -Z_2^{\mathrm{T}} & (Z_1^{\mathrm{T}}+Z_1^{\mathrm{P}}) & -Z_2^{\mathrm{P}} & 0 \\ 0 & -Z_2^{\mathrm{P}} & (Z_1^{\mathrm{P}}+Z_1^{\mathrm{H}}) & -Z_2^{\mathrm{H}} \\ 0 & 0 & -Z_2^{\mathrm{H}} & (Z_3^{\mathrm{H}}+R^{\mathrm{m}}+Z^{\mathrm{r}}) \end{bmatrix}\begin{bmatrix} \dot{\xi}_{\mathrm{a}} \\ \dot{\xi}_{\mathrm{b}} \\ \dot{\xi}_{\mathrm{c}} \\ \dot{\xi}_{\mathrm{d}} \end{bmatrix}=\begin{bmatrix} 0 \\ -\alpha U \\ \alpha U \\ 0 \end{bmatrix} \tag{3.50}$$

(1) 换能器的导纳及其特征频率。

当压电纵振换能器给定激励电压 U 时，等效网络中各网孔的电流为

$$\boldsymbol{\xi}=\boldsymbol{Z}^{-1}\cdot\boldsymbol{F} \tag{3.51}$$

根据图 3-11 可知，存在如下关系：

$$I=\frac{U}{R_0}+\mathrm{j}\omega(nC_0)U+\alpha(\dot{\xi}_{\mathrm{c}}-\dot{\xi}_{\mathrm{b}}) \tag{3.52}$$

此时，可得压电纵振换能器的电导 G 和电纳 B 为

$$G+\mathrm{j}B=\frac{I}{U} \tag{3.53}$$

还可以得出换能器的电阻 R 和电抗 X 为

$$R+\mathrm{j}X=\frac{1}{G+\mathrm{j}B} \tag{3.54}$$

我们可以根据换能器的导纳和阻抗曲线，进一步地分析换能器的特征频率。例如谐振频率 f_{r}、反谐振频率 f_{a}、串联谐振频率 f_{s}、并联谐振频率 f_{p}、最大导纳(或最小阻抗) 频率 f_{m} 和最小导纳(或最大阻抗) 频率 f_{n}，如图 3-12 所示。

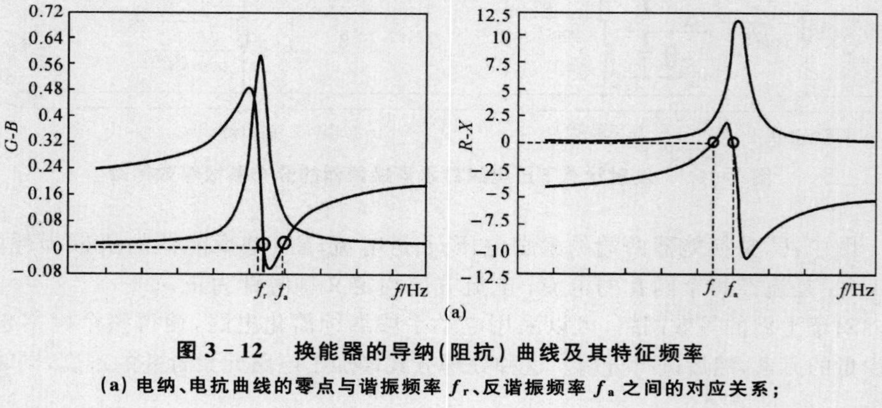

图 3-12 换能器的导纳(阻抗) 曲线及其特征频率

(a) 电纳、电抗曲线的零点与谐振频率 f_{r}、反谐振频率 f_{a} 之间的对应关系；

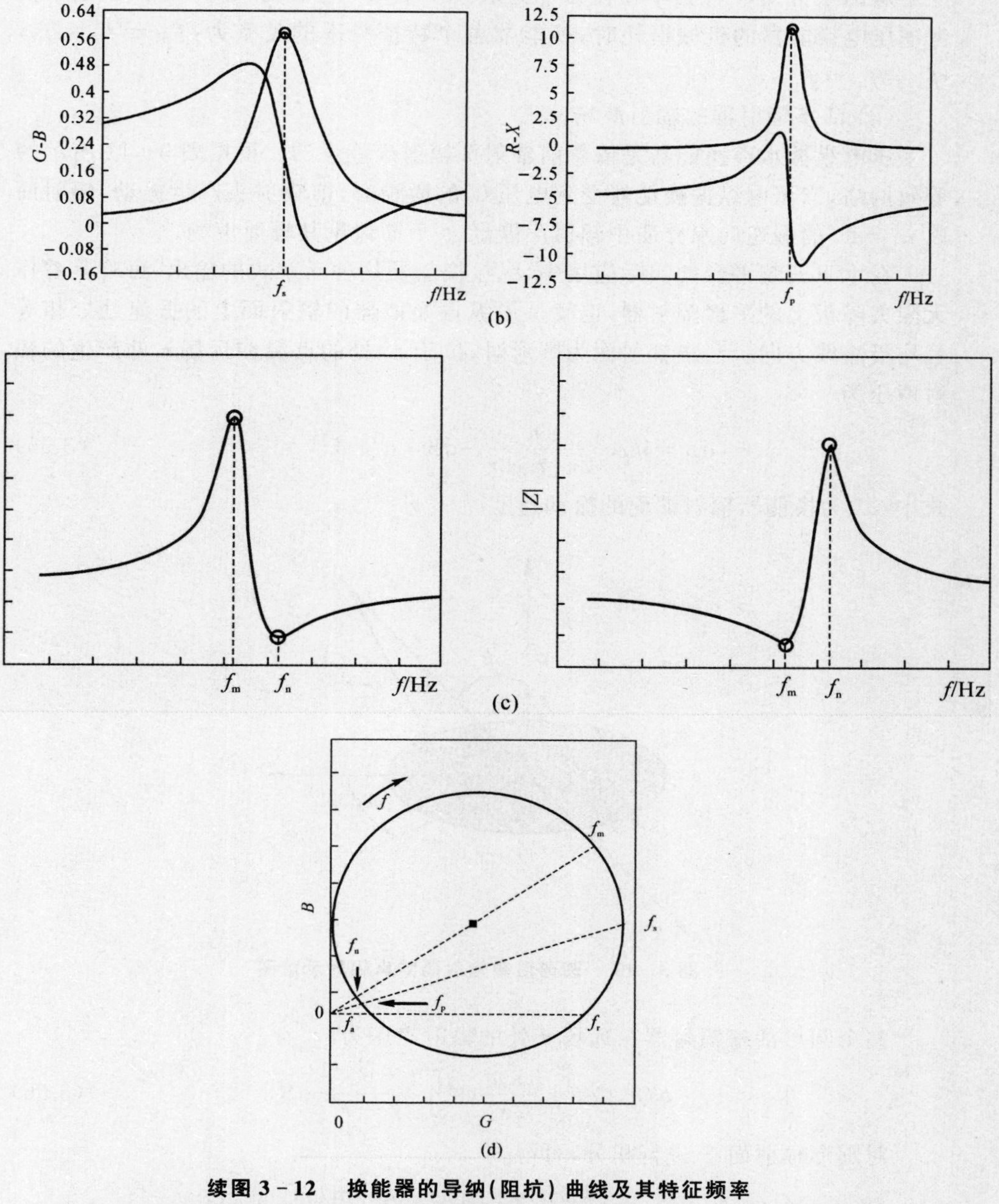

续图 3-12　换能器的导纳(阻抗)曲线及其特征频率

(b) 电导、电阻曲线的极大值点与串联谐振频率 f_s、并联谐振频率 f_p 之间的对应关系；

(c) 导纳模值、阻抗模值曲线与最大导纳频率 f_m、最小导纳频率 f_n 之间的对应关系；

(d) 换能器的导纳圆曲线与 6 个特征频率之间的关系

从图中可知,6种频率存在如下关系:$f_m < f_s < f_r$,$f_a < f_p < f_n$。如果不考虑压电换能器的机械损耗时,换能器各个特征频率的关系为:$f_m = f_s = f_r$,$f_a = f_p = f_n$。

(2) 活塞辐射器的辐射声场。

压电纵振水声换能器是依靠前辐射头辐射声能量的。根据图 3-11 所示的等效网络,当压电纵振换能器受到电压 U 的激励时,前辐射头产生振动,辐射面以 $u^r = \dot{\xi}_d$ 的振速向水介质中辐射声能量。下面讨论其辐射声场。

在水下安装平台的实际应用中,纵振换能器这种活塞式的输出,可将其看作无限大障板上的平面辐射器,也就是说纵振换能器的辐射面上的振速处处相等且均沿法线方向。当声辐射面为圆形时,位于 $\boldsymbol{r}'$ 处的点源在远场 $\boldsymbol{r}$ 处产生的辐射声压为

$$\mathrm{d}p = \mathrm{j}k\rho c \frac{u^r}{2\pi|\boldsymbol{r}-\boldsymbol{r}'|}\mathrm{d}S \cdot \mathrm{e}^{\mathrm{j}(\omega t - k|\boldsymbol{r}-\boldsymbol{r}'|)} \tag{3.55}$$

式中:u^r 为换能器辐射端面的振动速度。

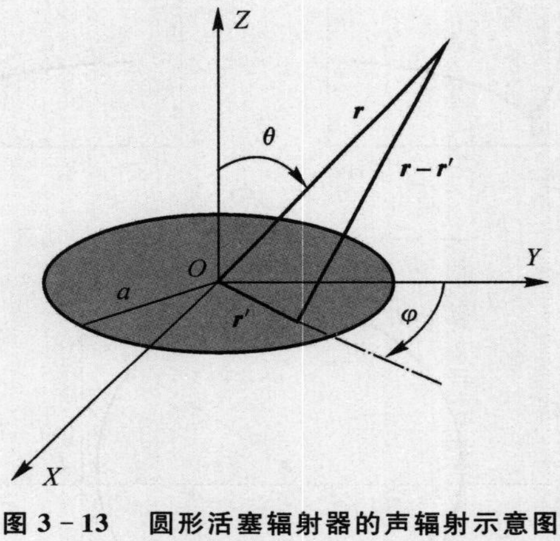

图 3-13　圆形活塞辐射器的声辐射示意图

整个圆形活塞辐射器在远场 $\boldsymbol{r}$ 处的辐射声压为

$$p(\boldsymbol{r},t) = \mathrm{j}\frac{k\rho c u^r}{2\pi}\mathrm{e}^{\mathrm{j}\omega t}\iint_S \frac{\mathrm{e}^{-\mathrm{j}k|\boldsymbol{r}-\boldsymbol{r}'|}}{|\boldsymbol{r}-\boldsymbol{r}'|}\mathrm{d}S \tag{3.56}$$

对圆形辐射面 S 进行积分,可得

$$p(r,\theta,t) = \mathrm{j}\frac{k\rho c a^2 u^r}{2r} \cdot \left[\frac{2J_1(ka\sin\theta)}{ka\sin\theta}\right]\mathrm{e}^{\mathrm{j}(\omega t - kr)} \tag{3.57}$$

式中:a 为换能器辐射面的半径;$J_1(x)$ 为一阶贝塞尔函数;k、ρ、c 是水中的波数、密度和声速。

圆形辐射器的声压振幅和声强分别等于

$$p_A(r,\theta)=\frac{k\rho c a^2 u^r}{2r}\cdot\frac{2J_1(ka\sin\theta)}{ka\sin\theta} \tag{3.58}$$

$$I_A(r,\theta)=\frac{p^2(r,\theta)}{2\rho c}=\frac{1}{8}\rho c k^2(u^r)^2\frac{a^4}{r^2}\cdot\left[\frac{2J_1(ka\sin\theta)}{ka\sin\theta}\right]^2 \tag{3.59}$$

圆形活塞辐射器在轴向($\theta=0$)产生的声压振幅为

$$p_A(r,0)=\frac{k\rho c a^2 u^r}{2r} \tag{3.60}$$

根据式(3.58),可得圆形活塞辐射器的指向性函数为

$$D(\theta)=\frac{p(r,\theta)}{p(r,0)}=\left|\frac{2J_1(ka\sin\theta)}{ka\sin\theta}\right| \tag{3.61}$$

图 3-14 所示为一个 $a=0.1$ m 的圆形活塞辐射器在 $f=30$ kHz 上的指向性函数。

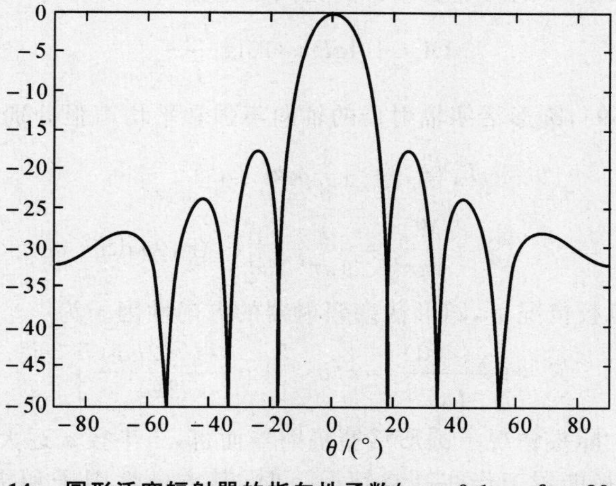

图 3-14　圆形活塞辐射器的指向性函数($a=0.1$ m, $f=30$ kHz)

我们一般用 -3 dB 波束宽度来描述主瓣宽度,其定义为主瓣两侧声压振幅下降到主极大的 0.707 处所对应的开角。根据式(3.61),令 $D\left(\frac{\Theta_{-3\text{ dB}}}{2}\right)=0.707$,可获得圆形活塞辐射器的 -3 dB 波束宽度 $\Theta_{-3\text{ dB}}$ 为

$$\Theta_{-3\text{ dB}}=2\arcsin\left(0.26\frac{\lambda}{a}\right) \tag{3.62}$$

如果令 $D\left(\frac{\Theta_0}{2}\right)=0$,可获得圆形活塞辐射器的方向锐度角 Θ_0 为

$$\Theta_0 = 2\arcsin\left(0.61\,\frac{\lambda}{a}\right) \tag{3.63}$$

当波长λ远大于圆形辐射器半径a，即$ka<1$时，辐射器产生的辐射声场中不会出现旁瓣。当辐射器半径a远大于波长λ时，即$ka\gg1$，辐射器产生的辐射声场中将出现旁瓣。此时对式(3.59)求极值，可获得旁瓣位置满足$ka\sin\theta=5.2$，从而可获得高频情况下半径为a的圆形辐射器的旁瓣级为

$$20\lg\frac{2J_1(5.2)}{5.2} = -18.4\ \mathrm{dB} \tag{3.64}$$

下面来讨论圆形辐射器的方向性因子和指向性指数。方向性因子R定义为相同声功率W_a下，有指向性时声场中最大响应方向上的远场声强$I_A^{\max}$与无指向性时同一距离上的平均声强$\bar{I}_A$的比值，即

$$R = \frac{I_A^{\max}}{\bar{I}_A} \tag{3.65}$$

把方向性因子R的分贝表示称为指向性指数DI，即

$$\mathrm{DI} = 10\lg R = 10\lg\frac{I_A^{\max}}{\bar{I}_A} \tag{3.66}$$

根据式(3.59)，圆形活塞辐射器的轴向声强和平均声强分别等于

$$I_A(r,0) = \frac{1}{8}\rho c k^2\,(u^{\mathrm{r}})^2\,\frac{a^4}{r^2} \tag{3.67}$$

$$\bar{I}_A = \frac{W_a}{4\pi r^2} = \frac{1}{4\pi r^2}\cdot\iint_S I_A(r,\theta)\,\mathrm{d}S \tag{3.68}$$

在无限大障板情况下，圆形活塞辐射器的方向性因子为

$$R = \frac{I_A(r,0)}{\bar{I}_A} = k^2a^2\left[1-\frac{2J_1(2ka)}{2ka}\right]^{-1} \tag{3.69}$$

对于无限大障板情况下圆形活塞辐射器而言，当半径a远大于波长λ，即$ka\gg1$时，或者说换能器工作在高频情况下时，其方向性因子和指向性指数可近似为

$$R = k^2a^2 = \frac{4\pi A^{\mathrm{r}}}{\lambda^2} \tag{3.70}$$

$$\mathrm{DI} = 10\lg R = 20\lg(ka) \tag{3.71}$$

式中：A^{r}是辐射器的辐射面积。

同理，如果当声辐射面为$a\times b$的矩形时，如图13-15所示，其指向性函数为

$$D(\varphi,\theta) = \left|\frac{\sin\left(\frac{\pi a}{\lambda}\sin\theta\sin\varphi\right)}{\frac{\pi a}{\lambda}\sin\theta\sin\varphi}\right|\cdot\left|\frac{\sin\left(\frac{\pi b}{\lambda}\sin\theta\cos\varphi\right)}{\frac{\pi b}{\lambda}\sin\theta\cos\varphi}\right| \tag{3.72}$$

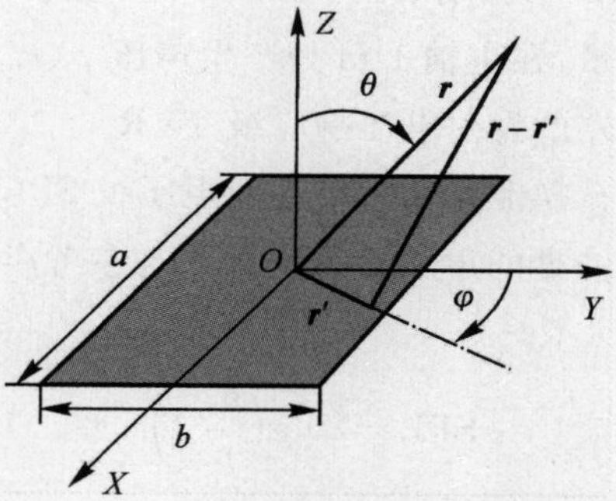

图 3－15　矩形活塞辐射器的声辐射示意图

进一步可得，矩形活塞辐射器在 XOZ 定向面的 －3 dB 波束宽度 $\Theta_{-3\ \mathrm{dB}}$ 为

$$\Theta_{-3\ \mathrm{dB}}=2\arcsin\left(0.44\ \frac{\lambda}{a}\right) \tag{3.73}$$

如果令 $D\left(\frac{\Theta_0}{2}\right)=0$，可获得圆形活塞辐射器的方向锐度角 Θ_0 为

$$\Theta_0=2\arcsin\left(\frac{\lambda}{a}\right) \tag{3.74}$$

最大旁瓣级为 －13.5 dB。

(3)换能器的发射特性。

水声换能器的发射响应(Transmitting Voltage Response，TVR)是描述换能器发射性能的重要电声参数之一。其定义为：在确定的频率，发射换能器在指定方向(一般为声轴方向)上离其有效声中心参考距离(即 1 m 处)上所产生的自由场声压 p 与换能器输入端的激励电压 U 的比值，可表示为

$$S_v=\frac{p(r_0)\ \big|_{r_0=1\ \mathrm{m}}}{U}(\mathrm{Pa/V}) \tag{3.75}$$

S_v 的分贝形式称为发射电压响应级，表示为

$$\mathrm{TVR}=20\lg\frac{S_v}{(S_v)_{\mathrm{ref}}}=20\lg S_v-20\lg\ (S_v)_{\mathrm{ref}} \tag{3.76}$$

通常取 $(S_v)_{\mathrm{ref}}=1\ \mu\mathrm{Pa/V}=10^{-6}\ \mathrm{Pa/V}$，因此有

$$\mathrm{TVR}=20\lg\frac{p(r_0)}{U}+120 \tag{3.77}$$

从式(3.77)可以看出，水声换能器发射电压响应级的确切物理含义表示换能器单位激励电压能够产生多大的声源级。根据图 3-11 所示的等效网络，当压

电纵振换能器受到电压 U 的激励时，前辐射头产生振动，辐射面以 $u^{r}=\dot{\xi}_{d}$ 的振速向水介质中辐射声能量，在主轴 1 m 处产生声压 $p(r_0)$。将其代入式(3.77)，即可获得压电纵振换能器的发射电压响应级 TVR。

我们也可以获得纵振换能器辐射声场的声压级 SPL 和声源级 SL。声压级定义为辐射声场中任一点处的声压有效值 p_{rms} 与参考声压 p_{ref} 之间比值的分贝形式，即

$$SPL=20\lg\left(\frac{p_{rms}}{p_{ref}}\right) \tag{3.78}$$

式中：参考声压 $p_{ref}=1\ \mu Pa=10^{-6}$ Pa。

而在主轴方向 1 m($r=1$ m，$\theta=0$) 处的声压级便是声源级，也可以写成

$$SL=20\lg[p_{rms}(r_0,0)]+120 \tag{3.79}$$

当压电纵振换能器受电压 U 的激励时，其产生的声源级与发射电压响应级之间存在如下关系：

$$SL=TVR+20\lg U_{rms} \tag{3.80}$$

式中：U_{rms} 是激励电压有效值。

按照指向性指数的定义式(3.66)，还可以得出声源级、指向性指数和辐射声功率之间的关系为

$$10\lg W_{a}=SL-DI-170.8 \tag{3.81}$$

辐射声功率也可以通过等效网络计算。消耗在辐射阻 R^{r} 上的电能转化成了声能，以声波的形式向水介质中辐射出去。根据图 3-11，纵振换能器的辐射声功率为

$$W_{a}=\frac{1}{2}\dot{\xi}_{d}^{2}R^{r} \tag{3.82}$$

除上述声能量消耗外，压电换能器还不可避免地存在机械损耗和介电损耗，其中消耗在机械损耗阻 R^{m} 上的能量最终被转化成了热量。根据图 3-11 所示的等效网络，换能器的机械损耗功率和介电损耗功率分别为

$$W_{loss}^{m}=\frac{1}{2}\dot{\xi}_{d}^{2}R^{m} \tag{3.83}$$

$$W_{loss}^{e}=\frac{1}{2}\frac{U^{2}}{R_{0}} \tag{3.84}$$

机械损耗是压电换能器在振动时克服内摩擦而消耗的能量，而介电损耗则由压电陶瓷的极化弛豫和漏电引起。对于发射换能器而言，小的机械损耗对应

大的机械品质因数 Q_m，此时换能器的频带宽度就会变窄，换能器的发射效率就会提高；相反，大的机械损耗则对应小的机械品质因数，此时换能器的频带变宽，换能器的发射效率也会降低[91]。

换能器总的输入电功率可通过以下两种方式获得：

$$W_e = W_a + W_{loss} = W_a + (W_{loss}^m + W_{loss}^e) \tag{3.85a}$$

$$W_e = \frac{1}{2} UI\cos\beta \tag{3.85b}$$

式中：U 是换能器两端的激励电压；I 是流经换能器的电流；β 是电压滞后电流的相位差。值得注意的是，在上述有效功率计算中，需考虑各参量有效值与幅值之间的关系。

我们还可以进一步获得压电纵振发射换能器的电声效率为

$$\eta = \frac{W_a}{W_e} \tag{3.86}$$

3.3.2　压电纵振换能器的接收性能

换能器的接收能力通过接收灵敏度（Receiving Voltage Sensitivity，RVS）来衡量，其定义为换能器输出端的开路电压 U_{oc} 与声场中引入换能器前在放置换能器位置处的自由场声压 p 的比值，即

$$M_e = e_{oc}/p \tag{3.87}$$

M_e 的分贝形式称为自由场接收电压灵敏度级，表示为

$$\text{RVS} = 20\lg \frac{M_e}{(M_e)_{ref}} = 20\lg M_e - 20\lg (M_e)_{ref} \tag{3.88}$$

通常取 $(M_e)_{ref} = 1\ \text{V}/\mu\text{Pa} = 10^6\ \text{V/Pa}$，因此有

$$\text{RVS} = 20\lg \frac{U_{oc}}{p} - 120 \tag{3.89}$$

水声换能器接收灵敏度的确切物理含义是，对于单位水中声压，换能器能感应出多大的电压来。

下面我们仍以图 3-1 所示的压电纵振换能器为例，来分析其接收性能。当压电纵振换能器置于水下声场中某处接收水下声波时，换能器辐射头感知到水下声压 p 的作用，换能器产生受迫振动，压电陶瓷感应出电荷并输出开路电压 U_{oc}。假设换能器只有前辐射头端面暴露在水介质中，此时接收状态下的等效网络将变为

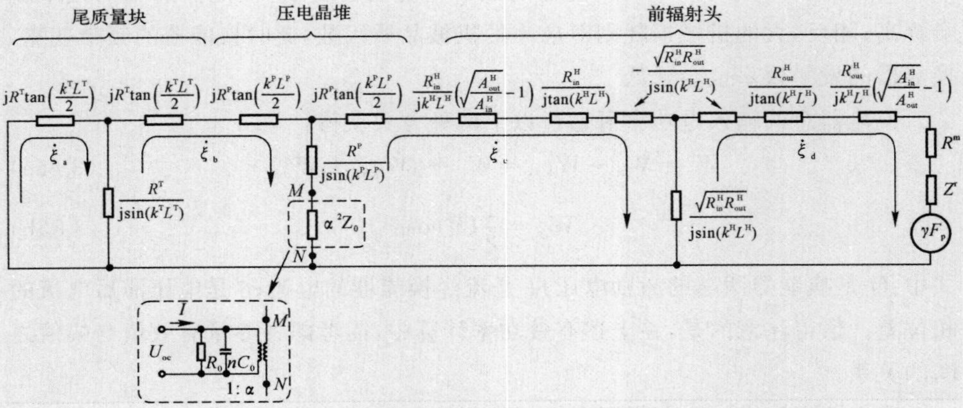

图 3-16　接收状态下压电纵振水声换能器的等效网络

图中：$F_p=pA^r$ 是水下声压 p 作用在换能器前辐射头辐射面 A^r 上的力；γ 是衍射系数(Diffraction Constant)[92]，α^2Z_0 是换能器的电阻抗转换成的等效机械阻抗。

上述等效网络写成矩阵形式 $\boldsymbol{Z}\cdot\dot{\xi}=\boldsymbol{F}$，即

$$\begin{bmatrix} Z_1^T & -Z_2^T & 0 & 0 \\ -Z_2^T & (Z_1^T+Z_1^P+\alpha^2Z_0) & -(Z_2^P+\alpha^2Z_0) & 0 \\ 0 & -(Z_2^P+\alpha^2Z_0) & (Z_1^P+Z_1^H+\alpha^2Z_0) & -Z_2^H \\ 0 & 0 & -Z_2^H & (Z_3^H+R^m+Z^r) \end{bmatrix}\begin{bmatrix}\dot{\xi}_a\\ \dot{\xi}_b\\ \dot{\xi}_c\\ \dot{\xi}_d\end{bmatrix}=\begin{bmatrix}0\\0\\0\\-\gamma F_p\end{bmatrix} \tag{3.90}$$

给定水中声压 p，可通过下式获得等效网络中各网孔的电流

$$\dot{\xi}=\boldsymbol{Z}^{-1}\cdot\boldsymbol{F} \tag{3.91}$$

根据图 3-16 可知，换能器两端的开路电压为

$$U_{oc}=\alpha\left|(\dot{\xi}_c-\dot{\xi}_b)Z_0\right| \tag{3.92}$$

给定水中声压 p，将式(3.92)代入式(3.89)，即可获得压电纵振换能器的接收灵敏度级。

3.4　压电纵振换能器的等效网络分析实例

本节应用等效网络法对图 3-1 所示的压电纵振换能器进行性能分析，各个部件的材料及尺寸见表 3-2。其中忽略前辐射头的切边操作而近似认为其是喇叭形圆锥台结构。在以下等效网络分析中也忽略预应力螺栓、电极片、绝缘垫

片、环氧胶等小部件，而只保留前辐射头、压电晶堆和尾质量块 3 部分。

表 3 - 2　压电纵振换能器主要部件的材料及结构尺寸

部　件	材　料	材料参数	结构形状	参数描述 /mm
前辐射头	硬铝合金	$\rho^H = 2\ 700\ \mathrm{kg/m^3}$ $Y^H = 7.1 \times 10^{10}\ \mathrm{Pa}$ $\sigma = 0.33$	喇叭形 数量:1	辐射面直径:$\varphi 33$ 喉部直径:$\varphi 14$ 长度:10
压电晶堆	PZT - 4	$\rho^P = 7\ 600\ \mathrm{kg/m^3}$ $s_{33}^E = 15.5 \times 10^{-12}\ \mathrm{m^2/N}$ $\varepsilon_{33}^S = 635\varepsilon_0$ $d_{33} = 289 \times 10^{-12}\ \mathrm{C/N}$	带孔圆片 数量:8	外径:$\varphi 14$ 内径:$\varphi 6$ 单片厚度:4
尾质量块	钢	$\rho^T = 7\ 800\ \mathrm{kg/m^3}$ $Y^T = 2.1 \times 10^{11}\ \mathrm{Pa}$ $\sigma = 0.28$	圆柱体 数量:1	直径:$\varphi 22$ 长度:26

我们可以构建如图 3-11 所示的等效网络，并依据式(3.50)进行求解。不同尺寸的压电纵振换能器还需要考虑合理的机械损耗和介电损耗[93]。图 3 - 17 所示为等效网络法分析的换能器的导纳曲线，图 3 - 17 显示换能器的谐振频率为 17.1 kHz，还可对应得出换能器的阻抗曲线，可根据图 3 - 12 分析换能器的特征频率。

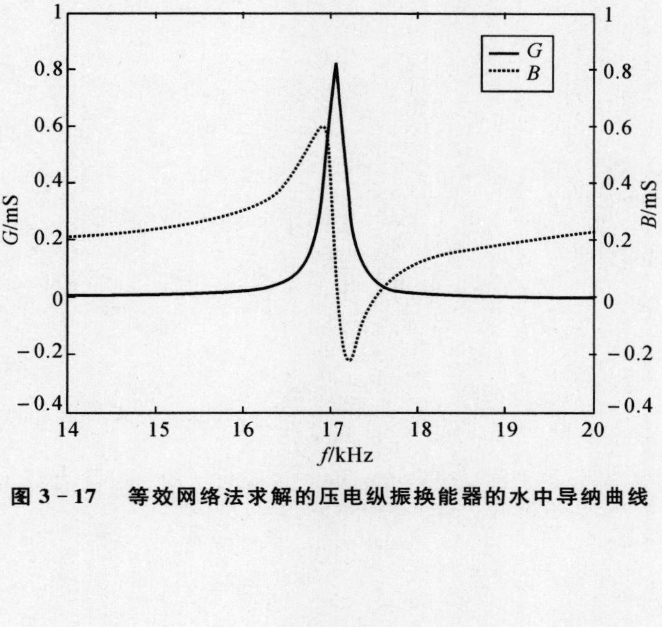

图 3 - 17　等效网络法求解的压电纵振换能器的水中导纳曲线

根据图 3-11 所示的发射状态等效网络可知，最右侧网孔内的电流 $\dot{\xi}_d$ 与换能器前辐射头辐射端面的振速是等效的（见表 1-1）。根据式(3.51) 求出 $\dot{\xi}_d$，然后代入式(3.60) 求出轴向 1 m 处的声压，再根据式(3.77) 即可求得换能器的发射电压响应级。本例中应用等效网络法求得的换能器在谐振频率 17.1 kHz 上的 TVR 为 131.8 dB。同理，我们可以根据图 3-16 的接收状态等效网络，以及式(3.90) 求得换能器的接收电压灵敏度级。本例中应用等效网络法求得的换能器最大 RVS 为 －193.5 dB@17.8 kHz。

第 4 章　基于传输矩阵法的压电纵振换能器设计与分析

4.1　压电纵振换能器的传输矩阵模型

从结构上来讲，压电纵振换能器是由压电晶堆、前辐射头、尾质量块、预应力螺栓等部件相互黏结在一起形成振动系统的。整个系统中，不同的部件发挥不同的功用。在等效网络模型的构建中，一般仅保留压电晶堆、前辐射头、尾质量块三个主要部件，而忽略预应力螺栓。之所以如此取舍，原因之一是预应力螺栓的直径相对于压电晶堆来说是小值，在某些情况下会认为其影响有限。另外，模型中引入预应力螺栓会改变等效网络法中较为简单的力学关系，使得整个等效网络变得复杂且更难处理[94]。然而，在某些实际应用中，预应力螺栓又是不容忽略的，盲目忽略它会导致较大的设计偏差和分析误差[95]。本章我们将应用传输矩阵法来构建包含预应力螺栓在内的换能器模型。

下面将引用第 3 章等效网络模型的相关结论，采用矩阵来描述压电纵振换能器压电晶堆、前辐射头、尾质量块和预应力螺栓等部件的输入、输出关系，并根据各个部件的力学和电学连接关系来构建传输矩阵模型。其中，每个部件都可描述成图 4 - 1 所示的四端子或六端子网络[96]。

在图 4 - 1 中，各参数的含义详见第 3 章。对于预应力螺栓部件，上标“B”表示预应力螺栓。F_{in}^{B} 和 $F_{\text{out}}^{\text{B}}$ 表示前辐射头两端面受到的力，$\dot{\xi}_{\text{in}}^{\text{B}}$ 和 $\dot{\xi}_{\text{out}}^{\text{B}}$ 表示前辐射头两端面的振速，令

$$Z_1^{\text{B}}=\frac{R^{\text{B}}}{\text{j}\tan(k^{\text{B}}L^{\text{B}})} \tag{4.1a}$$

$$Z_2^{\text{B}}=\frac{R^{\text{B}}}{\text{j}\sin(k^{\text{B}}L^{\text{B}})} \tag{4.1b}$$

式中：$R^{\text{B}}=\rho^{\text{B}}c^{\text{B}}A^{\text{B}}$，$\rho^{\text{B}}$、$c^{\text{B}}$、$k^{\text{B}}$、$L^{\text{B}}$ 和 A^{B} 分别为预应力螺栓的密度、声速、波数、长度和截面积。

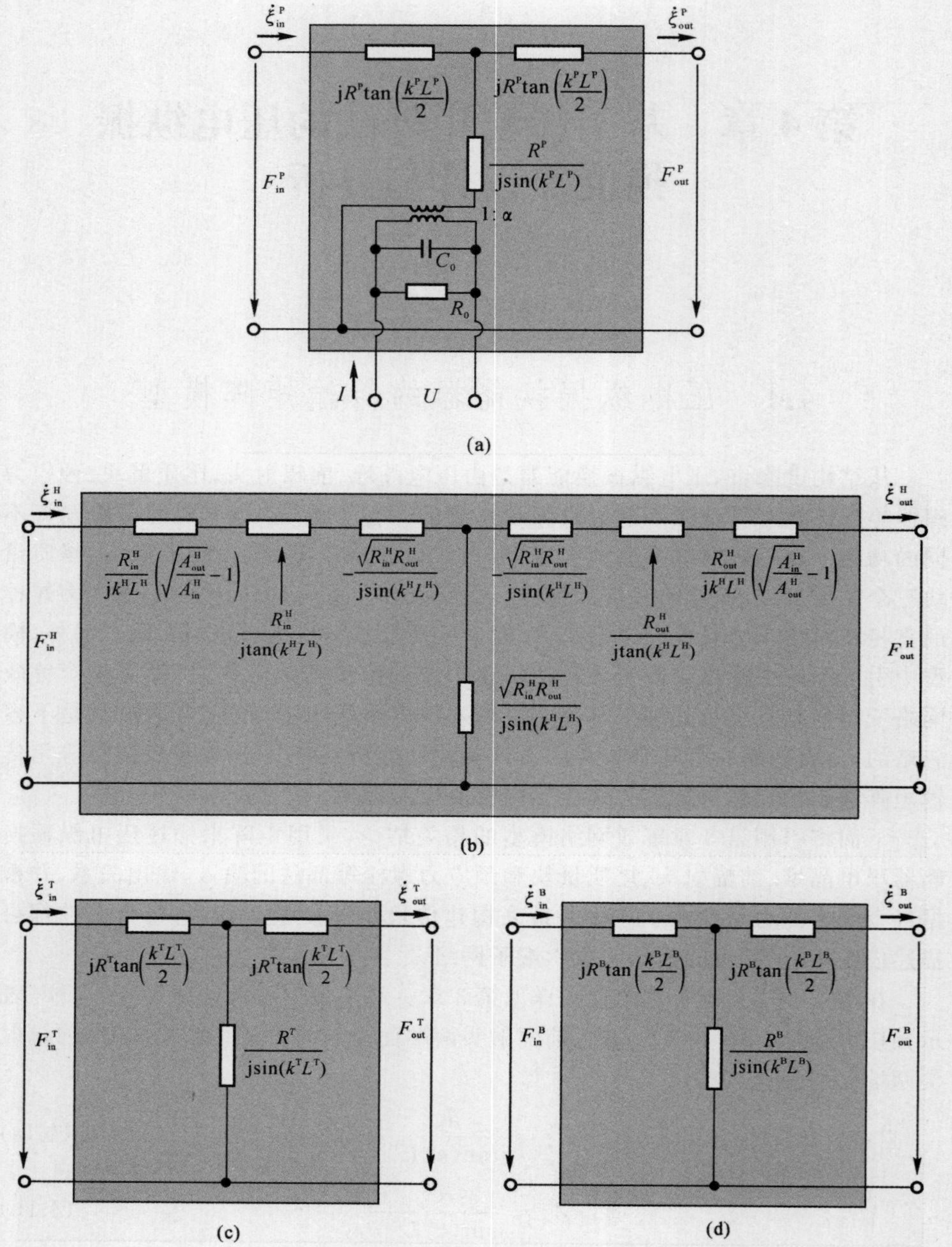

图 4-1　压电纵振换能器各部件的四端子或六端子描述

(a) 压电晶堆的六端子网络；(b) 前辐射头的四端子网络；

(c) 尾质量块的四端子网络；(d) 预应力螺栓的四端子网络

对于上述四端子或六端子网络，传输矩阵法更关心它们的输入、输出关系，见表 4－1。

表 4－1　压电纵振换能器各部件的传输矩阵描述

部件	四端子（或六端子）模型	输入输出关系
压电晶堆	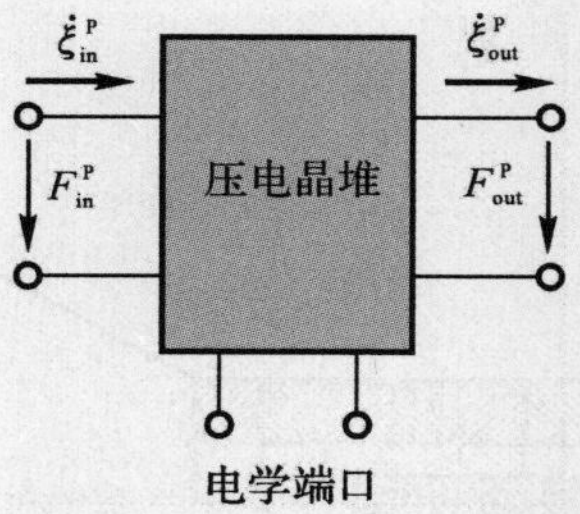	$\begin{bmatrix} F_{in}^{P} \\ F_{out}^{P} \\ I \end{bmatrix} = \begin{bmatrix} Z_1^P & -Z_2^P & \alpha \\ Z_2^P & -Z_1^P & \alpha \\ -\alpha & \alpha & j\omega n C_0 \end{bmatrix} \cdot \begin{bmatrix} \dot{\xi}_{in}^{P} \\ \dot{\xi}_{out}^{P} \\ U \end{bmatrix}$
前辐射头	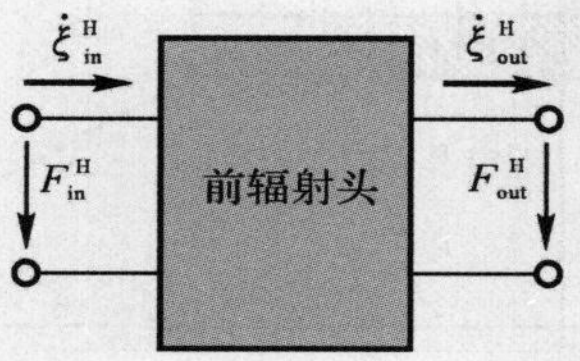	$\begin{bmatrix} F_{in}^{H} \\ F_{out}^{H} \end{bmatrix} = \begin{bmatrix} Z_1^H & -Z_2^H \\ Z_2^H & -Z_3^H \end{bmatrix} \cdot \begin{bmatrix} \dot{\xi}_{in}^{H} \\ \dot{\xi}_{out}^{H} \end{bmatrix}$
尾质量块	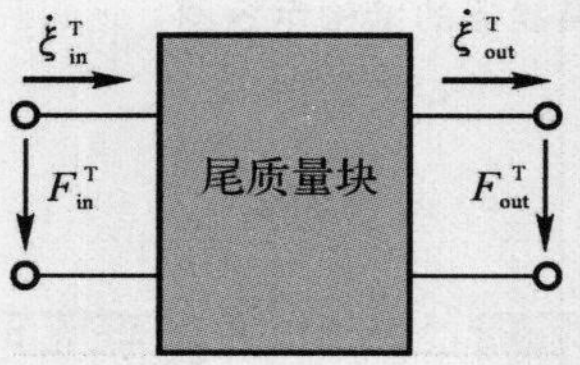	$\begin{bmatrix} F_{in}^{T} \\ F_{out}^{T} \end{bmatrix} = \begin{bmatrix} Z_1^T & -Z_2^T \\ Z_2^T & -Z_1^T \end{bmatrix} \cdot \begin{bmatrix} \dot{\xi}_{in}^{T} \\ \dot{\xi}_{out}^{T} \end{bmatrix}$
预应力螺栓	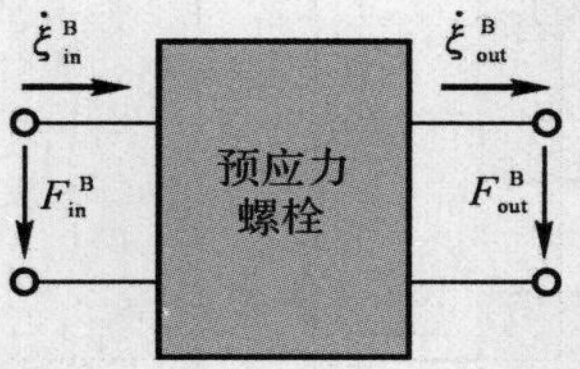	$\begin{bmatrix} F_{in}^{B} \\ F_{out}^{B} \end{bmatrix} = \begin{bmatrix} Z_1^B & -Z_2^B \\ Z_2^B & -Z_1^B \end{bmatrix} \cdot \begin{bmatrix} \dot{\xi}_{in}^{B} \\ \dot{\xi}_{out}^{B} \end{bmatrix}$

对于压电纵振换能器，各部件的结构及连接关系如图 4－2 所示。为了建模的方便，我们省略了绝缘垫片、电极片等其他的辅助部件，并且约定预应力螺栓仅构建与压电晶堆等长的部分，即 $L^{B}=L^{P}$。根据各部件的连接方式，图 4－3 展示了相邻部件的力学关系。在压电晶堆、预应力螺栓与尾质量块的连接面 M 处，速度是连续过渡的，但在作用力方面，尾质量块端面的作用力应该等于压电晶堆端面作用力和预应力螺栓端面作用力之和，在连接面 N 处也存在同样的力

学关系，可表示为

$$\left.\begin{aligned}F_{\text{out}}^{\text{T}}&=F_{\text{in}}^{\text{P}}+F_{\text{in}}^{\text{B}}\\F_{\text{out}}^{\text{P}}+F_{\text{out}}^{\text{B}}&=F_{\text{in}}^{\text{H}}\end{aligned}\right\}\tag{4.2a}$$

$$\left.\begin{aligned}\dot{\xi}_{\text{out}}^{\text{T}}&=\dot{\xi}_{\text{in}}^{\text{P}}=\dot{\xi}_{\text{in}}^{\text{B}}\\\dot{\xi}_{\text{out}}^{\text{P}}&=\dot{\xi}_{\text{out}}^{\text{B}}=\dot{\xi}_{\text{in}}^{\text{H}}\end{aligned}\right\}\tag{4.2b}$$

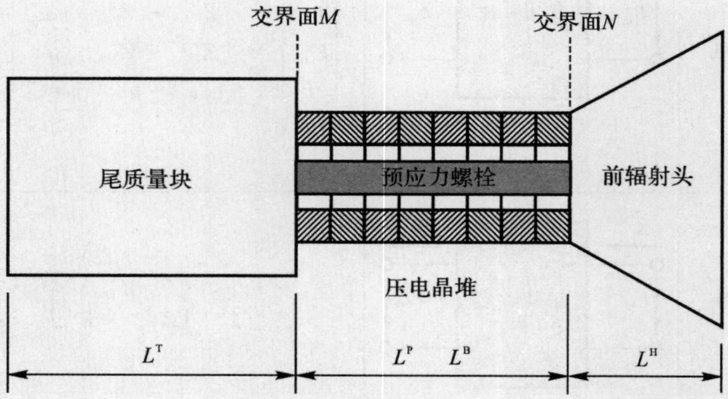

图 4-2　压电纵振换能器的结构示意图

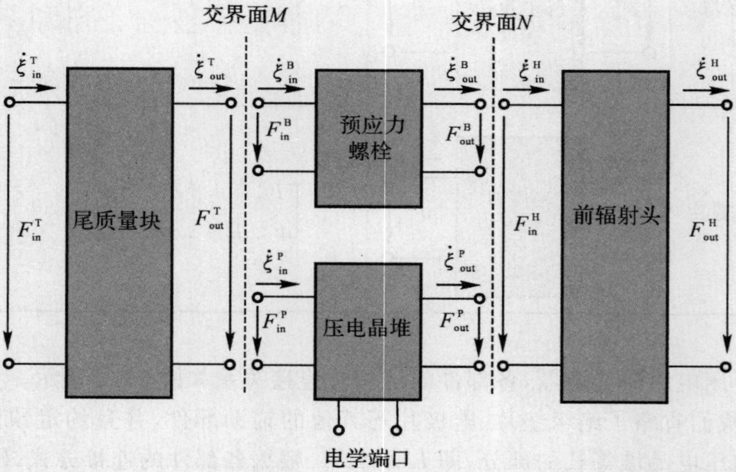

图 4-3　压电纵振换能器各部件端口输入输出及力学关系示意图

根据上述力学关系，可建立图 4-4 所示的压电纵振换能器传输网络。

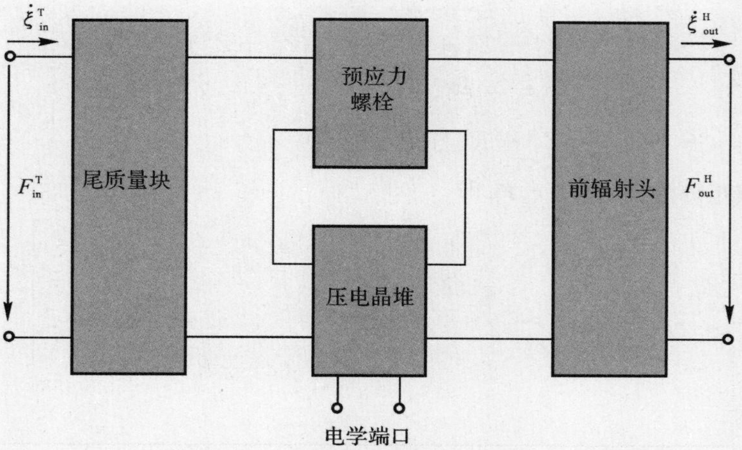

图 4-4　压电纵振换能器的传输矩阵网络(不含辐射阻抗)

4.1.1　发射状态下压电纵振换能器的传输矩阵模型

依然假设换能器在水中只有前辐射头端面向外辐射声波，在前辐射头的输出端口添加相应的声学元素，可得图 4-5 所示的传输网络。

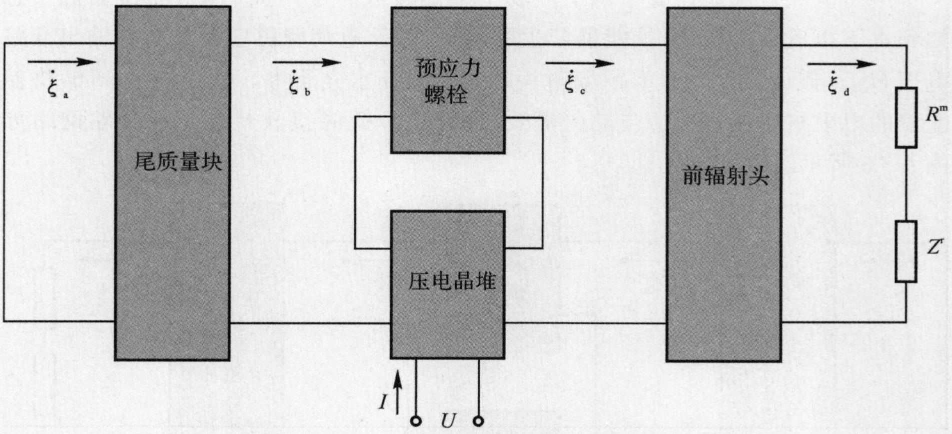

图 4-5　发射状态下压电纵振换能器的传输网络

参照图 4-5，用 $\dot{\xi}_a \sim \dot{\xi}_d$ 来替换每个部件的输入、输出振速，结合式(4.2)的力学关系，可以将表 4-1 所示的输入、输出关系整合成下面的形式：

$$\left.\begin{aligned}&Z_1^{\mathrm{T}}\dot{\xi}_{\mathrm{a}}-Z_2^{\mathrm{T}}\dot{\xi}_{\mathrm{b}}=0\\&-Z_2^{\mathrm{T}}\dot{\xi}_{\mathrm{a}}+(Z_1^{\mathrm{T}}+Z_1^{\mathrm{P}}+Z_1^{\mathrm{B}})\dot{\xi}_{\mathrm{b}}-(Z_2^{\mathrm{P}}+Z_2^{\mathrm{B}})\dot{\xi}_{\mathrm{c}}=-\alpha U\\&-(Z_2^{\mathrm{P}}+Z_2^{\mathrm{B}})\dot{\xi}_{\mathrm{b}}+(Z_1^{\mathrm{P}}+Z_1^{\mathrm{B}}+Z_1^{\mathrm{H}})\dot{\xi}_{\mathrm{c}}-Z_2^{\mathrm{H}}\dot{\xi}_{\mathrm{d}}=\alpha U\\&-Z_2^{\mathrm{H}}\dot{\xi}_{\mathrm{c}}+(Z_3^{\mathrm{H}}+R^{\mathrm{m}}+Z^{\mathrm{r}})\dot{\xi}_{\mathrm{d}}=0\end{aligned}\right\}\tag{4.3}$$

写成矩阵形式 $\boldsymbol{Z}\cdot\dot{\boldsymbol{\xi}}=\boldsymbol{F}$,即

$$\begin{bmatrix}Z_1^{\mathrm{T}} & -Z_2^{\mathrm{T}} & 0 & 0\\-Z_2^{\mathrm{T}} & (Z_1^{\mathrm{T}}+Z_1^{\mathrm{P}}+Z_1^{\mathrm{B}}) & -(Z_2^{\mathrm{P}}+Z_2^{\mathrm{B}}) & 0\\0 & -(Z_2^{\mathrm{P}}+Z_2^{\mathrm{B}}) & (Z_1^{\mathrm{P}}+Z_1^{\mathrm{B}}+Z_1^{\mathrm{H}}) & -Z_2^{\mathrm{H}}\\0 & 0 & -Z_2^{\mathrm{H}} & (Z_3^{\mathrm{H}}+R^{\mathrm{m}}+Z^{\mathrm{r}})\end{bmatrix}\begin{bmatrix}\dot{\xi}_{\mathrm{a}}\\\dot{\xi}_{\mathrm{b}}\\\dot{\xi}_{\mathrm{c}}\\\dot{\xi}_{\mathrm{d}}\end{bmatrix}=\begin{bmatrix}0\\-\alpha U\\\alpha U\\0\end{bmatrix}\tag{4.4}$$

我们可以对比分析下式(4.4)与式(3.50)。这里介绍的传输矩阵法考虑了预应力螺栓,因此式(4.4)的矩阵比式(3.50)的矩阵增多了描述预应力螺栓的元素 Z_1^{B} 和 Z_2^{B}。在去除预应力螺栓的元素后,二者是完全一样的。接下来,可用第3章介绍的方法处理上述矩阵,并求解发射换能器的各个参数。

4.1.2 接收状态下压电纵振换能器的传输矩阵模型

当压电纵振换能器置于水下声场中某处接收水下声波时,换能器辐射头感知到水下声压 p 的作用,换能器产生受迫振动,压电陶瓷感应出电荷并输出开路电压 U_{oc}。假设换能器只有前辐射头端面暴露在水介质中。参照图3-16,将换能器的电阻抗转换成对应支路的等效机械阻抗,此时接收状态下的传输网络如图4-6所示。

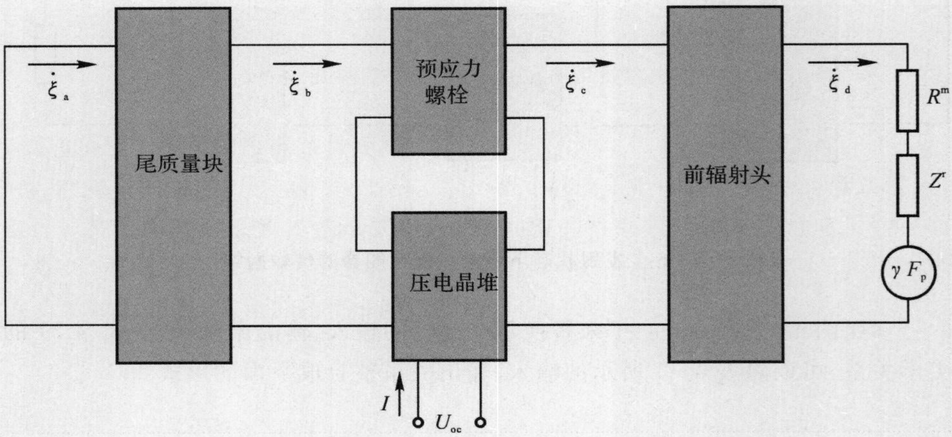

图4-6 接收状态下压电纵振换能器的传输网络

将图 4－6 所示的传输网络写成矩阵形式 $\boldsymbol{Z}\cdot\boldsymbol{\xi}=\boldsymbol{F}$，即

$$\begin{bmatrix} Z_1^{\mathrm{T}} & -Z_2^{\mathrm{T}} & 0 & 0 \\ -Z_2^{\mathrm{T}} & (Z_1^{\mathrm{T}}+Z_1^{\mathrm{P}}+Z_1^{\mathrm{B}}+\alpha^2 Z_0) & -(Z_2^{\mathrm{P}}+Z_2^{\mathrm{B}}+\alpha^2 Z_0) & 0 \\ 0 & -(Z_2^{\mathrm{P}}+Z_2^{\mathrm{B}}+\alpha^2 Z_0) & (Z_1^{\mathrm{P}}+Z_1^{\mathrm{B}}+Z_1^{\mathrm{H}}+\alpha^2 Z_0) & -Z_2^{\mathrm{H}} \\ 0 & 0 & -Z_2^{\mathrm{H}} & (Z_3^{\mathrm{H}}+R^{\mathrm{m}}+Z^{\mathrm{r}}) \end{bmatrix} \begin{bmatrix} \dot{\xi}_{\mathrm{a}} \\ \dot{\xi}_{\mathrm{b}} \\ \dot{\xi}_{\mathrm{c}} \\ \dot{\xi}_{\mathrm{d}} \end{bmatrix} = \begin{bmatrix} 0 \\ 0 \\ 0 \\ -\gamma F_{\mathrm{p}} \end{bmatrix} \tag{4.5}$$

式(4.5)与基于等效网络法的接收状态矩阵方程式(3.90)具有相似性。随着螺栓直径趋于零，式(4.5)中表示预应力螺栓的矩阵元素 Z_1^{B} 和 Z_2^{B} 也趋于零，此时传输矩阵法将获得与等效网络法相同的结果。

通过式(3.90)，可按照第 3 章介绍的方式来求解换能器的接收灵敏度。

4.2　压电纵振换能器的传输矩阵分析实例

第 3 章介绍的等效网络法不便于处理预应力螺栓的问题。本节结合传输矩阵法来分析考虑预应力螺栓在内的压电纵振换能器的性能。依然以图 3－1 所示的换能器为例，构建的传输矩阵模型包括换能器的前辐射头、压电晶堆、尾质量块和预应力螺栓 4 个部件，其他小尺寸部件予以省略。当换能器使用 M5 的钢制材料螺栓时，其发射状态的传输网络见图 4－5，其矩阵描述见式(4.4)。采用与等效网络法相同的手段，可完成后续求解，得到换能器的水中导纳曲线如图 4－7 所示。其结果经与等效网络法对比，可发现两种方法计算的导纳曲线走势是一样的，不同之处在于模型中考虑预应力螺栓后，计算所得的换能器谐振频率发生了偏移。再进一步，应用传输矩阵法求得的换能器的最大发射电压响应级为 133.2 dB@17.3 kHz。同理，可以根据图 4－6 所示的接收状态传输网络，以及式(4.5)求得换能器的最大接收电压灵敏度级为－193.1 dB@18.1 kHz。

在实际应用中，换能器建模是否省略预应力螺栓是一个需要谨慎考虑的问题。一般，当纵振换能器的工作频率较高时，或预应力螺栓的尺寸较大时，应该考虑预应力螺栓给换能器带来的影响[97]。

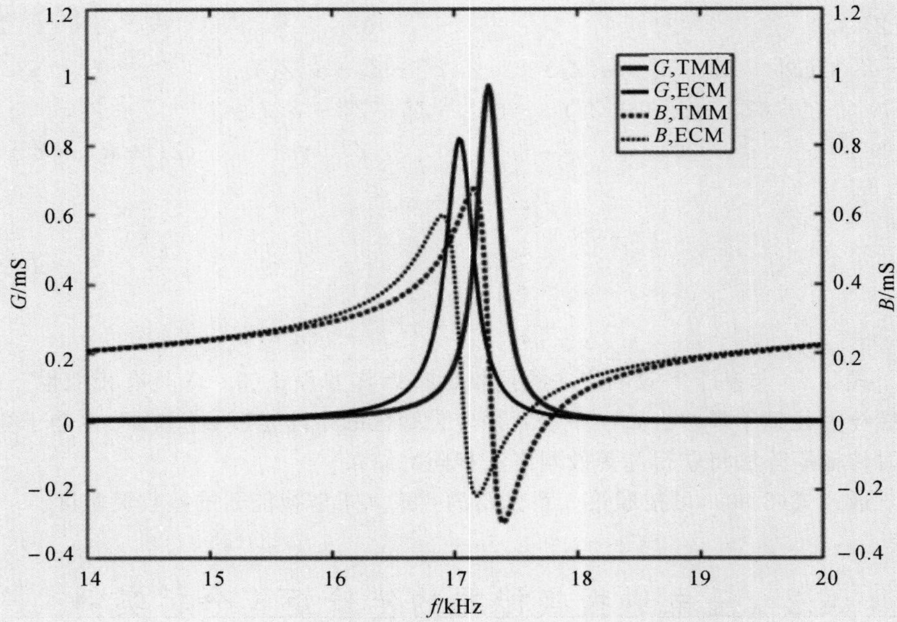

图 4－7　传输矩阵法求解的压电纵振换能器的水中导纳曲线

第5章　基于有限元法的压电纵振换能器设计与分析

5.1　压电水声换能器的有限元分析基础

当前,有限元法是压电换能器设计和分析的主流方法之一,该方法的应用给换能器的研发带来了巨大的便利。有限元法不同于前面提到的等效网络法和传输矩阵法,它们的数学基础和处理方式有着本质的不同。有限元法是以数值思想和计算机技术为基础发展起来的。有限元法方法统一,易于掌握,特别适合水声换能器涉及的结构不规则、材料不均匀以及边界条件复杂等情况。在水声换能器领域,有限元技术主要体现在两种耦合场的分析上,即考虑结构和电场间相互作用的压电耦合分析,以及考虑流体和结构间相互作用的流固耦合分析[98]。

5.1.1　压电耦合分析

应用有限元分析压电类耦合问题,其核心是获得该类问题的有限元控制方程。本节以变分原理和剖分插值为基础,从能量的角度出发,针对系统拉格朗日函数[99],应用哈密顿变分原理[100],就可得出压电耦合问题的有限元控制方程[101-102]。

首先来看线性弹性体动力学问题的哈密顿(Hamilton)原理,它一般表述为:在任意给定的时间区间 $[t_1, t_2]$ 内,弹性体在一切允许的可能运动状态中,真实运动状态使弹性体系的哈密顿作用量取稳定值,即

$$\delta A = \delta\int_{t_1}^{t_2} L\,\mathrm{d}t = 0 \tag{5.1}$$

式中:L 为拉格朗日(Lagrange)函数。对于线性压电弹性体,其拉格朗日函数可具体表述为

$$L = W_{\mathrm{T}} - (W_{\mathrm{m}} - W_{\mathrm{F}}) + (W_{\mathrm{E}} - W_{\mathrm{Q}}) \tag{5.2}$$

式中:W_{T} 表示动能;W_{m} 表示弹性应变能;W_{F} 表示外界机械力所做的功;W_{E} 表

示电场电能；W_Q 表示外界电场力所做的功。这些能量表述分别如下。

(1) 动能 W_T。

对于弹性体，其动能可以表示为

$$W_T = \frac{1}{2}\iiint_{\Omega} (\rho \boldsymbol{\xi}^t \boldsymbol{\xi})\, d\Omega \tag{5.3}$$

式中：ρ 表示密度；$\boldsymbol{\xi}$ 表示位移向量；Ω 表示体积；上标“t”表示转置。

在有限元分析中，压电弹性体将被离散成有限个单元。假设共有 m 个单元，每个单元含有 n 个节点。我们用 $\boldsymbol{\xi}_{in}$ 表示单元内任意一点的位移向量，$\boldsymbol{\xi}_{node}$ 表示单元节点的位移向量，$\boldsymbol{N}_{\xi}$ 表示位移形函数矩阵，则三者之间存在如下关系：

$$\boldsymbol{\xi}_{in} = \boldsymbol{N}_{\xi} \boldsymbol{\xi}_{node} \tag{5.4}$$

式中：

$$\boldsymbol{\xi}_{in} = [\xi_x \quad \xi_y \quad \xi_z]^t \tag{5.5a}$$

$$\boldsymbol{\xi}_{node} = [\xi_{x1} \quad \xi_{y1} \quad \xi_{z1} \quad \xi_{x2} \quad \xi_{y2} \quad \xi_{z2} \quad \cdots \quad \xi_{xn} \quad \xi_{yn} \quad \xi_{zn}]^t \tag{5.5b}$$

$$\boldsymbol{N}_{\xi} = \begin{bmatrix} N_1 & 0 & 0 & N_2 & 0 & 0 & \cdots & N_n & 0 & 0 \\ 0 & N_1 & 0 & 0 & N_2 & 0 & \cdots & 0 & N_n & 0 \\ 0 & 0 & N_1 & 0 & 0 & N_2 & \cdots & 0 & 0 & N_n \end{bmatrix} \tag{5.5c}$$

此时压电弹性体的动能，等于 m 个单元的动能之和，即

$$W_T = \sum_m \frac{1}{2}\iiint_{\Omega_e} (\boldsymbol{\xi}_{in}{}^t \rho\, \boldsymbol{\xi}_{in})\, d\Omega \tag{5.6}$$

将式(5.4) 带入式(5.6)，整理可得

$$W_T = \sum_m \frac{1}{2} \boldsymbol{\xi}_{node}{}^t \boldsymbol{M}_e \boldsymbol{\xi}_{node} \tag{5.7}$$

式(5.7) 中，单元 e 的质量矩阵为 $\boldsymbol{M}_e = \iiint_{\Omega_e} (\boldsymbol{N}_{\xi}{}^t \rho \boldsymbol{N}_{\xi})\, d\Omega$。

(2) 弹性应变能 W_m。

对于弹性体，其应变能可以表示为

$$W_m = \frac{1}{2}\iiint_{\Omega} (\boldsymbol{T}^t \boldsymbol{S})\, d\Omega \tag{5.8}$$

对于压电弹性体而言，其应力、应变之间的关系需满足压电方程，这个过程中应用第二类压电方程，即

$$\left.\begin{aligned} \boldsymbol{T} &= \boldsymbol{c}^E \boldsymbol{S} - \mathbf{e}^t \boldsymbol{E} \\ \boldsymbol{D} &= \boldsymbol{\varepsilon}^S \boldsymbol{E} + \mathbf{e}\boldsymbol{S} \end{aligned}\right\} \tag{5.9}$$

将其代入式(5.8)，可得

$$W_m = \frac{1}{2}\iiint_{\Omega} [(\boldsymbol{c}^E \boldsymbol{S} - \boldsymbol{e}^t \boldsymbol{E})^t \boldsymbol{S}]\, d\Omega = \frac{1}{2}\iiint_{\Omega} (\boldsymbol{S}^t \boldsymbol{c}^E \boldsymbol{S} - \boldsymbol{E}^t \boldsymbol{e} \boldsymbol{S})\, d\Omega \tag{5.10}$$

式中：考虑到 $\boldsymbol{c}^{E}$ 是对称矩阵，存在 $[\boldsymbol{c}^{E}]^{t}=\boldsymbol{c}^{E}$。

对于被离散成有限个单元的压电弹性体而言，如果用 $\boldsymbol{S}_{in}$ 表示单元内任意一点的应变向量，它与位移向量的关系可用几何方程描述，即

$$\boldsymbol{S}_{in}=\boldsymbol{A}\boldsymbol{\xi}_{in} \tag{5.11}$$

将式(5.4)代入，可得单元内任意一点的应变向量与单元节点位移向量的关系为

$$\boldsymbol{S}_{in}=\boldsymbol{A}(\boldsymbol{N}_{\xi}\boldsymbol{\xi}_{node})=(\boldsymbol{A}\boldsymbol{N}_{\xi})\boldsymbol{\xi}_{node}=\boldsymbol{B}_{\xi}\boldsymbol{\xi}_{node} \tag{5.12}$$

式中：$\boldsymbol{B}_{\xi}=\boldsymbol{A}\boldsymbol{N}_{\xi}$；

$$\boldsymbol{A}=\begin{bmatrix} \frac{\partial}{\partial x} & 0 & 0 \\ 0 & \frac{\partial}{\partial y} & 0 \\ 0 & 0 & \frac{\partial}{\partial z} \\ \frac{\partial}{\partial y} & \frac{\partial}{\partial x} & 0 \\ 0 & \frac{\partial}{\partial z} & \frac{\partial}{\partial y} \\ \frac{\partial}{\partial z} & 0 & \frac{\partial}{\partial x} \end{bmatrix} \tag{5.13}$$

此外，用 U_{in} 表示单元内任意一点的电势（该参量是一个标量），用 $\boldsymbol{U}_{node}$ 表示单元节点的电势向量，$\boldsymbol{N}_{U}$ 表示电势形函数向量，则三者之间存在如下关系：

$$\boldsymbol{U}_{in}=\boldsymbol{N}_{U}\boldsymbol{U}_{node} \tag{5.14}$$

式中：

$$\boldsymbol{U}_{node}=[U_1 \quad U_2 \quad \cdots \quad U_n]^{t} \tag{5.15a}$$

$$\boldsymbol{N}_{U}=[n_1 \quad n_2 \quad \cdots \quad n_n] \tag{5.15b}$$

如果用 $\boldsymbol{E}_{in}$ 表示单元内任意一点的电场向量，它与该点的电势的关系如下：

$$\boldsymbol{E}_{in}=-\boldsymbol{a}U_{in} \tag{5.16}$$

将式(5.14)代入，可得单元内任意一点的电场向量与单元节点电势向量的关系如下：

$$\boldsymbol{E}_{in}=-\boldsymbol{a}(\boldsymbol{N}_{U}\boldsymbol{U}_{node})=(-\boldsymbol{a}\boldsymbol{N}_{U})\boldsymbol{U}_{node}=\boldsymbol{B}_{U}\boldsymbol{U}_{node} \tag{5.17}$$

其中，$\boldsymbol{B}_{U}=-\boldsymbol{a}\boldsymbol{N}_{U}$，则

设
$$\boldsymbol{a}=\begin{bmatrix}\dfrac{\partial}{\partial x}\\ \dfrac{\partial}{\partial y}\\ \dfrac{\partial}{\partial z}\end{bmatrix} \tag{5.18}$$

将式(5.12)和式(5.17)代入式(5.10),对 m 个单元的弹性应变能求和,可得压电弹性体的应变能,即

$$\begin{aligned}W_{\mathrm{m}}=&\sum_{\mathrm{m}}\frac{1}{2}\iiint_{\Omega_e}(\boldsymbol{S}_{\mathrm{in}}{}^{\mathrm{t}}\boldsymbol{c}^{\mathrm{E}}\boldsymbol{S}_{\mathrm{in}}-\boldsymbol{E}_{\mathrm{in}}{}^{\mathrm{t}}\boldsymbol{e}\boldsymbol{S}_{\mathrm{in}})\,\mathrm{d}\Omega=\\&\sum_{\mathrm{m}}\frac{1}{2}\iiint_{\Omega_e}[\boldsymbol{\xi}_{\mathrm{node}}{}^{\mathrm{t}}(\boldsymbol{B}_{\xi}{}^{\mathrm{t}}\boldsymbol{c}^{\mathrm{E}}\boldsymbol{B}_{\xi})\boldsymbol{\xi}_{\mathrm{node}}-\boldsymbol{U}_{\mathrm{node}}{}^{\mathrm{t}}(\boldsymbol{B}_{\mathrm{U}}{}^{\mathrm{t}}\boldsymbol{e}\boldsymbol{B}_{\xi})\boldsymbol{\xi}_{\mathrm{node}}]\,\mathrm{d}\Omega=\\&\sum_{\mathrm{m}}\frac{1}{2}\iiint_{\Omega_e}[\boldsymbol{\xi}_{\mathrm{node}}{}^{\mathrm{t}}(\boldsymbol{B}_{\xi}{}^{\mathrm{t}}\boldsymbol{c}^{\mathrm{E}}\boldsymbol{B}_{\xi})\boldsymbol{\xi}_{\mathrm{node}}]\,\mathrm{d}\Omega-\sum_{\mathrm{m}}\frac{1}{2}\iiint_{\Omega_e}[\boldsymbol{U}_{\mathrm{node}}{}^{\mathrm{t}}(\boldsymbol{B}_{\mathrm{U}}{}^{\mathrm{t}}\boldsymbol{e}\boldsymbol{B}_{\xi})\boldsymbol{\xi}_{\mathrm{node}}]\,\mathrm{d}\Omega=\\&\sum_{\mathrm{m}}\frac{1}{2}\boldsymbol{\xi}_{\mathrm{node}}{}^{\mathrm{t}}\left[\iiint_{\Omega_e}(\boldsymbol{B}_{\xi}{}^{\mathrm{t}}\boldsymbol{c}^{\mathrm{E}}\boldsymbol{B}_{\xi})\,\mathrm{d}\Omega\right]\boldsymbol{\xi}_{\mathrm{node}}-\sum_{\mathrm{m}}\frac{1}{2}\boldsymbol{U}_{\mathrm{node}}{}^{\mathrm{t}}\left[\iiint_{\Omega_e}(\boldsymbol{B}_{\mathrm{U}}{}^{\mathrm{t}}\boldsymbol{e}\boldsymbol{B}_{\xi})\,\mathrm{d}\Omega\right]\boldsymbol{\xi}_{\mathrm{node}}\end{aligned}$$

令单元 e 的刚度矩阵为 $\boldsymbol{K}_{\mathrm{e}}=\iiint_{\Omega_{\mathrm{e}}}(\boldsymbol{B}_{\xi}{}^{\mathrm{t}}\boldsymbol{c}^{\mathrm{E}}\boldsymbol{B}_{\xi})\,\mathrm{d}\Omega$,压电耦合矩阵为 $\boldsymbol{K}_e^{\mathrm{Z}}=\iiint_{\Omega_{\mathrm{e}}}(\boldsymbol{B}_{\mathrm{U}}{}^{\mathrm{t}}\boldsymbol{e}\boldsymbol{B}_{\xi})\,\mathrm{d}\Omega$,此时上式可以写为

$$W_{\mathrm{m}}=\sum_{\mathrm{m}}\frac{1}{2}\boldsymbol{\xi}_{\mathrm{node}}{}^{\mathrm{t}}\boldsymbol{K}_{\mathrm{e}}\boldsymbol{\xi}_{\mathrm{node}}-\sum_{\mathrm{m}}\frac{1}{2}\boldsymbol{U}_{\mathrm{node}}{}^{\mathrm{t}}\boldsymbol{K}_{\mathrm{e}}^{\mathrm{Z}}\boldsymbol{\xi}_{\mathrm{node}} \tag{5.19}$$

(3) 外界机械力所做的功 W_{F}。

对于弹性体,其外界机械力所做的功可以表示为

$$W_{\mathrm{F}}=\iiint_{\Omega}\boldsymbol{f}^{\mathrm{t}}\boldsymbol{\xi}\,\mathrm{d}\Omega+\iint_{\sigma}\boldsymbol{F}^{\mathrm{t}}\boldsymbol{\xi}\,\mathrm{d}\sigma \tag{5.20}$$

式中:$\boldsymbol{f}$ 是作用在体积 Ω 上的体积力体密度;$\boldsymbol{F}$ 是作用在平面 σ 上的平面力面密度。

对于被离散成有限个单元的压电弹性体而言,假设压电弹性体受外界平面力 F_{s} 的作用,在该力作用下弹性体发生位移并做功。将该位移转变成弹性体在离散后各个节点位移向量 $\boldsymbol{\xi}_{\mathrm{node}}$ 的形式,并将该平面力 F_{s} 转变成与节点位移向量相对应的向量形式 $\boldsymbol{F}$。其中,在力的作用面上的那些节点处,向量 $\boldsymbol{F}$ 的元素是非零的,各元素值的大小等于平面力的面密度与各节点相关作用力面积的乘积;而在其他位置所对应的各节点处,向量 $\boldsymbol{F}$ 的元素均为零。此时外界机械力所做的功可以表示为

$$W_{\mathrm{F}}=\boldsymbol{F}^{\mathrm{t}}\boldsymbol{\xi}_{\mathrm{node}}=\boldsymbol{\xi}_{\mathrm{node}}{}^{\mathrm{t}}\boldsymbol{F} \tag{5.21}$$

当然，外界机械力还可以是节点力或体积力，其处理方式与上述相同，见式(5.21)。其中，节点力就直接作用在节点上，这种情况的向量形式显得更为直观。

(4) 电场电能 W_{E}。

对于压电体，其电场电能可以表示为

$$W_{\mathrm{E}}=\frac{1}{2}\iiint_{\Omega}\boldsymbol{D}^{\mathrm{t}}\boldsymbol{E}\,\mathrm{d}\Omega \tag{5.22}$$

将式(5.9) 代入式(5.22)，可得

$$W_{\mathrm{E}}=\frac{1}{2}\iiint_{\Omega}(\boldsymbol{eS}+\boldsymbol{\varepsilon}^{\mathrm{S}}\boldsymbol{E})^{\mathrm{t}}\boldsymbol{E}\,\mathrm{d}\Omega=\frac{1}{2}\iiint_{\Omega}(\boldsymbol{S}^{\mathrm{t}}\boldsymbol{e}^{\mathrm{t}}\boldsymbol{E}+\boldsymbol{E}^{\mathrm{t}}\boldsymbol{\varepsilon}^{\mathrm{S}}\boldsymbol{E})\,\mathrm{d}\Omega \tag{5.23}$$

式中：考虑到 $\boldsymbol{\varepsilon}^{\mathrm{S}}$ 是对称矩阵，存在 $[\boldsymbol{\varepsilon}^{\mathrm{S}}]^{\mathrm{t}}=\boldsymbol{\varepsilon}^{\mathrm{S}}$。

将式(5.12) 和式(5.17) 代入式(5.23)，对 m 个单元的电场电能求和，可得压电体的电场电能为

$$\begin{aligned}
W_{\mathrm{E}}=&\sum_{\mathrm{m}}\frac{1}{2}\iiint_{\Omega_{\mathrm{e}}}(\boldsymbol{S}_{\mathrm{in}}{}^{\mathrm{t}}\boldsymbol{e}^{\mathrm{t}}\boldsymbol{E}_{\mathrm{in}}+\boldsymbol{E}_{\mathrm{in}}{}^{\mathrm{t}}\boldsymbol{\varepsilon}^{\mathrm{S}}\boldsymbol{E}_{\mathrm{in}})\,\mathrm{d}\Omega=\\
&\sum_{\mathrm{m}}\frac{1}{2}\iiint_{\Omega_{\mathrm{e}}}[\boldsymbol{\xi}_{\mathrm{node}}{}^{\mathrm{t}}(\boldsymbol{B}_{\xi}{}^{\mathrm{t}}\boldsymbol{e}^{\mathrm{t}}\boldsymbol{B}_{\mathrm{U}})\boldsymbol{U}_{\mathrm{node}}+\boldsymbol{U}_{\mathrm{node}}{}^{\mathrm{t}}(\boldsymbol{B}_{\mathrm{U}}{}^{\mathrm{t}}\boldsymbol{\varepsilon}^{\mathrm{S}}\boldsymbol{B}_{\mathrm{U}})\boldsymbol{U}_{\mathrm{node}}]\,\mathrm{d}\Omega=\\
&\sum_{\mathrm{m}}\frac{1}{2}\iiint_{\Omega_{\mathrm{e}}}[\boldsymbol{\xi}_{\mathrm{node}}{}^{\mathrm{t}}(\boldsymbol{B}_{\xi}{}^{\mathrm{t}}\boldsymbol{e}^{\mathrm{t}}\boldsymbol{B}_{\mathrm{U}})\boldsymbol{U}_{\mathrm{node}}]\,\mathrm{d}\Omega+\sum_{\mathrm{m}}\frac{1}{2}\iiint_{\Omega_{\mathrm{e}}}[\boldsymbol{U}_{\mathrm{node}}{}^{\mathrm{t}}(\boldsymbol{B}_{\mathrm{U}}{}^{\mathrm{t}}\boldsymbol{\varepsilon}^{\mathrm{S}}\boldsymbol{B}_{\mathrm{U}})\boldsymbol{U}_{\mathrm{node}}]\,\mathrm{d}\Omega=\\
&\sum_{\mathrm{m}}\frac{1}{2}\boldsymbol{\xi}_{\mathrm{node}}{}^{\mathrm{t}}\left[\iiint_{\Omega_{\mathrm{e}}}(\boldsymbol{B}_{\xi}{}^{\mathrm{t}}\boldsymbol{e}^{\mathrm{t}}\boldsymbol{B}_{\mathrm{U}})\,\mathrm{d}\Omega\right]\boldsymbol{U}_{\mathrm{node}}+\sum_{\mathrm{m}}\frac{1}{2}\boldsymbol{U}_{\mathrm{node}}{}^{\mathrm{t}}\left[\iiint_{\Omega_{\mathrm{e}}}(\boldsymbol{B}_{\mathrm{U}}{}^{\mathrm{t}}\boldsymbol{\varepsilon}^{\mathrm{S}}\boldsymbol{B}_{\mathrm{U}})\,\mathrm{d}\Omega\right]\boldsymbol{U}_{\mathrm{node}}=\\
&\sum_{\mathrm{m}}\frac{1}{2}\boldsymbol{\xi}_{\mathrm{node}}{}^{\mathrm{t}}\left[\iiint_{\Omega_{\mathrm{e}}}(\boldsymbol{B}_{\mathrm{U}}{}^{\mathrm{t}}\boldsymbol{eB}_{\xi})\,\mathrm{d}\Omega\right]^{\mathrm{t}}\boldsymbol{U}_{\mathrm{node}}+\sum_{\mathrm{m}}\frac{1}{2}\boldsymbol{U}_{\mathrm{node}}{}^{\mathrm{t}}\left[\iiint_{\Omega_{\mathrm{e}}}(\boldsymbol{B}_{\mathrm{U}}{}^{\mathrm{t}}\boldsymbol{\varepsilon}^{\mathrm{S}}\boldsymbol{B}_{\mathrm{U}})\,\mathrm{d}\Omega\right]\boldsymbol{U}_{\mathrm{node}}
\end{aligned}$$

令单元 e 的介质电导矩阵为 $\boldsymbol{K}_{\mathrm{e}}^{\mathrm{d}}=\iiint_{\Omega_{\mathrm{e}}}(\boldsymbol{B}_{\mathrm{U}}{}^{\mathrm{t}}\boldsymbol{\varepsilon}^{\mathrm{S}}\boldsymbol{B}_{\mathrm{U}})\,\mathrm{d}\Omega$，压电耦合矩阵同前，此时上式可以写为

$$W_{\mathrm{E}}=\sum_{m}\frac{1}{2}\boldsymbol{\xi}_{\mathrm{node}}{}^{\mathrm{t}}[\boldsymbol{K}_{\mathrm{e}}^{\mathrm{Z}}]^{\mathrm{t}}\boldsymbol{U}_{\mathrm{node}}+\sum_{\mathrm{m}}\frac{1}{2}\boldsymbol{U}_{\mathrm{node}}{}^{\mathrm{t}}\boldsymbol{K}_{\mathrm{e}}^{\mathrm{d}}\boldsymbol{U}_{\mathrm{node}} \tag{5.24}$$

(5) 外界电场力所做的功 W_{Q}。

对于压电体，其外界电场力所做的功可以表示为

$$W_{\mathrm{Q}}=\iiint_{\Omega}\varphi q\,\mathrm{d}\Omega+\iint_{\sigma}\varphi Q\,\mathrm{d}\sigma \tag{5.25}$$

式中：φ 为电势；q 为自由体电荷密度；Q 为自由面电荷密度。

一般对压电体提供外加电能的方式有两种，一种是电压激励时，直接改变压

电体两个电极面的电势差，其数学描述可直接体现在节点电势向量 $\boldsymbol{U}_{\text{node}}$ 中。另一种是电流激励，此时需要求出电极面在特定电势下，外加电荷量所具有的能量。对于被离散成有限个单元的压电体而言，用节点电势向量 $\boldsymbol{U}_{\text{node}}$ 来表示电势，将外加电荷量转变成与节点电势向量相对应的向量形式 $\boldsymbol{Q}$。其中，在外加电荷所在电极面的那些节点处，向量 $\boldsymbol{Q}$ 的元素是非零的，各元素的值等于面电荷密度与各节点相关面积的乘积；而在其他位置所对应的各节点处向量 $\boldsymbol{Q}$ 的元素均为零。此时外加电荷所具有的能量可以表示为

$$W_{\text{Q}}=\boldsymbol{Q}^{\text{t}}\boldsymbol{U}_{\text{node}}=\boldsymbol{U}_{\text{node}}{}^{\text{t}}\boldsymbol{Q} \tag{5.26}$$

将式(5.7)、式(5.19)、式(5.21)、式(5.24)、式(5.26) 中表示的各种能量代入式(5.2) 中，可得拉格朗日函数为

$$\begin{aligned}L=&\sum_{\text{m}}\frac{1}{2}\boldsymbol{\xi}_{\text{node}}{}^{\text{t}}\boldsymbol{M}_{\text{e}}\boldsymbol{\xi}_{\text{node}}-\sum_{\text{m}}\frac{1}{2}\boldsymbol{\xi}_{\text{node}}{}^{\text{t}}\boldsymbol{K}_{\text{e}}\boldsymbol{\xi}_{\text{node}}+\sum_{\text{m}}\frac{1}{2}\boldsymbol{U}_{\text{node}}{}^{\text{t}}\boldsymbol{K}_{\text{e}}^{\text{Z}}\boldsymbol{\xi}_{\text{node}}+\\&\boldsymbol{\xi}_{\text{node}}{}^{\text{t}}\boldsymbol{F}+\sum_{\text{m}}\frac{1}{2}\boldsymbol{\xi}_{\text{node}}{}^{\text{t}}[\boldsymbol{K}_{\text{e}}^{\text{Z}}]^{\text{t}}\boldsymbol{U}_{\text{node}}+\sum_{\text{m}}\frac{1}{2}\boldsymbol{U}_{\text{node}}{}^{\text{t}}\boldsymbol{K}_{\text{e}}^{\text{d}}\boldsymbol{U}_{\text{node}}-\boldsymbol{U}_{\text{node}}{}^{\text{t}}\boldsymbol{Q}\end{aligned} \tag{5.27}$$

令 $\boldsymbol{\xi}=\sum\limits_{\text{m}}\boldsymbol{\xi}_{\text{node}},\boldsymbol{\xi}=\sum\limits_{\text{m}}\boldsymbol{\xi}_{\text{node}},\boldsymbol{U}=\sum\limits_{\text{m}}\boldsymbol{U}_{\text{node}},\boldsymbol{M}=\sum\limits_{\text{m}}\boldsymbol{M}_{\text{e}},\boldsymbol{K}=\sum\limits_{\text{m}}\boldsymbol{K}_{\text{e}},\boldsymbol{K}^{\text{Z}}=\sum\limits_{\text{m}}\boldsymbol{K}_{\text{e}}^{\text{Z}},\boldsymbol{K}^{\text{d}}=\sum\limits_{\text{m}}\boldsymbol{K}_{\text{e}}^{\text{d}}$，此时对式(5.27) 的拉格朗日函数应用哈密顿变分式(5.1)，可得

$$\begin{aligned}&\delta\int_{t_1}^{t_2}\left[\frac{1}{2}\boldsymbol{\xi}^{\text{t}}\boldsymbol{M}\boldsymbol{\xi}-\frac{1}{2}\boldsymbol{\xi}^{\text{t}}\boldsymbol{K}\boldsymbol{\xi}+\frac{1}{2}\boldsymbol{U}^{\text{t}}\boldsymbol{K}^{\text{Z}}\boldsymbol{\xi}+\boldsymbol{\xi}^{\text{t}}\boldsymbol{F}+\frac{1}{2}\boldsymbol{\xi}^{\text{t}}(\boldsymbol{K}^{\text{Z}})^{\text{t}}\boldsymbol{U}+\frac{1}{2}\boldsymbol{U}^{\text{t}}\boldsymbol{K}^{\text{d}}\boldsymbol{U}-\boldsymbol{U}^{\text{t}}\boldsymbol{Q}\right]\mathrm{d}t=\\&\int_{t_1}^{t_2}[-\delta\boldsymbol{\xi}^{\text{t}}\boldsymbol{M}\ddot{\boldsymbol{\xi}}-\delta\boldsymbol{\xi}^{\text{t}}\boldsymbol{K}\boldsymbol{\xi}+\delta\boldsymbol{\xi}^{\text{t}}(\boldsymbol{K}^{\text{Z}})^{\text{t}}\boldsymbol{U}+\delta\boldsymbol{\xi}^{\text{t}}\boldsymbol{F}+\delta\boldsymbol{U}^{\text{t}}\boldsymbol{K}^{\text{Z}}\boldsymbol{\xi}+\delta\boldsymbol{U}^{\text{t}}\boldsymbol{K}^{\text{d}}\boldsymbol{U}-\delta\boldsymbol{U}^{\text{t}}\boldsymbol{Q}]\mathrm{d}t=\\&\int_{t_1}^{t_2}\{-\delta\boldsymbol{\xi}^{\text{t}}[\boldsymbol{M}\ddot{\boldsymbol{\xi}}+\boldsymbol{K}\boldsymbol{\xi}-(\boldsymbol{K}^{\text{Z}})^{\text{t}}\boldsymbol{U}-\boldsymbol{F}]+\delta\boldsymbol{U}^{\text{t}}[\boldsymbol{K}^{\text{Z}}\boldsymbol{\xi}+\boldsymbol{K}^{\text{d}}\boldsymbol{U}-\boldsymbol{Q}]\}\,\mathrm{d}t=0\end{aligned}$$

由 $[t_1,t_2]$ 的任意性以及 $\delta\boldsymbol{\xi}^{\text{t}}$ 和 $\delta\boldsymbol{U}^{\text{t}}$ 的任意性，可得

$$\left.\begin{aligned}\boldsymbol{M}\ddot{\boldsymbol{\xi}}+\boldsymbol{K}\boldsymbol{\xi}-(\boldsymbol{K}^{\text{Z}})^{\text{t}}\boldsymbol{U}=\boldsymbol{F}\\\boldsymbol{K}^{\text{Z}}\boldsymbol{\xi}+\boldsymbol{K}^{\text{d}}\boldsymbol{U}=\boldsymbol{Q}\end{aligned}\right\} \tag{5.28}$$

进一步写成矩阵形式

$$\begin{bmatrix}\boldsymbol{M}&\boldsymbol{0}\\\boldsymbol{0}&\boldsymbol{0}\end{bmatrix}\begin{bmatrix}\ddot{\boldsymbol{\xi}}\\\ddot{\boldsymbol{U}}\end{bmatrix}+\begin{bmatrix}\boldsymbol{C}&\boldsymbol{0}\\\boldsymbol{0}&\boldsymbol{0}\end{bmatrix}\begin{bmatrix}\dot{\boldsymbol{\xi}}\\\dot{\boldsymbol{U}}\end{bmatrix}+\begin{bmatrix}\boldsymbol{K}&-(\boldsymbol{K}^{\text{Z}})^{\text{t}}\\\boldsymbol{K}^{\text{Z}}&\boldsymbol{K}^{\text{d}}\end{bmatrix}\begin{bmatrix}\boldsymbol{\xi}\\\boldsymbol{U}\end{bmatrix}=\begin{bmatrix}\boldsymbol{F}\\\boldsymbol{Q}\end{bmatrix} \tag{5.29}$$

式中：$\boldsymbol{M}$ 是质量矩阵；$\boldsymbol{C}$ 是结构阻尼矩阵；$\boldsymbol{K}$ 是结构刚度矩阵；$\boldsymbol{K}^{\text{d}}$ 是介质电导矩阵；$\boldsymbol{K}^{\text{Z}}$ 是压电耦合矩阵；$\boldsymbol{F}$ 为结构载荷向量；$\boldsymbol{Q}$ 为电载荷向量。式(5.29) 就是压电耦合有限元控制方程。

5.1.2　流固耦合分析

水声换能器实现了电、机、声之间的能量转换，结构体的振动最终通过辐射面产生声波并向声介质中传播。该类问题在有限元中属于流体与结构之间相互作用的耦合声场分析，此时需要综合考虑流固界面处结构体的动力学方程和流体的波动方程。对于前者，将流体声压载荷加入结构体的力学方程中，可得

$$\boldsymbol{M}\ddot{\boldsymbol{\xi}} + \boldsymbol{C}\dot{\boldsymbol{\xi}} + \boldsymbol{K}\boldsymbol{\xi} = \boldsymbol{F} + \boldsymbol{F}^{\mathrm{pr}} \tag{5.30}$$

式中：$\boldsymbol{F}^{\mathrm{pr}}$ 表示流固界面上的流体声载荷向量矩阵。

关于流体波动行为的描述，考虑流体中的无损波动方程[103-104]：

$$\frac{1}{c^2}\frac{\partial^2 p}{\partial t^2} - \nabla^2 p = 0 \tag{5.31}$$

式中：拉普拉斯算子$\nabla^2 p = \nabla\cdot(\nabla p)$；哈密顿算子$\nabla = \begin{bmatrix}\dfrac{\partial}{\partial x} & \dfrac{\partial}{\partial y} & \dfrac{\partial}{\partial z}\end{bmatrix}$。哈密顿算子本身无意义，是一种微分运算符号，同时又被看作是矢量，它在运算中具有矢量和微分的双重属性。

令

$$\boldsymbol{L} = \begin{bmatrix}\dfrac{\partial}{\partial x} \\ \dfrac{\partial}{\partial y} \\ \dfrac{\partial}{\partial z}\end{bmatrix}$$

则式(5.31) 可以进一步写成

$$\frac{1}{c^2}\frac{\partial^2 p}{\partial t^2} - \boldsymbol{L}^{\mathrm{t}}(\boldsymbol{L}p) = 0 \tag{5.32}$$

通过使用伽辽金法对上式离散化，即可得到单元矩阵。同时左右两边各乘一个虚拟的声压变化值，然后在一定区域内进行体积积分，可得

$$\iiint_{\Omega} \frac{1}{c^2}\delta p\,\frac{\partial^2 p}{\partial t^2}\mathrm{d}\Omega + \iiint_{\Omega}(\boldsymbol{L}^{\mathrm{t}}\delta p)(\boldsymbol{L}p)\,\mathrm{d}\Omega = \iint_{\sigma}\boldsymbol{n}^{\mathrm{t}}\delta p(\boldsymbol{L}p)\,\mathrm{d}\sigma \tag{5.32}$$

式中：$\boldsymbol{n}$ 为界面 σ 上的单位法向量。

在流固声耦合问题中，根据流体的动量方程可得，流体的法向声压梯度与结构体的法向加速度在流固界面 σ 上满足

$$\boldsymbol{n}^{\mathrm{t}}(\boldsymbol{L}p) = -\rho\boldsymbol{n}^{\mathrm{t}}\frac{\partial^2\boldsymbol{\xi}}{\partial t^2} \tag{5.33}$$

将式(5.33) 代入式(5.32)，可得

$$\iiint_{\Omega} \frac{1}{c^2}\delta p \frac{\partial^2 p}{\partial t^2}\mathrm{d}\Omega + \iiint_{\Omega} (\boldsymbol{L}^{\mathrm{t}}\delta p)(\boldsymbol{L}p)\,\mathrm{d}\Omega = -\iint_{\sigma}\rho\,\delta p\,\boldsymbol{n}^{\mathrm{t}}\frac{\partial^2 \boldsymbol{\xi}}{\partial t^2}\mathrm{d}\sigma \tag{5.34}$$

在有限元分析中，声压 p，单元节点的声压向量 $\boldsymbol{P}_{\text{node}}$ 与声压形函数矩阵 $\boldsymbol{N}_{\text{p}}$ 三者之间存在如下关系：

$$p = \boldsymbol{N}_{\text{p}}{}^{\mathrm{t}}\boldsymbol{P}_{\text{node}} \tag{5.35a}$$

同时，位移向量 $\boldsymbol{\xi}$，单元节点的位移向量 $\boldsymbol{\xi}_{\text{node}}$ 与位移形函数矩阵 $\boldsymbol{N}_{\xi}$ 三者之间存在如下关系：

$$\boldsymbol{\xi} = \boldsymbol{N}_{\xi}{}^{\mathrm{t}}\boldsymbol{\xi}_{\text{node}} \tag{5.35b}$$

将式(5.35) 代入式(5.34)，整理可得

$$\iiint_{\Omega} \frac{1}{c^2}(\delta\boldsymbol{P}_{\text{node}})^{\mathrm{t}}\boldsymbol{N}_{p}\boldsymbol{N}_{\text{p}}{}^{\mathrm{t}}\mathrm{d}\Omega\,\ddot{\boldsymbol{P}}_{\text{node}} + \iiint_{\Omega}(\delta\boldsymbol{P}_{\text{node}})^{\mathrm{t}}\boldsymbol{B}_{\text{p}}{}^{\mathrm{t}}\boldsymbol{B}_{\text{p}}\mathrm{d}\Omega\boldsymbol{P}_{\text{node}} + \iint_{\sigma}\rho\,(\delta\boldsymbol{P}_{\text{node}})^{\mathrm{t}}\boldsymbol{N}_{\text{p}}\boldsymbol{n}^{\mathrm{t}}\mathrm{N}_{\xi}{}^{\mathrm{t}}\mathrm{d}\sigma\,\ddot{\boldsymbol{\xi}}_{\text{node}} = 0 \tag{5.36}$$

式中：$\delta p = \boldsymbol{N}_{\text{p}}{}^{\mathrm{t}}\,\delta\boldsymbol{P}_{\text{node}}$；$\dfrac{\partial^2 p}{\partial t^2} = \boldsymbol{N}_{\text{p}}{}^{\mathrm{t}}\ddot{\boldsymbol{P}}_{\text{node}}$；$\dfrac{\partial^2 \boldsymbol{\xi}}{\partial t^2} = \boldsymbol{N}_{\xi}{}^{\mathrm{t}}\ddot{\boldsymbol{\xi}}_{\text{node}}$；$\boldsymbol{B}_{\text{p}} = \boldsymbol{L}\boldsymbol{N}_{\text{p}}{}^{\mathrm{t}}$。

由于 $\delta\boldsymbol{P}_{\text{node}} \neq \boldsymbol{0}$，两边同时消去 $(\delta\boldsymbol{P}_{\text{node}})^{\mathrm{t}}$，整理可得

$$\frac{1}{c^2}\iiint_{\Omega}\boldsymbol{N}_{\text{p}}\boldsymbol{N}_{\text{p}}{}^{\mathrm{t}}\mathrm{d}\Omega\,\ddot{\boldsymbol{P}}_{\text{node}} + \iiint_{\Omega}\boldsymbol{B}_{\text{p}}{}^{\mathrm{t}}\boldsymbol{B}_{\text{p}}\mathrm{d}\Omega\boldsymbol{P}_{\text{node}} + \rho\iint_{\sigma}\boldsymbol{N}_{\text{p}}\boldsymbol{n}^{\mathrm{t}}\boldsymbol{N}_{\xi}{}^{\mathrm{t}}\mathrm{d}\sigma\,\ddot{\boldsymbol{\xi}}_{\text{node}} = 0 \tag{5.37}$$

将式(5.37) 写成矩阵形式，即是离散化的波动方程

$$\boldsymbol{M}^{\mathrm{P}}\ddot{\boldsymbol{P}} + \boldsymbol{K}^{\mathrm{P}}\boldsymbol{P} + \boldsymbol{M}^{\mathrm{fs}}\ddot{\boldsymbol{\xi}} = 0 \tag{5.38}$$

式中：流体声介质的质量矩阵 $\boldsymbol{M}^{\mathrm{p}} = \dfrac{1}{\boldsymbol{c}^2}\iiint_{\Omega}\boldsymbol{N}_{\text{p}}\boldsymbol{N}_{\text{p}}{}^{\mathrm{t}}\mathrm{d}\Omega$，流体声介质的刚度矩阵 $\boldsymbol{K}^{\mathrm{p}} = \iiint_{\Omega}\boldsymbol{B}_{\text{p}}{}^{\mathrm{t}}\boldsymbol{B}_{\text{p}}\mathrm{d}\Omega$，流体-结构相互作用的耦合质量矩阵 $\boldsymbol{M}^{\mathrm{fs}} = \rho\iint_{\sigma}\boldsymbol{N}_{\text{p}}\boldsymbol{n}^{\mathrm{t}}\boldsymbol{N}_{\xi}{}^{\mathrm{t}}\mathrm{d}\sigma$。

更进一步地，考虑流固耦合界面处的阻尼导致的能量损耗问题，在上述无损波动方程式(5.34) 中再添加一个损耗项 $\boldsymbol{D}$，即

$$\boldsymbol{D} = \iint_{\sigma}\delta p\,\frac{\zeta}{c}\,\frac{\partial p}{\partial t}\mathrm{d}\sigma \tag{5.39}$$

式中：ζ 为边界吸声系数，在 ANSYS 中通过 MU 参数指定。

损耗项式(5.39) 可进一步写成

$$\boldsymbol{D} = \iint_{\sigma}\frac{\zeta}{c}(\delta\boldsymbol{P}_{\text{node}})^{\mathrm{t}}\boldsymbol{N}_{\text{p}}\boldsymbol{N}_{\text{p}}{}^{\mathrm{t}}\mathrm{d}\sigma\,\dot{\boldsymbol{P}}_{\text{node}} = \boldsymbol{C}^{\mathrm{p}}\,\dot{\boldsymbol{P}}_{\text{node}} \tag{5.40}$$

式中：流体声介质的阻尼矩阵 $\boldsymbol{C}^{\mathrm{p}} = \iint_{\sigma}\dfrac{\zeta}{c}(\delta\boldsymbol{P}_{\text{node}})^{\mathrm{t}}\boldsymbol{N}_{p}\boldsymbol{N}_{\text{p}}{}^{\mathrm{t}}\mathrm{d}\sigma$。

将式(5.40) 的损耗项加入式(5.38)，即可得到考虑流固界面处能量损耗的离散化波动方程为

$$\boldsymbol{M}^{\mathrm{P}}\ddot{\boldsymbol{P}}+\boldsymbol{C}^{\mathrm{P}}\dot{\boldsymbol{P}}+\boldsymbol{K}^{\mathrm{P}}\boldsymbol{P}+\boldsymbol{M}^{\mathrm{fs}}\ddot{\boldsymbol{\xi}}=0 \tag{5.41}$$

将式(5.30) 和式(5.41) 写成矩阵形式，即是有限元处理流固耦合问题的有限元控制方程：

$$\begin{bmatrix}\boldsymbol{M} & \boldsymbol{0}\\ \boldsymbol{M}^{\mathrm{fs}} & \boldsymbol{M}^{\mathrm{P}}\end{bmatrix}\begin{bmatrix}\ddot{\boldsymbol{\xi}}\\ \ddot{\boldsymbol{P}}\end{bmatrix}+\begin{bmatrix}\boldsymbol{C} & \boldsymbol{0}\\ \boldsymbol{0} & \boldsymbol{C}^{\mathrm{P}}\end{bmatrix}\begin{bmatrix}\dot{\boldsymbol{\xi}}\\ \dot{\boldsymbol{P}}\end{bmatrix}+\begin{bmatrix}\boldsymbol{K} & \boldsymbol{K}^{\mathrm{fs}}\\ \boldsymbol{0} & \boldsymbol{K}^{\mathrm{P}}\end{bmatrix}\begin{bmatrix}\boldsymbol{\xi}\\ \boldsymbol{P}\end{bmatrix}=\begin{bmatrix}\boldsymbol{F}\\ \boldsymbol{0}\end{bmatrix} \tag{5.42}$$

5.2　压电水声换能器的 ANSYS 分析

基于上述有限元理论，我们可以自己开发代码进行压电水声换能器的有限元分析。很显然，这需要扎实的换能器知识、有限元知识、数值分析知识和计算机知识。因此，人们更倾向于采用成熟的商业软件来实现换能器的设计与分析。当前，伴随着计算机技术的快速发展，涌现出了许多功能强大的有限元软件，例如广泛使用的 ANSYS、COMSOL，以及专门针对换能器的 PZFLEX、ATILA 等软件。这些专业软件给水声换能器的设计与分析带来了巨大的便利。本节将以商用 ANSYS 软件为例，对压电水声换能器的有限元分析进行介绍。

ANSYS 包含有很多种分析模块，可以根据研究领域或处理问题的不同进行选择。其中，能进行压电水声换能器分析的有 Multiphysics 和 Mechanical 产品模块。该模块可有效地处理换能器领域涉及的多物理场耦合的问题。图 5 - 1 所示为 ANSYS 软件的界面，用户可通过图形用户界面(Graphical User Interface，GUI)或输入命令，来完成模型构建、求解分析和后处理等操作。ANSYS 也提供了丰富的接口形式，可以便捷地与其他软件进行数据共享。

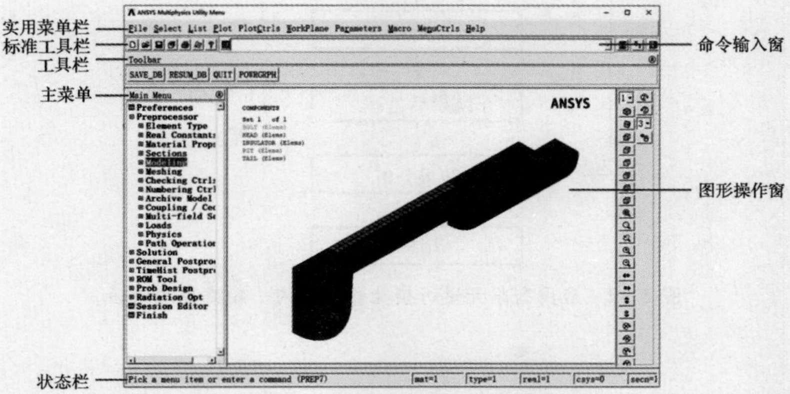

图 5 - 1　ANSYS 有限元分析软件

应用有限元进行换能器分析的一般流程如图 5-2 所示，主要包括三大环节：前处理、求解和后处理过程。其中，前处理主要用于完成参数设定、模型构建、边界条件设置等，求解过程主要包括施加载荷、求解设置等，后处理用来完成对求解结果的显示和二次处理。根据换能器研究内容的不同，需要指定有限元采用不同的分析类型去实现不同的分析需求。例如，我们可以通过静态分析去分析换能器的静力学问题，通过模态分析去求解换能器的振动模态，或者通过谐响应分析去获得换能器的各种频率响应曲线，等等。一般来说，一个换能器的全面设计和系统分析，是几种分析类型共同求解的结果。这是一个复杂的工程。下面我们对其中比较重要的几个环节进行介绍。

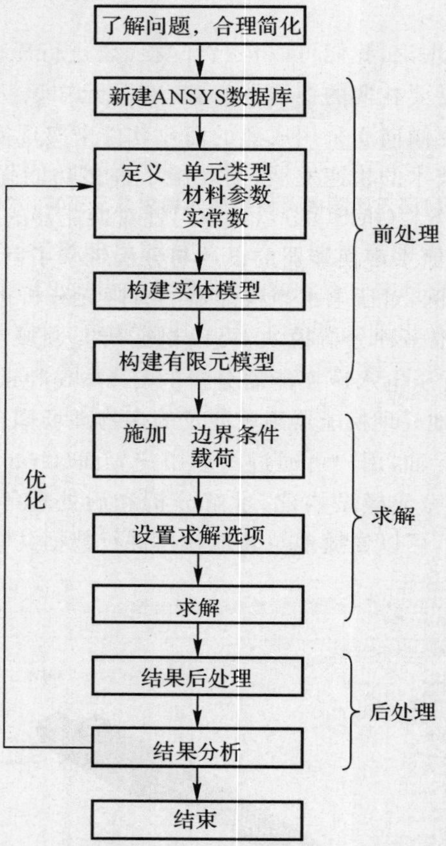

图 5-2 应用有限元进行换能器分析的一般流程示意图

5.2.1　压电水声换能器的 ANSYS 单元类型

如前文所述，压电耦合分析本质上是压电弹性体力学与电学之间的耦合场问题，因此能够完成上述耦合分析的有限元单元，至少必须包含位移和电势自由度。在 ANSYS 中，可实现压电耦合分析的单元类型有 PLANE13、SOLID5、SOLID98、PLANE223、SOLID226、SOLID227 等。

(1)PLANE13 单元，2D 四节点四边形单元。通过设置 KEYOPT(1)＝3，激活 UX 和 UY 自由度，可用于二维结构体分析；通过设置 KEYOPT(1)＝7，激活 UX、UY 和 VOLT 自由度，可用于二维压电分析。该单元无实常数。

(2)SOLID5 单元，3D 八节点六面体单元。通过设置 KEYOPT(1)＝2，激活 UX、UY 和 UZ 自由度，可用于三维结构体分析；设置 KEYOPT(1)＝3，激活 UX、UY、UZ 和 VOLT 自由度，可用于三维压电分析。该单元无实常数。该单元对应映射网格形式，在网格划分时要求实体模型满足六面体网格划分规则。

(3)SOLID98 单元，3D 十节点四面体单元。通过设置 KEYOPT(1)＝2，激活 UX、UY 和 UZ 自由度；通过设置 KEYOPT(1)＝3，激活 UX、UY、UZ 和 VOLT 自由度，可用于三维压电分析。该单元无实常数。该单元对应自由网格形式，在网格划分时对实体模型没有特殊的要求。

对压电换能器而言，可使用上述 3 种单元来构建对应的换能器部件。另外，如果有限元分析涉及预应力螺栓的预应力问题，可考虑使用 PRETS179 单元来进行模拟，其使用方法详见 ANSYS 帮助文档[105]。

对于水声换能器，还涉及流体介质中的声学问题，其中流体与结构之间相互作用的耦合声场分析是关键，其有限元单元涉及位移和声压自由度。应用 ANSYS 进行水声换能器流固耦合分析及声场分析，可能用到的声单元类型包括 FLUID29、FLUID129、FLUID30、FLUID130。

(1)FLUID29 单元，2D 四节点四边形单元，用于模拟二维流体声介质及其与结构体的耦合区域。通过设置 KEYOPT(2)＝0(缺省的)，激活 UX、UY 和 PRES 自由度，此时允许流体结构相互作用，该设置用于模拟流体与结构单元相接触的区域；通过设置 KEYOPT(2)＝1，仅激活 PRES 自由度，此时仅用于模拟除流固接触区域外的其他流体声介质部分。

(2)FLUID129 单元，在声场分析中用于模拟二维流体声介质边界。该单元只能与 FLUID29 单元接触，不能与结构单元直接接触。在水声换能器的有限元分析中，为实现无限边界的自由场环境，用该单元来模拟声介质的边界，此处声压能被充分吸收。对二维分析来说，FLUID129 单元必须是半径为 RAD 的圆周线，其圆心可设置在换能器的有效声中心处。该单元需指定半径和圆心坐标为实常数。为了方便，建议建模时将其圆心设在坐标原点处。

FLUID30 和 FLUID130 单元的功能及设置同 FLUID29 和 FLUID129 单元，只是适用于三维模型的构建。对于水声换能器而言，各单元的设置区域如图 5－3 所示。以二维有限元模型为例，包覆换能器结构体的一层接触区域只能使用 FLUID29 单元[设置 KEYOPT(2)＝0]，再向外的流体声介质部分使用 FLUID29 单元[设置 KEYOPT(2)＝1]，最外围则使用 FLUID129 单元，且需指定相应的实常数。

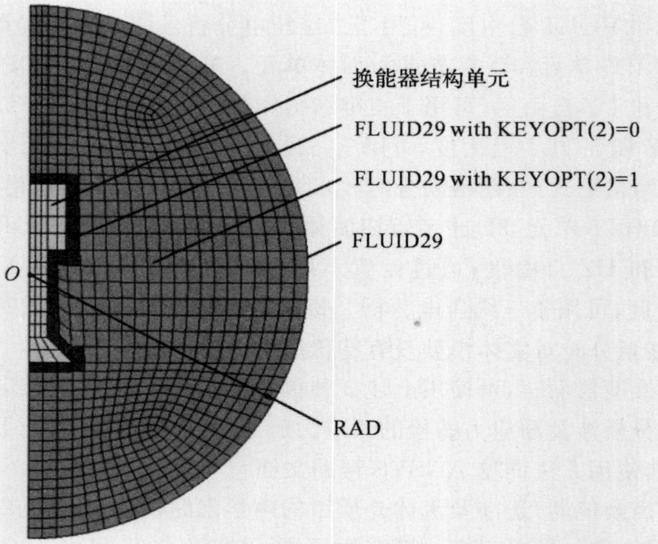

图 5－3　水声换能器各区域单元类型及其设置

5.2.2　压电水声换能器的材料参数

在压电水声换能器的有限元分析中，需要指定不同区域或不同部件的材料参数。

对于流体声介质(水)而言，一般需要指定其密度、声速和 MU 值。MU 值用来指定声介质的吸收特性，MU＝0 表示无吸收，而 MU＝1 表示全吸收。

对于压电换能器的结构体，需分别指定各个部件的材料参数。前辐射头、尾质量块和预应力螺栓等，所用的金属材料是各向同性的，一般指定其密度、弹性模量和泊松系数即可。但对于压电陶瓷材料来说，除密度参数可直接输入外，其他的各向异性参数均需通过系数矩阵的方式完成输入，如介电性、弹性和压电性参数(见第 2 章)。表 2－3 列出了描述这 3 个参量的系数，它们之间存在确定的转换关系。在 ANSYS 分析中，由于压电弹性体的有限元控制方程是基于第 2 类压电方程给出的，因此采用对应的系数是最直接的。

(1)压电陶瓷的介电系数矩阵。

压电陶瓷是一种六方晶系 6 mm 点群晶体，其具有晶体的对称性。对于经过极化处理的压电陶瓷，其介电系数矩阵主要包含 ε_{11} 和 ε_{33} 两个元素，见式(2.9)。对于 PLANE13、SOLID5 和 SOLID98 三种压电单元，可通过路径（Main Menu→Preprocessor→Material Props→Material Models→Electromagnetics→Relative Permittivity→Orthotropic)下的对话框，在 PERX、PERY 和 PERZ 栏里对应输入恒定应变介电系数 ε_{11}^{S} 和 ε_{33}^{S}，如图 5-4 所示。输入相对介电系数即可，如果输入的值小于 1，此时系统自动认为输入的是绝对介电系数，真空中的介电系数 ε_0 被设置成 8.85×10^{-12} F · m^{-1}。

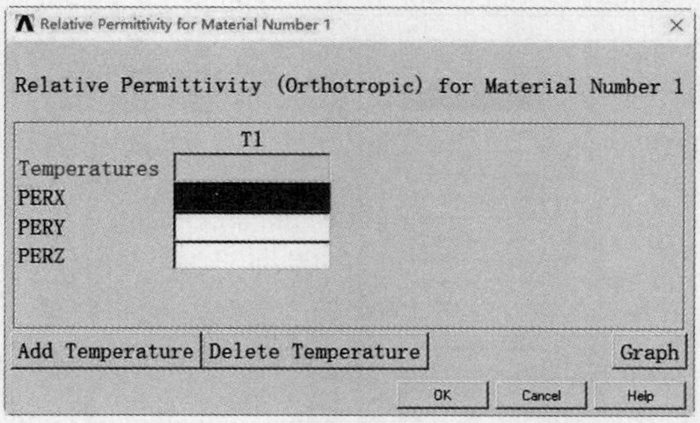

图 5-4　压电陶瓷介电系数输入对话框

(2)压电陶瓷的弹性系数矩阵。

压电陶瓷的弹性特性既可以通过弹性系数矩阵 $\boldsymbol{c}$，也可以通过柔性系数矩阵 $\boldsymbol{s}$ 来描述。在 ANSYS 中，这些参数是有特定排序的。以弹性系数矩阵 $\boldsymbol{c}$ 为例，其 ANSYS 排序如下：

$$\boldsymbol{c}=\begin{array}{c}\begin{bmatrix} c_{11} & c_{12} & c_{13} & c_{14} & c_{15} & c_{16} \\ c_{21} & c_{22} & c_{23} & c_{24} & c_{25} & c_{26} \\ c_{31} & c_{32} & c_{33} & c_{34} & c_{35} & c_{36} \\ c_{41} & c_{42} & c_{43} & c_{44} & c_{45} & c_{46} \\ c_{51} & c_{52} & c_{53} & c_{54} & c_{55} & c_{56} \\ c_{61} & c_{62} & c_{63} & c_{64} & c_{65} & c_{66} \end{bmatrix} \\ \hline \begin{matrix} x & y & z & xy & yz & xz \end{matrix}\end{array}\left|\begin{matrix} x \\ y \\ z \\ xy \\ yz \\ xz \end{matrix}\right. \tag{5.43}$$

需要特别注意的是，上述 ANSYS 排序标准，是不同于式(2.11)所示的

IEEE 标准的。

ANSYS 中，可在路径（Main Menu→Preprocessor→Material Props→Material Models→Structural→Linear→Elastic→Anisotropic）下的对话框中，对应输入恒定电场弹性系数 c_{ij}^E（或恒定电场柔性系数 s_{ij}^E），如图 5－5 所示。根据压电陶瓷的晶体对称性，参照式(2.11)和表 2－6，完成对应参数的输入。上述系数矩阵中包含弹性模量、泊松系数和剪切模量等信息。ANSYS 也可通过路径（Main Menu→Preprocessor→Material Props→Material Models→Structural→Linear→Elastic→Orthotropic）下的对话框，对应输 EX、EY、EZ（弹性模量），PRXY、PRYZ、PRXZ（泊松系数）和 GXY、GYZ、GXZ（剪切模量）。

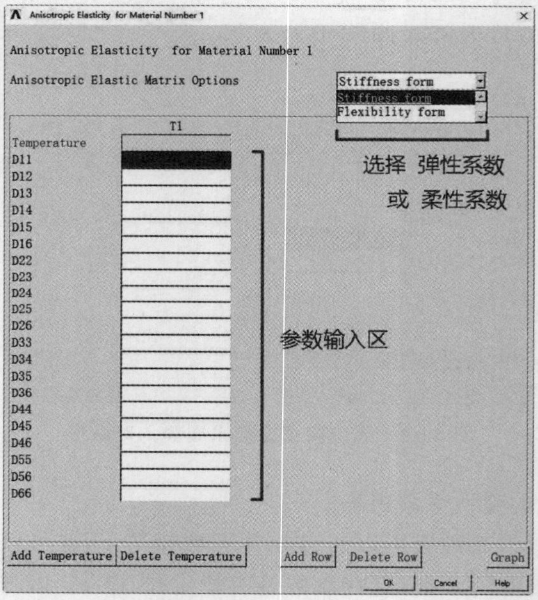

图 5－5　压电陶瓷弹性系数或柔性系数输入对话框

(3)压电陶瓷的压电系数矩阵。

在 ANSYS 中，压电陶瓷的压电系数既可以按压电应力系数 $\boldsymbol{e}$ 的形式输入，也可以按压电应变系数 $\boldsymbol{d}$ 的形式输入。$\boldsymbol{e}$ 对应弹性系数矩阵 $\boldsymbol{c}$，$\boldsymbol{d}$ 对应柔性系数矩阵 $\boldsymbol{s}$。如果输入的是 $\boldsymbol{d}$，系统将通过 $\boldsymbol{c}$ 按照 $\boldsymbol{e}=\boldsymbol{dc}$ 的关系将其转换为 $\boldsymbol{e}$。以压电应力系数 $\boldsymbol{e}$ 为例，其 ANSYS 排序如下：

$$
\boldsymbol{e} = \begin{array}{c} \begin{bmatrix} e_{11} & e_{12} & e_{13} \\ e_{21} & e_{22} & e_{23} \\ e_{31} & e_{32} & e_{33} \\ e_{41} & e_{42} & e_{43} \\ e_{51} & e_{52} & e_{53} \\ e_{61} & e_{62} & e_{63} \end{bmatrix} \\ \hline x \quad\quad y \quad\quad z \end{array} \left| \begin{array}{l} x \\ y \\ z \\ xy \\ yz \\ xz \end{array} \right. \tag{5.44}
$$

ANSYS 中，可通过路径（Main Menu→Preprocessor→Material Props→Material Models→Piezoelectrics→Piezoelectric Matrix）下的对话框，对应输入压电应力系数 e_{ij}（或压电应变系数 d_{ij}），如图 5-6 所示。根据压电陶瓷的晶体对称性，参照式(2.12)和表 5-6，输入对应的参数。

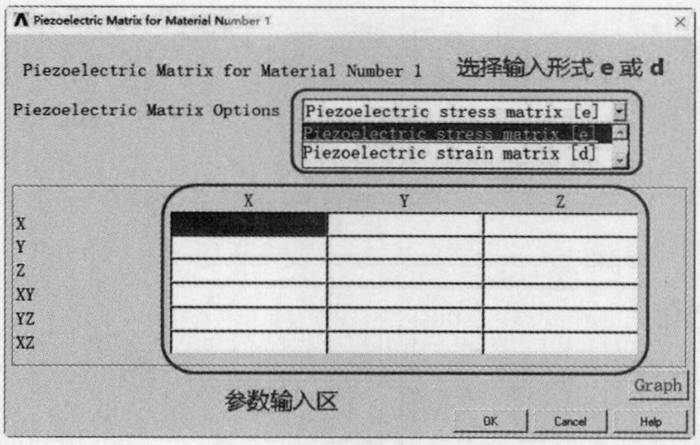

图 5-6　压电陶瓷压电系数 e 或 d 输入对话框

压电陶瓷介电性、弹性和压电性的各向异性，与其极化方向密切相关。表 5-1 所示为按 ANSYS 标准排序的不同极化方向压电陶瓷材料参数的系数矩阵。在 ANSYS 分析压电问题的过程中，上述参数矩阵必须与单元坐标系的定义和实体模型的方向相一致，才能保证压电陶瓷沿极化方向的各向异性材料属性，这样构建的换能器有限元模型才是正确的。例如，纵振压电换能器，如果构建的实体模型使得压电晶堆是沿 Z 轴正向的，那么压电陶瓷的材料参数就要按照表 5-1中的 Z 轴正向的排序输入，同时压电晶堆单元还需指定其单元坐标系为笛卡尔坐标系；再例如，沿径向极化的压电圆管换能器，假设所建实体模型使得压电圆管轴线沿 Z 轴方向，那么压电陶瓷的材料参数就要按照表 5-1 中的柱坐标 R 向的排序输入，同时压电圆管单元还需指定其单元坐标系为柱坐标系。ANSYS 提供的坐标系统如图 5-7 所示。

表 5－1　按 ANSYS 标准排序的不同极化方向压电陶瓷材料参数系数矩阵

极化方向	相对介电系数矩阵 $\boldsymbol{\varepsilon}^{S}$	恒定电场弹性系数矩阵 $\boldsymbol{c}^{E}$	压电应力系数矩阵 $\boldsymbol{e}$
笛卡尔坐标：X 轴正向 柱坐标：R 径向 球坐标：R 径向	$\begin{bmatrix} \varepsilon_{33}^{S} & 0 & 0 \\ 0 & \varepsilon_{11}^{S} & 0 \\ 0 & 0 & \varepsilon_{11}^{S} \end{bmatrix}$	$\begin{bmatrix} c_{33}^{E} & c_{13}^{E} & c_{13}^{E} & 0 & 0 & 0 \\ & c_{11}^{E} & c_{12}^{E} & 0 & 0 & 0 \\ & & c_{11}^{E} & 0 & 0 & 0 \\ & \text{对} & & c_{44}^{E} & 0 & 0 \\ & & \text{称} & & c_{66}^{E} & 0 \\ & & & & & c_{44}^{E} \end{bmatrix}$	$\begin{bmatrix} e_{33} & 0 & 0 \\ e_{31} & 0 & 0 \\ e_{31} & 0 & 0 \\ 0 & e_{15} & 0 \\ 0 & 0 & 0 \\ 0 & 0 & e_{15} \end{bmatrix}$
笛卡尔坐标：Y 轴正向 柱坐标：θ 轴向 球坐标：θ 方向	$\begin{bmatrix} \varepsilon_{11}^{S} & 0 & 0 \\ 0 & \varepsilon_{33}^{S} & 0 \\ 0 & 0 & \varepsilon_{11}^{S} \end{bmatrix}$	$\begin{bmatrix} c_{11}^{E} & c_{13}^{E} & c_{12}^{E} & 0 & 0 & 0 \\ & c_{33}^{E} & c_{13}^{E} & 0 & 0 & 0 \\ & & c_{11}^{E} & 0 & 0 & 0 \\ & \text{对} & & c_{44}^{E} & 0 & 0 \\ & & \text{称} & & c_{44}^{E} & 0 \\ & & & & & c_{66}^{E} \end{bmatrix}$	$\begin{bmatrix} 0 & e_{31} & 0 \\ 0 & e_{33} & 0 \\ 0 & e_{31} & 0 \\ e_{15} & 0 & 0 \\ 0 & 0 & e_{15} \\ 0 & 0 & 0 \end{bmatrix}$
笛卡尔坐标：Z 轴正向 柱坐标：Z 轴正向 球坐标：φ 方向	$\begin{bmatrix} \varepsilon_{11}^{S} & 0 & 0 \\ 0 & \varepsilon_{11}^{S} & 0 \\ 0 & 0 & \varepsilon_{33}^{S} \end{bmatrix}$	$\begin{bmatrix} c_{11}^{E} & c_{12}^{E} & c_{13}^{E} & 0 & 0 & 0 \\ & c_{11}^{E} & c_{13}^{E} & 0 & 0 & 0 \\ & & c_{33}^{E} & 0 & 0 & 0 \\ & \text{对} & & c_{66}^{E} & 0 & 0 \\ & & \text{称} & & c_{44}^{E} & 0 \\ & & & & & c_{44}^{E} \end{bmatrix}$	$\begin{bmatrix} 0 & 0 & e_{31} \\ 0 & 0 & e_{31} \\ 0 & 0 & e_{33} \\ 0 & 0 & 0 \\ 0 & e_{15} & 0 \\ e_{15} & 0 & 0 \end{bmatrix}$

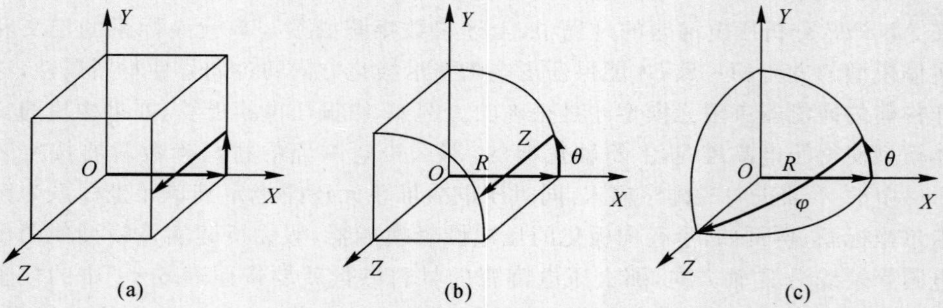

图 5－7　ANSYS 提供的坐标系

(a)笛卡尔坐标系(识别号 0)；(b) 柱坐标系(识别号 1)；(c) 球坐标系(识别号 2)

ANSYS 关于压电陶瓷的材料参数输入，可参考表 5－1 完成。各材料参数可从表 2－6 中查询。按照极化方向的不同，将介电系数矩阵中各元素对应输入对话框（见图 5－4）中，将弹性系数矩阵中各元素按照式（5.43）中对应位置处的排序输入对话框（见图 5－5）中，将压电系数矩阵中各元素按照式（5.44）中对应位置处的排序输入对话框（见图 5－6）中。对于图 5－7 所示坐标轴以外的极化方向，则需要另行定义坐标系。

除上述参数外，在压电换能器分析中，有时还需要根据实际经验，设置材料的常值阻尼系数（Constant Material Damping Coefficient），具体使用方法可参看 ANSYS 帮助文档。

5.2.3　压电水声换能器的有限元模型

应用有限元进行换能器分析的一个重要优势就是，它可以最大限度地还原换能器的真实状态。在其他方法中会带来致命影响的因素，诸如结构不规则、材料不均匀、边界条件复杂等，在有限元分析中都极易解决。我们只需据实完成建模与设置即可，剩下的都交由 ANSYS 处理。一个完整的有限元模型，应该至少包括以下信息：实体结构尺寸、单元类型、材料属性、实常数、网格信息、对称情况、边界条件、载荷信息等。有限元模型的建立，涉及因素多，花费时间长，但绝不容马虎。一个真实、准确、完整、合规的有限元模型，是有限元进行可靠分析的前提。

有限元模型的建立属于图 5－2 所示的有限元分析流程中的前处理环节。在指定完单元类型、材料参数和实常数后，就可以构建换能器的实体模型。实体模型可以通过其他软件导入，也可以由 ANSYS 自行构建。ANSYS 具有强大的实体模型构建能力，提供了多种不同的坐标系统、灵活的工作平面和丰富的建模命令，以供使用。实体模型的构建，可在任何方便的坐标系下完成。需要注意的是，建模时需要考虑不同单元对应的网格类型。当选用单元对应映射网格类型（如 SOLID5 单元）时，实体模型的形状必须满足生成映射网格的规则要求，自由网格类型（如 SOLID98 单元）则对实体模型没有形状上的限制。

在有限元模型的构建过程中，应在保证求解精度的前提下，尽可能减小模型规模，从而节省求解时间。其中一个行之有效的方式，就是利用系统的对称性进行建模。我们只需建立对称部分并完成对称定义即可，其效果跟建立系统的完整模型是一样，但其模型规模和求解时间却得到大幅度降低。例如，图 5－8 所示的压电纵振换能器，其完整模型包括 69 368 个单元和 42 397 个节点，而 1/4 对称模型（定义 *XOZ* 和 *YOZ* 平面对称）则只包括 17 342 个单元和 11 951 个节点。甚至在分析某些特殊问题时，可以更简单地根据其轴对称特性，建立仅有对称面的平面模型，此时仅包括 580 个单元和 683 个节点。因此，在有限元分析中，为了提高效率，应充分利用模型的对称特性进行有限元模型的构建。

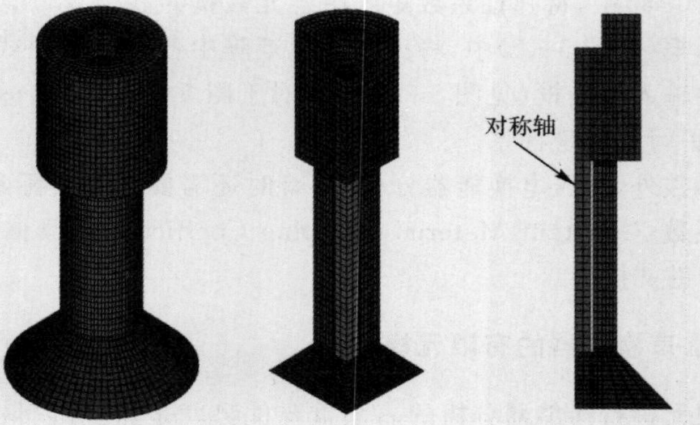

图 5-8　压电换能器完整模型、1/4 对称模型和轴对称模型的规模对比

换能器的有限元模型还应该包括边界条件和载荷情况。应用有限元进行换能器分析的优势之一，就在于其模型的边界条件和载荷能最大限度地还原换能器的工作状态，例如机械夹持或机械自由，电学开路或电学短路，甚至更复杂的情况。在这个过程中，合理地利用耦合自由度集（Coupled DOFs），可为施加操作带来很大的便利。如图 5-9 所示，当对压电陶瓷的上电极面施加 U 电位时，由于电极面是等电位面，所以将电极面上所有节点的 VOLT（电位）自由度耦合在一起，形成耦合自由度集（见下面的命令流）。我们只需对 Top_Surf_Node 节点施加 U 电位，就等同于对上电极面所有节点施加 U 电位。对下电极面施加零电位也是采取相同的操作。

```
CP,1,VOLT,ALL                      ！对上电极面所有节点的 VOLT 自由度生成耦合自由度集
*GET,Top_Surf_Node,NODE,0,NUM,MIN  ！获得上电极面所有节点中编号最小
                                     的节点，并定义为 Top_Surf_Node
D, Top_Surf_Node,VOLT,1            ！对 Top_Surf_Node 节点施加电位 U=1Volt
```

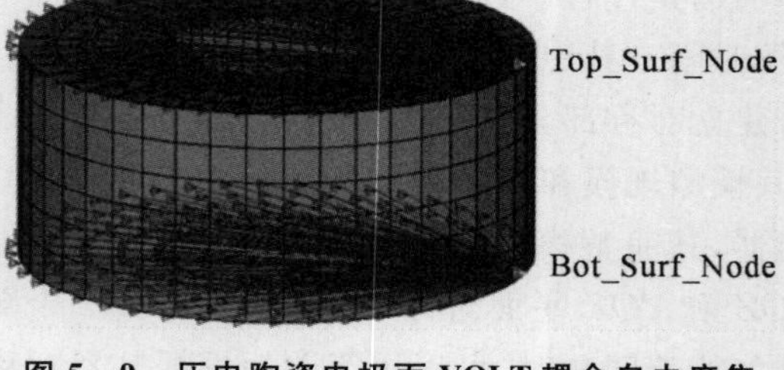

图 5-9　压电陶瓷电极面 VOLT 耦合自由度集

除此之外，在水声换能器的 ANSYS 分析中，在流固耦合界面处还需要施加 FSI(Fluid－Structure Interface)标识，用来耦合结构的运动和流体的压力。该标识需要施加在流固耦合界面处的流体单元部分(见图 5－3)，具体操作详见 ANSYS 帮助文档。

5.2.4　压电水声换能器的分析类型

在压电水声换能器的 ANSYS 分析中，需要针对不同的分析目的，选择不同的分析类型，可实现的分析有静态分析(Static)、模态分析(Modal)、谐响应分析(Harmonic)和瞬态分析(Transient)。其中，静态分析可用来查看换能器各部件的应力分布情况，特别是可以求解换能器在预应力螺栓、静水压力或者是特殊载荷作用下的受力情况。模态分析用来求解换能器的振动模态，包括换能器的谐振频率及其振型。谐响应分析用来查看在指定频率上，换能器对正弦规律变化(简谐)载荷激励的稳态响应情况，例如，可以用来查看换能器在电压 U 激励下的振动响应情况、声场分布情况，或者求解换能器的导纳特性、发射电压响应级、指向性函数以及接收电压灵敏度级等各类特性曲线。上述不同的分析类型，需要选择不同的求解器，一般可使用缺省的求解器完成求解，具体可参考 ANSYS 帮助文档。

5.2.5　压电水声换能器的后处理

在 ANSYS 求解结束后，需要在后处理中获得换能器的各种响应结果，可以在通用后处理中查看换能器的各种振动响应、应力分布等，也可以在时间历程后处理中查看换能器的各种响应曲线。换能器部分分析结果的求解依据或处理操作如下。

(1)换能器的导纳。

以谐响应分析为例，假设给压电水声换能器施加的载荷电压为 U，根据式(3.53)，可在时间历程后处理中获得换能器的导纳为

$$Y=G+\mathrm{j}B=\frac{I}{U}=\frac{1}{U}\frac{\mathrm{d}Q}{\mathrm{d}t}=\frac{\mathrm{j}\omega Q}{U} \tag{5.45}$$

式中：实部就是电导 G，虚部就是电纳 B。电荷 Q 需要在时间历程后处理中将前面定义的电极面节点 Top_Surf_Node 的电荷读出，ANSYS 命令(请查看 ANSYS 帮助文档)如下。

```
RFORCE,NVAR,Top_Surf_Node,AMPS,,Q
```

在上述计算中，电荷量 Q 还需要考虑有限元模型的对称因素，以及将 n 片电学并联的压电陶瓷片等效成一个总长度相等的压电晶堆的变换关系。根据上

面的导纳曲线，可以进一步求解换能器的阻抗曲线，并解读出换能器的各种特征频率(见图 3-12)。

(2)换能器的发射电压响应级。

在时间历程后处理中，还可以根据式(3.77)求解换能器的发射电压响应级。对大多数换能器来说，水中有限元模型很难达到 1 m 的规模，因此需要将模型中某点的声压，按球面波扩展转换成 1 m 处的声压，即

$$\mathrm{TVR}=20\lg\left[\frac{r\cdot|p(r)|}{U}\right]+120 \tag{5.46}$$

式中：r 为水域中换能器声轴上的某点距离换能器有效声中心的距离。

(3) 换能器的辐射声场。

当压电换能器受到电压 U 的激励时，它将通过声辐射头向水介质中辐射声能量。在 ANSYS 中构建一个足够大尺度的理想辐射声场三维模型是困难的，巨大的网格数量会给求解的时效性带来巨大的压力，因此 ANSYS 一般只能在有限尺度内模拟换能器的辐射声场问题。当然，如果换能器的辐射声场问题可以简化成二维模型，那么其 ANSYS 仿真就会变得更容易实现。如前文所述，换能器的辐射声场问题主要涉及流固耦合分析，其本质是声辐射面向声介质中的声辐射问题以及声波在声介质中的传播问题。这也为换能器的辐射声场分析提供了两种思路：①将压电换能器的电声转换行为与辐射声场问题一并考虑，在一个 ANSYS 工程内完成；②先在一个 ANSYS 工程内分析压电换能器的电声行为，获得换能器辐射面的振动分布情况，然后在另一个工程内重建声场模型，将换能器辐射面的振动作为载荷输入，完成声场分析。两种思路各有利弊，可结合实际情况选择。

换能器辐射声场的计算和显示可在通用后处理中完成。①在所求频率上，读取声场中每个节点的声压数据(实部和虚部均需读取)；②可求出声场中每个节点的声压值，还可以进一步将其写成分贝形式；③将处理完的声压数据返回给每一个节点，并完成云图显示。

上述步骤中，声压计算可借助自定义的向量实现数据的存储和计算。计算完的声压数据可通过 DNSOL 命令实现显示，具体操作请参照 ANSYS 帮助文档。

(4)换能器的指向性函数。

在换能器辐射声场的求解中，ANSYS 还可以提取其指向性函数曲线的相关数据。选择距换能器有效声中心同距离的圆弧上的节点，并读取每个节点位置处的坐标信息和声压数据。一般会将读取结果通过第三方软件(如 MATLAB)处理，并将结果以指向性函数 $D(\theta)$ 的形式显现，例如横轴 θ 是通过

读取的节点坐标信息计算出来的方位角，纵轴处理成声压值或者是分贝的形式。

(5)换能器的接收电压灵敏度级。

在 ANSYS 分析中，压电水声换能器的接收电压灵敏度 RVS 不能够直接被读取，而需要通过换能器的发射电流响应级(Transmitting Current Response，TCR)计算得出。类同于发射电压响应级 TVR 的定义，如果换能器的激励电流表示为 I，那么该换能器声轴方向上离其有效声中心 1 m 处产生的自由场声压 p 与激励电流 I 的比值定义为发射电流响应 S_I

$$S_I = \frac{p(r_0)\big|_{r_0=1\ \mathrm{m}}}{I}(\mathrm{Pa/A}) \tag{5.47}$$

其分贝形式为发射电流响应级 TCR

$$\mathrm{TCR} = 20\lg\left[\frac{|p(1\ \mathrm{m})|}{I}\right] + 120 = 20\lg\left[\frac{r\cdot|p(r)|}{I}\right] + 120 \tag{5.48}$$

当接收换能器与发射声源的距离为 r 时，以 r 定义一个电流响应参数

$$S_r = \frac{p(r)}{I} \tag{5.49}$$

对于一个满足线性、可逆及无源特性的互易换能器而言，式(5.49) 中的发射电流响应 S_r 和式(3.87) 中的接收电压灵敏度 M_e 满足以下关系：

$$J = \frac{M_e}{S_r} \tag{5.50}$$

式中：J 为互易系数。式(5.50) 也是互易法校准的基本关系式[106]。当发射声源产生的是球面波声场时，其互易系数 J_s 为

$$J_s = \frac{2r}{\rho f} \tag{5.51}$$

式中：ρ 是水介质的密度；f 是频率。可见互易系数是由距离 r 和声介质属性决定的。

结合上面的几个式子，可以获得换能器的接收电压灵敏度级为

$$\mathrm{RVS} = \mathrm{TCR} - 20\lg(f) - 294 \tag{5.52}$$

式(5.52) 即是 ANSYS 求解换能器接收灵敏度级的计算方式，该过程可在时间历程后处理中完成。① 读取 r 距离处的节点声压；② 读取换能器的电极面上的电荷 Q，并根据 $I = \mathrm{j}\omega Q$ 计算激励电流；③ 根据式(5.48) 计算换能器的发射电流响应级 TCR；④ 再根据式(5.52) 计算换能器的接收电压灵敏度级 RVS。

5.3 压电纵振换能器的有限元分析实例

本节应用有限元法对图 3-1 所示的压电纵振换能器进行性能分析。所建有限元模型除了包含表 3-2 所列的部件外,还包括预应力螺栓、绝缘垫片等。并且前辐射头真实反映了"切边"的情况,尾质量块也真实反映了尾部"沉孔"的情况,压电陶瓷片也考虑了中心带孔的情况。所有部件都是按照真实的结构和尺寸建模的。同时,在材料参数设置上也更为全面,主要体现在压电陶瓷的各项异性上。本例中的压电陶瓷采用 PZT-4 型,其在 ANSYS 中的材料参数设置见表 5-2。这些真实的 ANSYS 建模操作,使得模型可以更加准确地模拟换能器的原始工况,从而获得更为精确的计算结果。

表 5-2　PZT-4 型压电陶瓷材料的参数(按 ANSYS 标准排序,*Z* 方向)[1]

变　量	参　数
密度 $\rho/(\mathrm{kg\cdot m^{-3}})$	7 600
恒定电场弹性系数 $\boldsymbol{c}^{\mathrm{E}}$ $(\times 10^{10}\ \mathrm{N\cdot m^{-2}})$	$\begin{bmatrix} 13.9 & 7.78 & 7.43 & 0 & 0 & 0 \\ 7.78 & 13.9 & 7.43 & 0 & 0 & 0 \\ 7.43 & 7.43 & 11.5 & 0 & 0 & 0 \\ 0 & 0 & 0 & 3.06 & 0 & 0 \\ 0 & 0 & 0 & 0 & 2.56 & 0 \\ 0 & 0 & 0 & 0 & 0 & 2.56 \end{bmatrix}$
压电应力系数 $\boldsymbol{e}/(\mathrm{c\cdot m^{-2}})$	$\begin{bmatrix} 0 & 0 & -5.2 \\ 0 & 0 & -5.2 \\ 0 & 0 & 15.1 \\ 0 & 0 & 0 \\ 0 & 12.7 & 0 \\ 12.7 & 0 & 0 \end{bmatrix}$
恒定应变介电系数 $\dfrac{\boldsymbol{\varepsilon}^{\mathrm{S}}}{\varepsilon_0}$	$\begin{bmatrix} 730 & 0 & 0 \\ 0 & 730 & 0 \\ 0 & 0 & 635 \end{bmatrix}$,其中 $\varepsilon_0 = 8.85\times10^{-12}\ (\mathrm{F\cdot m^{-1}})$

图 5-10 所示为考虑 1/4 对称结构的有限元模型。我们按照 5.2 节介绍的流程完成了换能器的电声行为分析。针对不同类型、不同结构和尺寸的换能器,还需要考虑合理的阻尼系数。图 5-11 和图 5-12 分别是有限元法求解的压电

纵振换能器在水中的导纳曲线和导纳圆曲线。导纳曲线显示换能器的谐振频率在 18 kHz 附近，还可以根据图 3－12 分析换能器的其他特征频率。

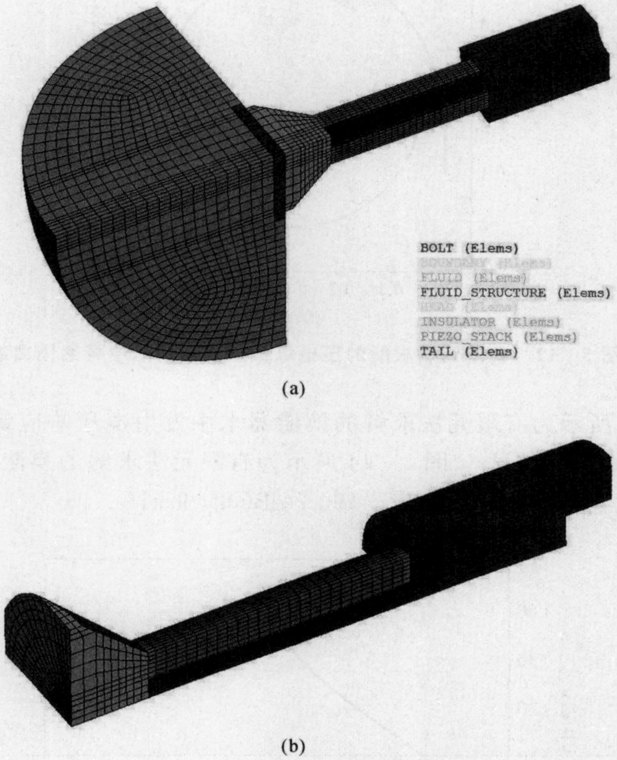

图 5－10　压电纵振换能器有限元模型(1/4 对称)

(a)水中模型；(b)换能器模型

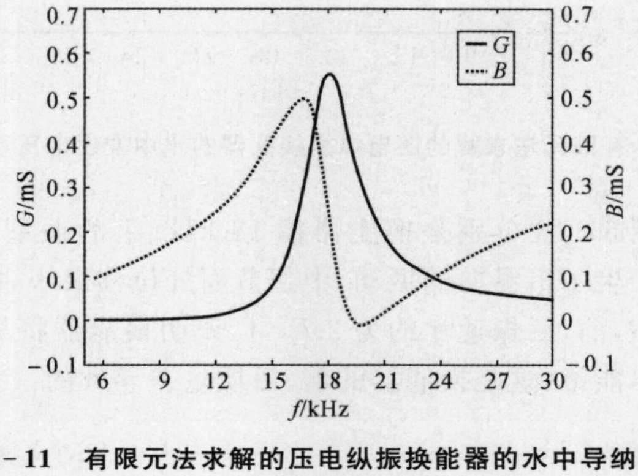

图 5－11　有限元法求解的压电纵振换能器的水中导纳曲线

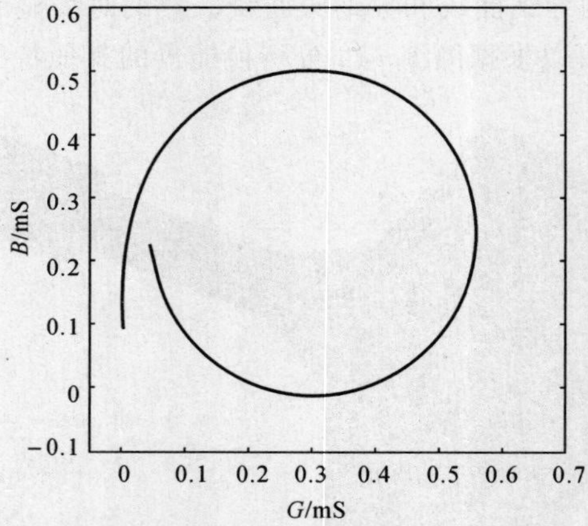

图 5－12　有限元法求解的压电纵振换能器的水中导纳圆曲线

图 5－13 所示为有限元法求解的换能器水中发射电压响应级曲线，其最大 TVR 为 134 dB@18 kHz。图 5－14 所示为有限元法求解的换能器水中接收电压灵敏度级曲线，其最大 RVS 为－190.7 dB@21.9 kHz。

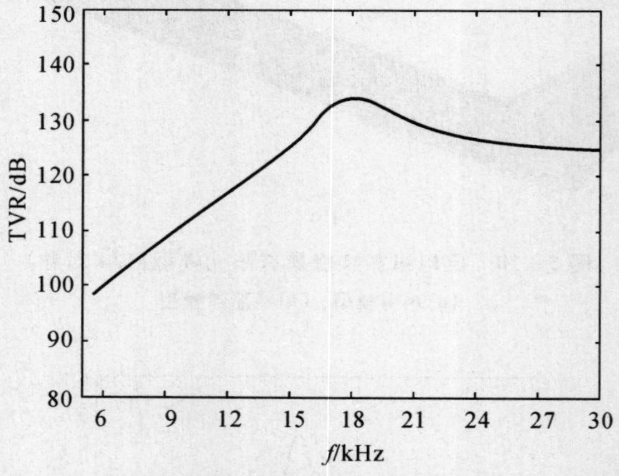

图 5－13　有限元法求解的压电纵振换能器的水中发射电压响应级曲线

图 5－15 和图 5－16 分别是换能器在 18 kHz 上的振型云图和矢量云图。云图显示换能器产生了沿纵向的振动，中部节面处位移最小，换能器的前辐射端面处的振动最强烈，前、后振速比约为 2.7∶1，说明换能器将尽可能多地从前辐射端面向外辐射声能量，这是换能器的前、后质量差导致的。

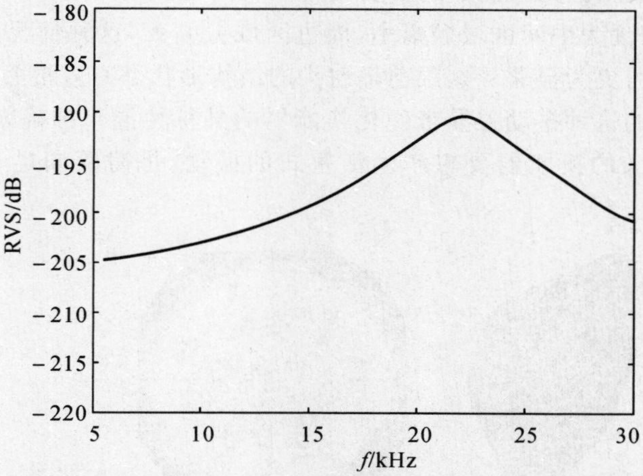

图 5 - 14　有限元法求解的压电纵振换能器的水中接收电压灵敏度级曲线

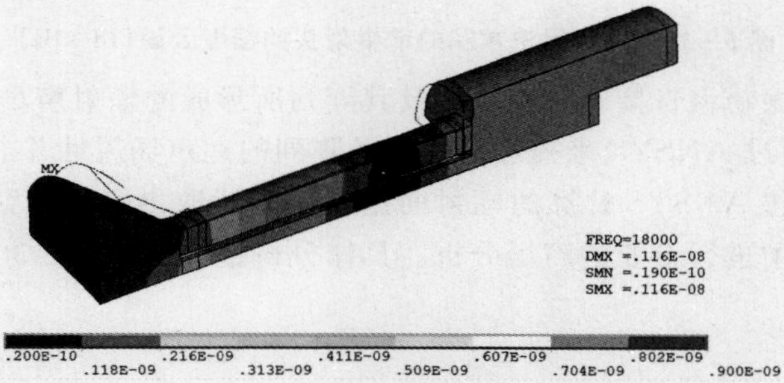

图 5 - 15　有限元法求解的压电纵振换能器的振型云图(18 kHz)

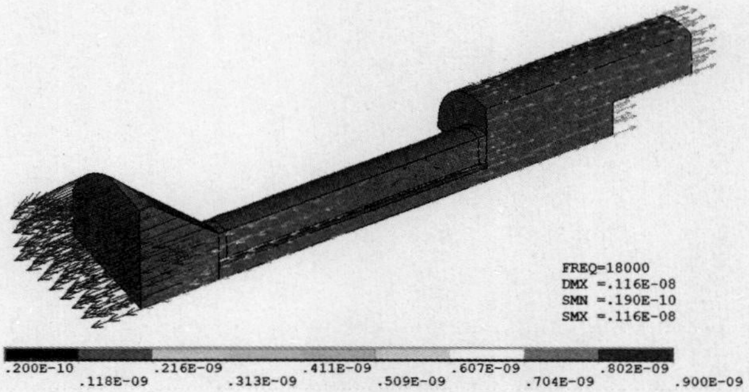

图 5 - 16　有限元法求解的压电纵振换能器的振型矢量云图(18 kHz)

图 5-17 展示的是换能器前辐射头的振动情况。云图显示辐射面的实际振动并不均匀,表现为中间区域振幅小,周边区域振幅大,这种情况可能会随着频率的改变而变得更为显著。这跟前辐射头的结构形状是有直接关系的。也有人利用前辐射头的这种振动差异来优化换能器的某种性能。准确来讲,这种具有喇叭形前辐射头的换能器要想产生活塞式的振动,是需要满足一定的限制条件的。

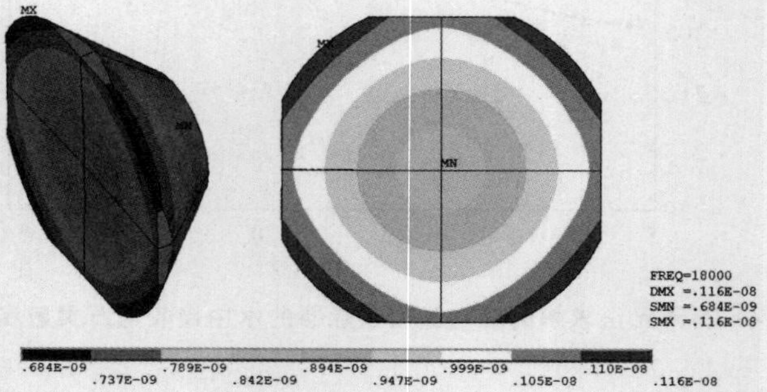

图 5-17　有限元法求解的前辐射头的振型云图(18 kHz)

辐射面的振动将直接影响换能器及其阵列所形成的辐射声场。但囿于模型规模的限制,通过 ANSYS 来描述换能器及阵列的远声场属性并非其分析优势。一般人们会先将 ANSYS 计算的辐射面振动结果读取出来,然后作为载荷施加到边界元模型中进行专业的声场分析。具体分析过程可参阅 8.3 节内容。

第6章　超磁致伸缩纵振换能器

6.1　超磁致伸缩纵振换能器概述

磁致伸缩换能器是基于磁致伸缩材料的Joule效应和Villari效应发展起来的。在很长一段时间内，以铁、钴、镍、铝等金属作为重要成分的磁致伸缩材料在换能器领域得到了广泛的应用。20世纪70年代初期，Clark成功研发出稀土铽镝铁合金(Terfenol-D)，开启了磁致伸缩材料发展的新篇章。基于这种超磁致伸缩材料的换能器研究及应用也取得了突破性的发展。1998年，美国海军水面战中心成功研制出一种铁镓合金材料，该材料具有显著的磁致伸缩效应，在换能器应用中显现了巨大的开发潜力和应用价值。

6.1.1　超磁致伸缩纵振换能器的结构

从结构上来看，超磁致伸缩纵振换能器，包含了压电纵振换能器的主要部件。其主要区别在于超磁致伸缩棒及其辅助部件取代了压电晶堆驱动部件。整体来看，超磁致伸缩纵振换能器主要包括超磁致伸缩功能材料、预应力装置、偏置磁场装置、交变磁场装置和机械振动系统等部件，如图6-1所示。

(1)超磁致伸缩功能材料。超磁致伸缩功能材料是换能器进行磁-机转换的核心，第2章详细介绍了这种材料的物理性能及其磁致伸缩效应。超磁致伸缩材料一般以棒状结构出现在换能器应用中，如图6-2所示。在实际的换能器应用中，会使用带有预应力螺栓通孔的圆棒形结构。超磁致伸缩材料是一种既导电又导磁的物质，因此其磁感应强度的变化将感生出电流(涡流)。由于涡电流与外加交变电流的频率成正比，而涡电流所产生的焦耳-楞次热与外加交变电流频率的二次方成正比，所以涡流效应伴随着器件工作频率的升高变得更为显著。涡流致热对驱动效率是有很大影响的，所以抑制涡流始终是该种传感器器件设计中的关键一步。涡流损耗主要取决于外磁场的频率以及超磁致伸缩材料的电阻率和形状，其中外磁场的频率由换能器的应用需要所决定，材料的电阻率一般

约为 $60\times10^{-8}\ \Omega\cdot m$，由此可见降低涡流损耗的主要方式在于超磁致伸缩棒的形状优化上，其中切片叠合和狭缝切割的方式取得了较好的工程效果[107]。切片叠合是将超磁致伸缩棒切成薄片，再用绝缘环氧黏结，而狭缝切割则是将超磁致伸缩棒切出狭缝并灌以绝缘环氧。这两种方法的出发点都是避免在较大的体积内产生涡流，这也是超磁致伸缩棒实现涡流抑制最有效的途径。

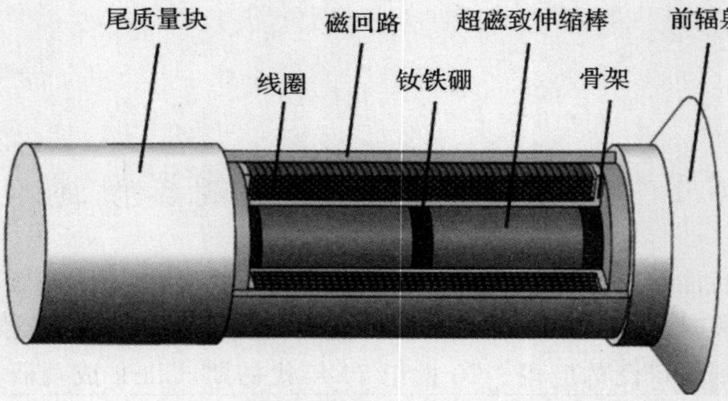

图 6－1　超磁致伸缩纵振换能器结构示意图

图 6－2　稀土铽镝铁超磁致伸缩材料

(2)预应力装置。超磁致伸缩材料的性能受到了很多因素的影响，其中预应力、偏置磁场和温度是 3 个主要因素，如图 6－3 所示。在换能器应用中，应充分利用超磁致伸缩材料的最佳性能参数。对于某种取向的超磁致伸缩棒材来讲，当沿轴向施加一个压应力时，将使铁磁体中的磁畴沿与应力垂直的易磁化方向排列，这将导致材料的磁致伸缩性能发生变化。如果从应用的观点来看，一个处于压应力作用下的超磁致伸缩材料，其性能将会得到改善。首先，预应力增大了材料的应变能力。另外，预应力增强了材料的强度，使之更加耐受冲击，从而有效地避免了该种材料强度低、脆性大、易断裂的应用缺点。从众多的应用经验来看，铽镝铁超磁致伸缩材料在偏磁场的共同作用下，获得最佳机械效率的预应力范围为 5～7 MPa，但在实际应用中，考虑到大功率应用时材料强度等因素，这个预应力值宜稍大一些，一般情况下将其确定为 10～15 MPa 为宜[108]。

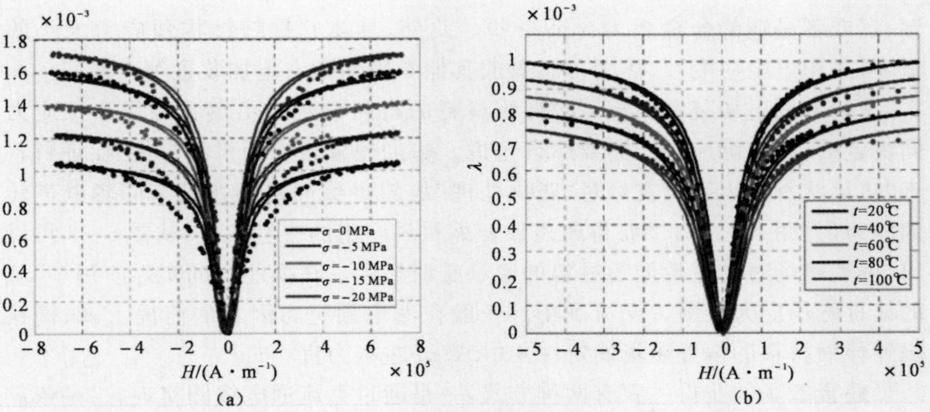

图 6-3　预应力、偏置磁场和温度因素对超磁致伸缩材料性能的影响[109]

预应力装置用于连接纵振换能器的各部件，从而形成有效的机械振动系统。预应力的实现方式是多样的，其设计的主要要素包括：①结构简单，装配方便，易实现；②对整体系统的影响最小；③预应力大小可调等。图 6-4 给出了几种可用的方式，其中结构(a)是利用质量块 M 的重力作用实现预应力的，结构(b)通过套筒施压，结构(c)利用了静水压力，结构(e)与结构(d)的施加原理相似，只不过前者应用了较为常用的螺杆，后者使用的则是类似于尼龙绳一类的材料。比较而言，结构(d)与结构(e)最容易实现，并且预应力是可调的。其中，由于结构(e)所用材料较金属制螺杆而言具有更低的弹性模量，因此它对整体系统的影响要小得多，但在保持预应力的稳定性上略有不足。

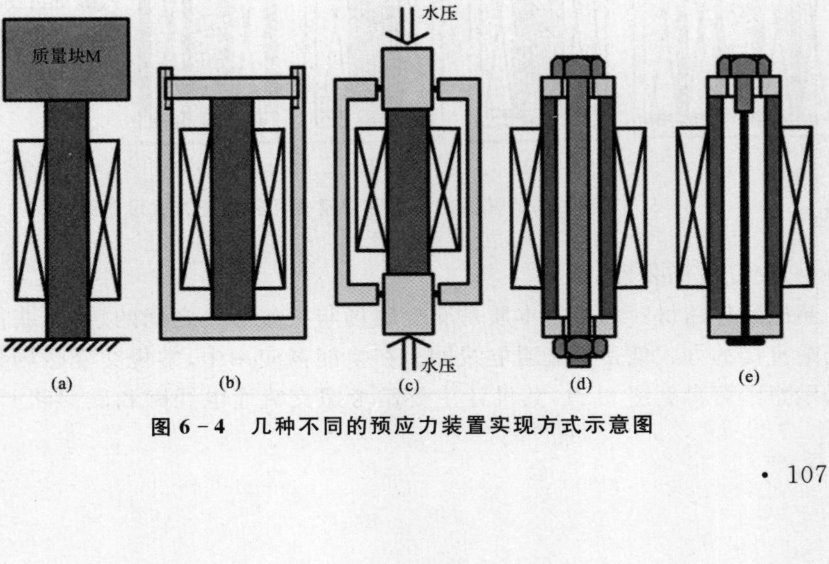

图 6-4　几种不同的预应力装置实现方式示意图

值得注意的是，超磁致伸缩棒中的磁场是换能器性能的关键。为了不影响该区域的磁场特性，结构(d)中的螺杆不宜采用高磁导率材料。比较而言，硬铝、钛或者是铜的合金更为合适一些。此外，具体到螺杆结构预应力大小的测量，可采用电阻应变片、压力传感器或其他专用预应力施加装置等完成。

(3)偏置磁场装置。超磁致伸缩材料的材料参数是由偏置磁场和预应力共同决定的，在实际应用中需要综合考虑。施加偏置磁场的目的有：①保证材料处于“磁化状态”，因为只有经过“磁化处理”的超磁致伸缩棒才具有同频电声转换的能力(见图2-19)；②获得超磁致伸缩材料应用的有利参数，从图6-3可以看出，偏置磁场对超磁致伸缩材料的影响是明显的。在换能器的实际应用中，施加的偏置磁场应大于最大交流磁场。一般在考虑预应力因素的前提下，铽镝铁超磁致伸缩材料的偏置磁场确定在40 kA/m左右为宜[110]。

偏置磁场的获得主要有两种方式，一是通过直流通电线圈实现，二是依靠永磁体实现，例如钕铁硼。常见的几种结构如图6-5所示。其中：结构(a)是通电线圈的方式，这种方式获得的偏置磁场具有很好的均匀性，但这种方式增大了结构的径向尺寸，并且需要消耗直流电能，给系统带来的热量消散问题不可忽略；结构(b)和结构(c)采用的都是圆片形永磁体为磁源，前者适合于超磁致伸缩棒较短的情况，随着棒长的增加，结构(b)将引起磁场的不均匀性；结构(c)则较好地解决了磁场的均匀性问题；结构(d)的不同之处在于其采用的是圆筒形的永磁体，这种方式的成本相对较高，并且对交流线圈而言，由于永磁体圆筒的“阻割”，其磁回路会受到一定的影响。

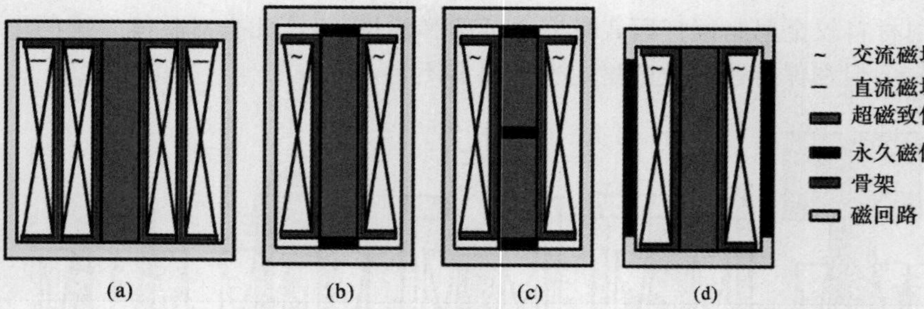

图6-5　几种不同的偏置磁场装置以及磁回路实现方式示意图

(4)交变磁场装置。

超磁致伸缩材料的换能本质是交变磁场与机械形变之间的转换，获得交变磁场最直接的方式就是交流通电线圈。在换能器应用中，常规交变磁场装置的结构示意图可参见图6-1，其设计主要是考虑交流通电线圈和磁回路两方面。

一方面,交流通电线圈涉及导线的材质、匝数以及骨架等因素。对于超磁致伸缩发射换能器而言,一般需要根据其最大发射功率和超磁致伸缩材料的转换能力来确定需要多强的激励磁场,进而确定需要多少的安匝数。对于安匝数这一参数指标,需优化设计线圈导线的材质、结构和匝数。导线直径可根据通过电流的值来确定。另一方面,对于磁回路则需考虑包含超磁致伸缩棒在内的回路结构和材质。一般来说,换能器的交变磁场和偏置磁场是共用磁回路的。磁回路的质量将直接影响磁致伸缩换能器的性能,其优化是磁致伸缩换能器工程设计中不可忽略的重要环节。

(5)机械振动系统。超磁致伸缩纵振换能器的机械振动系统是参与振动的所有部件的有机整体。与压电纵振换能器相比,超磁致伸缩纵振换能器依然包括诸如前辐射头、尾质量块、预应力螺栓等主要部件,主要不同之处在于其将压电晶堆替换成了超磁致伸缩棒,其结构示意图见图 6-1。预应力螺栓将这些部件连接成一个振动系统,实现纵向方向的振动。很多针对压电纵振换能器的结构优化方式,也适用于超磁致伸缩纵振换能器,读者可参阅第 3 章内容。

6.1.2　超磁致伸缩纵振换能器的工作原理

超磁致伸缩纵振换能器是基于铁磁物质的磁致伸缩效应发展起来的,从工作原理上讲,它进行的是电-磁-机-声之间的能量转换。首先,超磁致伸缩棒在预应力和偏置磁场的共同作用下获得最佳的材料参数状态;其次,交变的电流激励通过线圈产生一个交变的磁场。这个交变的磁场附加在偏置磁场之上,共同作用使得处于其中的超磁致伸缩棒产生形变。该形变将进一步导致整个机械振动系统产生纵向振动,并通过前辐射头将振动转变为声波,向声介质中辐射。在这个过程中,交变磁场与机械振动之间的转换是关键所在。

6.1.3　超磁致伸缩纵振换能器的特点及应用

超磁致伸缩材料因其显著的高能量密度、大应变响应和宽频带等优势而被广泛应用于制作发射型水声换能器。由它制成的换能器具有显著的低频、宽带、大功率特性以及较好的工作稳定性和可靠性,经久耐用,可在几百赫兹到几万赫兹的频段范围内使用,因此被广泛应用于各类水下声源、探测声呐、水声通信等领域[111]。这类换能器结构相对复杂、造价也相对较高,限制了磁致伸缩换能器在大型阵列中的应用。

6.2 超磁致伸缩纵振换能器的振动问题

超磁致伸缩纵振换能器的结构相对复杂一些，不同的部件发挥了不同的作用。例如：线圈、骨架、超磁致伸缩棒、永磁体、磁回路、磁屏蔽等部件主要针对的是换能器的磁场问题，而不是换能器的振动问题；前辐射头、尾质量块、超磁致伸缩棒、预应力螺栓等主要针对换能器的振动问题，而不是换能器的磁场问题。在实际工程中，笔者根据这种不同，将超磁致伸缩纵振换能器的设计分成两大类，本节讨论换能器的振动问题。

6.2.1 基于等效网络法的超磁致伸缩纵振换能器分析

在第3章中，本书介绍了等效网络法分析压电纵振换能器的详细过程。其中，很多结论在超磁致伸缩纵振换能器中依然适用。相似地，我们还是首先根据拟分析问题的类型和换能器的实际情况，对超磁致伸缩纵振换能器进行简化假设。

(1)针对换能器的振动问题，根据各部件对系统振动作用的大小，在模型构建中去除无用部件，而只保留由前辐射头、超磁致伸缩棒和尾质量块等几个主要部件，如图6-6所示。

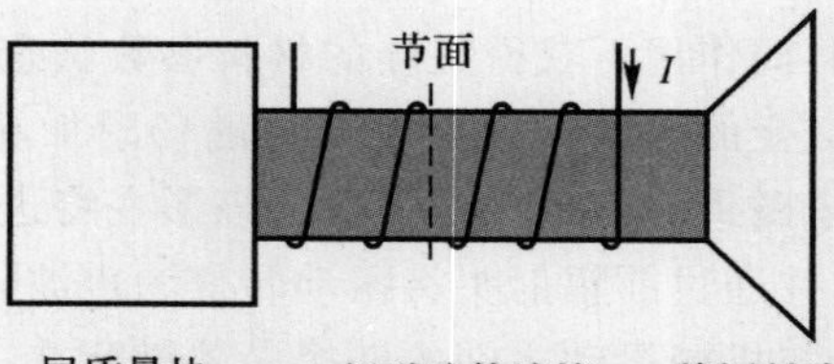

图6-6 超磁致伸缩纵振换能器机械振动系统示意图

(2)只考虑换能器的纵向振动，将换能器看作一个由多个部件构成的复合式细棒。对于超磁致伸缩棒而言，其应力分量只有 $T_3^G \neq 0$，其它分量皆为零 $T_1^G = T_2^G = T_4^G = T_5^G = T_6^G = 0$。

(3)假设换能器是电流激励的，也就是说换能器的电学边界条件是短路的，对超磁致伸缩棒来说是恒定磁场的。也就是说，我们假定超磁致伸缩棒中的磁场是均匀的，即有 $\frac{\partial H_3^G}{\partial z}=0$，$H_1^G=H_2^G=0$，根据有磁介质时的安培环路定理，可知 $\oint_l H_3^G \mathrm{d}l = \sum I$，其中 I 为通电线圈中的激励电流。

(4) 超磁致伸缩棒的预应力螺栓孔予以忽略。

在上述换能器参量中,上标"G"表示超磁致伸缩棒。

基于上述简化假设,构建超磁致伸缩纵振换能器的分布参数等效网络模型。其中,喇叭形前辐射头和圆柱形尾质量块的等效网络同第 3 章结论,本节重点构建超磁致伸缩棒的等效网络模型。

借鉴图 3-5 所示的压电晶堆受力分析,在超磁致伸缩棒内取一微段 dz,其两端面的应力分别为 T_3^G 和 $T_3^G+\frac{\partial T_3^G}{\partial z}\mathrm{d}z$,如果其截面积为 A^G,那么微段的合力为

$$\Sigma F^G=\left(T_3^G+\frac{\partial T_3^G}{\partial z}\mathrm{d}z\right)A^G-T_3^G A^G=\frac{\partial T_3^G}{\partial z}\mathrm{d}zA^G \tag{6.1}$$

由于微段的质量为 $\rho^G A^G\mathrm{d}z$,此时根据牛顿第二定律可得

$$\rho^G A^G\mathrm{d}z\ \frac{\partial^2\xi^G}{\partial t^2}=\frac{\partial T_3^G}{\partial z}\mathrm{d}zA^G \tag{6.2}$$

式中:ρ^G 为超磁致伸缩材料的密度;ξ^G 为微段沿 Z 轴的位移。进一步简化可得

$$\rho^G\ \frac{\partial^2\xi^G}{\partial t^2}=\frac{\partial T_3^G}{\partial z} \tag{6.3}$$

根据换能器机械自由和恒定磁场的边界条件,结合前面的假设条件,将表 2-7 中的第 1 种压磁方程简化为如下形式:

$$\left.\begin{aligned}S_3^G&=s_{33}^H\cdot T_3^G+\tilde{d}_{33}\cdot H_3^G\\B_3^G&=\tilde{d}_{33}\cdot T_3^G+\mu_{33}^T\cdot H_3^G\end{aligned}\right\} \tag{6.4}$$

根据式(6.4),应力 T_3^G 可表示为

$$T_3^G=\frac{1}{s_{33}^H}S_3^G-\frac{\tilde{d}_{33}}{s_{33}^H}H_3^G \tag{6.5}$$

带其代入式(6.3),整理可得

$$\rho^G\ \frac{\partial^2\xi^G}{\partial t^2}=\frac{\partial}{\partial z}\left(\frac{1}{s_{33}^H}S_3^G-\frac{\tilde{d}_{33}}{s_{33}^H}H_3^G\right)=\frac{1}{s_{33}^H}\ \frac{\partial S_3^G}{\partial z} \tag{6.6}$$

式中考虑到了$\frac{\partial H_3^G}{\partial z}=0$。将 $S_3^G=\frac{\partial\xi^G}{\partial z}$ 代入式(6.6)可进一步整理为

$$\rho^G\ \frac{\partial^2\xi^G}{\partial t^2}=\frac{1}{s_{33}^H}\cdot\frac{\partial^2\xi^G}{\partial z^2} \tag{6.7}$$

由于 ξ^G 是一个关于频率 ω,坐标 z 和时间 t 的函数,即 $\xi^G=\xi^G(\omega,z,t)$,它在以角频率 ω 做简谐振动时的解可以表示成

$$\xi^G(\omega,z,t)=[M\cos(k^G z)+N\sin(k^G z)]\mathrm{e}^{\mathrm{j}\omega t} \tag{6.8}$$

式中:M 和 N 为待定系数。式(6.8) 对时间 t 的一阶和二阶导数分别为

$$\dot{\xi}^{G}=\frac{\partial \xi^{G}}{\partial t}=\mathrm{j}\omega\left[M\cos(k^{G}z)+N\sin(k^{G}z)\right]\mathrm{e}^{\mathrm{j}\omega t}=\mathrm{j}\omega\xi^{G} \tag{6.9a}$$

$$\ddot{\xi}^{G}=\frac{\partial^{2} \xi^{G}}{\partial t^{2}}=-\omega^{2}\left[M\cos(k^{G}z)+N\sin(k^{G}z)\right]\mathrm{e}^{\mathrm{j}\omega t}=-\omega^{2}\xi^{G} \tag{6.9b}$$

将式(6.9b) 代入式(6.7),可得

$$\frac{\partial^{2} \xi^{G}}{\partial z^{2}}+(k^{G})^{2}\xi^{G}=0 \tag{6.10}$$

式中:波数 $k^{G}=\frac{\omega}{c^{G}}$,恒 H 状态下压电细棒长度方向的声速 $c^{G}=\frac{1}{\sqrt{s_{33}^{H}\rho^{G}}}$。

式(6.10) 是表示超磁致伸缩棒运动状态的数学描述,其解的形式见式(6.8)。现在需要根据边界条件来确定解的待定系数 M 和 N。

结合求解的问题,超磁致伸缩棒两侧端面所受到的边界条件有

$$\left.\begin{aligned}\xi_{\mathrm{in}}^{G}&=\xi^{G}\big|_{z=0}\\ \xi_{\mathrm{out}}^{G}&=\xi^{G}\big|_{z=L^{G}}\end{aligned}\right\} \tag{6.11a}$$

$$\left.\begin{aligned}F_{\mathrm{in}}^{G}&=-A^{G}\,T_{3}^{G}\big|_{z=0}\\ F_{\mathrm{out}}^{G}&=-A^{G}\,T_{3}^{G}\big|_{z=L^{G}}\end{aligned}\right\} \tag{6.11b}$$

式(6.11b) 中的负号表示 F_{in}^{G} 和 F_{out}^{G} 力的方向始终与应力 T_{3}^{G} 的方向相反。

根据边界条件式(6.11a),可以求得待定系数 M 和 N:

$$\left.\begin{aligned}M&=\frac{1}{\mathrm{j}\omega}\dot{\xi}_{\mathrm{in}}^{G}\mathrm{e}^{-\mathrm{j}\omega t}\\ N&=\frac{1}{\mathrm{j}\omega}\left[\frac{\dot{\xi}_{\mathrm{out}}^{G}}{\sin(k^{G}L^{G})}-\frac{\dot{\xi}_{\mathrm{in}}^{G}}{\tan(k^{G}L^{G})}\right]\mathrm{e}^{-\mathrm{j}\omega t}\end{aligned}\right\} \tag{6.12}$$

将 M 和 N 代入式(6.8) 可得

$$\xi^{G}(\omega,z,t)=\frac{1}{\mathrm{j}\omega}\left\{\left[\cos(k^{G}z)-\frac{\sin(k^{G}z)}{\tan(k^{G}L^{G})}\right]\dot{\xi}_{\mathrm{in}}^{G}+\frac{\sin(k^{G}z)}{\sin(k^{G}L^{G})}\dot{\xi}_{\mathrm{out}}^{G}\right\} \tag{6.13}$$

上式对 z 求偏导可得

$$\frac{\partial}{\partial z}\xi^{G}(\omega,z,t)=-\frac{k^{G}}{\mathrm{j}\omega}\left\{\left[\sin(k^{G}z)+\frac{\cos(k^{G}z)}{\tan(k^{G}L^{G})}\right]\dot{\xi}_{\mathrm{in}}^{G}-\frac{\cos(k^{G}z)}{\sin(k^{G}L^{G})}\dot{\xi}_{\mathrm{out}}^{G}\right\} \tag{6.14}$$

根据边界条件(6.11b),结合式(6.5) 和式(6.14),整理可得

$$F_{\mathrm{in}}^{G}=\frac{\rho^{G}c^{G}A^{G}}{j\tan(k^{G}L^{G})}\dot{\xi}_{\mathrm{in}}^{G}-\frac{\rho^{G}c^{G}A^{G}}{j\sin(k^{G}L^{G})}\dot{\xi}_{\mathrm{out}}^{G}+\frac{\tilde{d}_{33}}{s_{33}^{H}}H_{3}^{G}A^{G} \tag{6.15}$$

对于式(6.15) 中的 H_{3}^{G},根据超磁致伸缩棒内部磁场强度处处相等的假设,

利用有磁介质时的安培环路定理，可知$\oint_l H_3^G \mathrm{d}l = \sum I$，其中 I 为通电线圈中的激励电流。假设通电线圈一共有 n 匝，则有 $H_3^G L^G = nI$，即 $H_3^G = \dfrac{nI}{L^G}$，此时式(6.15)可写成

$$F_{\mathrm{in}}^G = \frac{R^G}{\mathrm{j}\tan(k^G L^G)}\dot{\xi}_{\mathrm{in}}^G - \frac{R^G}{\mathrm{j}\sin(k^G L^G)}\dot{\xi}_{\mathrm{out}}^G + \frac{\tilde{d}_{33}A^G}{s_{33}^H L^G}nI \tag{6.16a}$$

同理可得

$$F_{\mathrm{out}}^G = \frac{R^G}{\mathrm{j}\sin(k^G L^G)}\dot{\xi}_{\mathrm{in}}^G - \frac{R^G}{\mathrm{j}\tan(k^G L^G)}\dot{\xi}_{\mathrm{out}}^G + \frac{\tilde{d}_{33}A^G}{s_{33}^H L^G}nI \tag{6.16b}$$

式中：$R^G = \rho^G c^G A^G$。

下面应用高斯定理对磁学参数进行分析。首先将式(6.5)代入式(6.4)，整理得

$$B_3^G = \frac{\tilde{d}_{33}}{s_{33}^H}\frac{\partial \xi^G}{\partial z} + \mu_{33}^S H_3^G \tag{6.17}$$

式中：令 $\mu_{33}^S = \mu_{33}^T - \dfrac{\tilde{d}_{33}{}^2}{s_{33}^H}$，$\mu_{33}^T$ 是恒定应力磁导率系数，μ_{33}^S 是恒定应变磁导率系数。假设通过超磁致伸缩棒截面积 A^G 的磁通量为 Φ，则有

$$\Phi = \iint_{A^G} B\,\mathrm{d}\sigma = \frac{\tilde{d}_{33}}{s_{33}^H}\frac{\partial \xi^G}{\partial z}A^G + \mu_{33}^S H_3^G A^G \tag{6.18}$$

根据法拉第电磁感应定律，通过磁路所包围面积的磁通量 Φ 发生变化时，回路中产生的感应电动势与磁通量对时间的变化率成正比。通过对磁通量 Φ 求时间 t 的导数，即可得出 n 匝线圈中总的感生电动势为

$$U = n \cdot \frac{\mathrm{d}\Phi}{\mathrm{d}t} = n\frac{\tilde{d}_{33}}{s_{33}^H}\frac{\partial \dot{\xi}^G}{\partial z}A^G + \mathrm{j}\omega n A^G \mu_{33}^S H_3^G \tag{6.19}$$

注意，式(6.19)中的 U 是一个随坐标 z 变化的函数 $U(z)$。当超磁致伸缩棒的长度与波长相比很小时，可以简单地应用两端面速度$\dot{\xi}^G\big|_{z=0}$ 和$\dot{\xi}^G\big|_{z=L^G}$ 的差分来近似替代$\dfrac{\partial \dot{\xi}^G}{\partial z}$，有

$$\frac{\partial \dot{\xi}^G}{\partial z} = \frac{\dot{\xi}^G\big|_{z=L^G} - \dot{\xi}^G\big|_{z=0}}{L^G} = \frac{\dot{\xi}_{\mathrm{out}}^G - \dot{\xi}_{\mathrm{in}}^G}{L^G} \tag{6.20}$$

将式(6.20)代入式(6.19)，并考虑 $H_3^G = \dfrac{nI}{L^G}$，可得

$$U = n\frac{\tilde{d}_{33}A^G}{s_{33}^H L^G}(\dot{\xi}_{\mathrm{out}}^G - \dot{\xi}_{\mathrm{in}}^G) + \mathrm{j}\omega\frac{n^2 \mu_{33}^S A^G}{L^G}I \tag{6.21}$$

令 $L_0=\dfrac{n^2\mu_{33}^{S}A^{G}}{L^{G}}$，则式(6.21) 可以变为

$$I=\frac{\widetilde{d}_{33}}{\mathrm{j}\omega n\mu_{33}^{S}s_{33}^{H}}(\dot{\xi}_{in}^{G}-\dot{\xi}_{out}^{G})+\frac{1}{\mathrm{j}\omega L_0}U \tag{6.22}$$

将式(6.22) 代入式(6.16)，同时令机电转换系数 $\alpha=\dfrac{\widetilde{d}_{33}}{\mathrm{j}\omega n\mu_{33}^{S}s_{33}^{H}}$，整理可得

$$F_{in}^{G}=\left[\frac{R^{G}}{\mathrm{j}\tan(k^{G}L^{G})}+\mathrm{j}\omega L_0\alpha^2\right]\dot{\xi}_{in}^{G}-\left[\frac{R^{G}}{\mathrm{j}\sin(k^{G}L^{G})}+\mathrm{j}\omega L_0\alpha^2\right]\dot{\xi}_{out}^{G}+\alpha U \tag{6.23a}$$

$$F_{out}^{G}=\left[\frac{R^{G}}{\mathrm{j}\sin(k^{G}L^{G})}+\mathrm{j}\omega L_0\alpha^2\right]\dot{\xi}_{in}^{G}-\left[\frac{R^{G}}{\mathrm{j}\tan(k^{G}L^{G})}+\mathrm{j}\omega L_0\alpha^2\right]\dot{\xi}_{out}^{G}+\alpha U \tag{6.23b}$$

$$I=\alpha\dot{\xi}_{in}^{G}-\alpha\dot{\xi}_{out}^{G}+\frac{1}{\mathrm{j}\omega L_0}U \tag{6.23c}$$

或写成矩阵形式，有

$$\begin{bmatrix}F_{in}^{G}\\F_{out}^{G}\\I\end{bmatrix}=\begin{bmatrix}Z_1^{G} & -Z_2^{G} & \alpha\\ Z_2^{G} & -Z_1^{G} & \alpha\\ \alpha & -\alpha & \dfrac{1}{\mathrm{j}\omega L_0}\end{bmatrix}\cdot\begin{bmatrix}\dot{\xi}_{in}^{G}\\ \dot{\xi}_{out}^{G}\\ U\end{bmatrix} \tag{6.24}$$

式中：$Z_1^{G}=\dfrac{R^{G}}{\mathrm{j}\tan(k^{G}L^{G})}+\mathrm{j}\omega L_0\alpha^2$，$Z_2^{G}=\dfrac{R^{G}}{\mathrm{j}\sin(k^{G}L^{G})}+\mathrm{j}\omega L_0\alpha^2$。

考虑到 $\dfrac{1}{\mathrm{j}\tan(k^{G}L^{G})}=\mathrm{j}\tan\left(\dfrac{k^{G}L^{G}}{2}\right)+\dfrac{1}{\mathrm{j}\sin(k^{G}L^{G})}$，式(6.23) 可以进一步写成

$$\left.\begin{aligned}F_{in}^{G}&=\mathrm{j}R^{G}\tan\left(\frac{k^{G}L^{G}}{2}\right)\dot{\xi}_{in}^{G}+\left[\frac{R^{G}}{\mathrm{j}\sin(k^{G}L^{G})}+\mathrm{j}\omega L_0\alpha^2\right](\dot{\xi}_{in}^{G}-\dot{\xi}_{out}^{G})+\alpha U\\ F_{out}^{G}&=-\mathrm{j}R^{G}\tan\left(\frac{k^{G}L^{G}}{2}\right)\dot{\xi}_{out}^{G}+\left[\frac{R^{G}}{\mathrm{j}\sin(k^{G}L^{G})}+\mathrm{j}\omega L_0\alpha^2\right](\dot{\xi}_{in}^{G}-\dot{\xi}_{out}^{G})+\alpha U\\ I&=\alpha(\dot{\xi}_{in}^{G}-\dot{\xi}_{out}^{G})+\frac{1}{\mathrm{j}\omega L_0}U\end{aligned}\right\} \tag{6.25}$$

根据式(6.25)，可以得出超磁致伸缩棒的分布参数等效网络，如图 6-7 所示。

接下来，可以结合第 3 章关于喇叭形前辐射头和圆柱形尾质量块的等效网

络，得出超磁致伸缩纵振换能器的完整等效网络模型，如图 6－8 所示，并根据第 3 章介绍的方法进行性能分析，这里不再赘述。

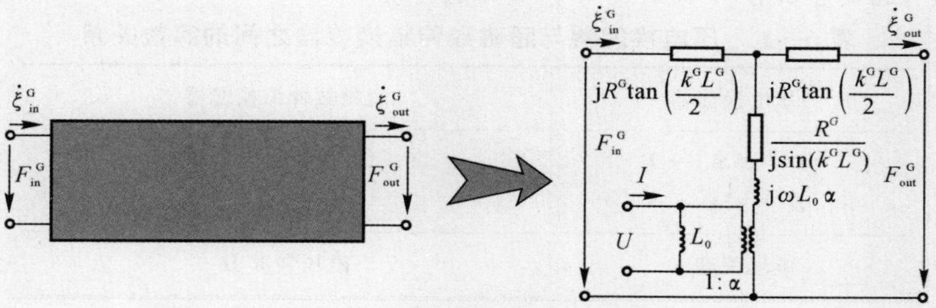

图 6－7　超磁致伸缩棒的等效网络模型

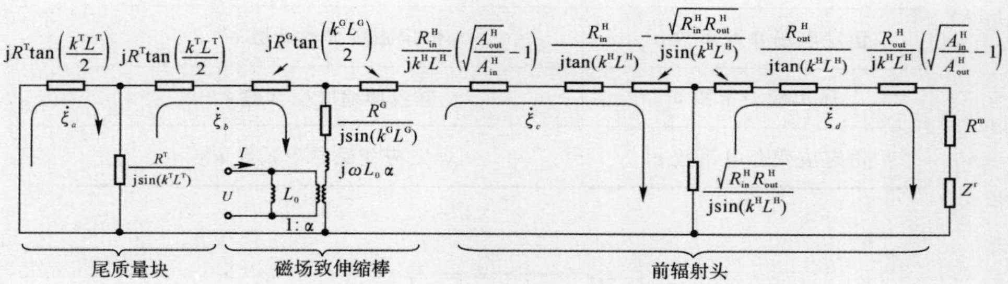

图 6－8　超磁致伸缩纵振换能器的分布参数等效网络

6.2.2　基于有限元法的超磁致伸缩纵振换能器分析

关于超磁致伸缩纵振换能器振动系统的分析，除了可以用上面的等效网络法外，也可以用有限元法。第 5 章介绍的有限元法可以有效解决压电换能器的问题，然而在磁致伸缩换能器上则显现出一定的困难。这是由于超磁致伸缩换能器的耦合场涉及电-磁-机-声之间的耦合，有限元在这类压磁耦合场问题上还没有合适的单元类型。目前，一种行之有效的处理方式是采用压电-压磁比拟法[112-113]。其主要思路是，通过对压电方程和压磁方程之间的比拟，确定电学量和磁学量之间的等效关系(见表 6－1)，从而获得磁致伸缩机电耦合的有限元控制方程如下：

$$\begin{bmatrix} \boldsymbol{M} & \boldsymbol{0} \\ \boldsymbol{0} & \boldsymbol{0} \end{bmatrix}\begin{bmatrix} \ddot{\boldsymbol{\xi}} \\ \ddot{\boldsymbol{A}} \end{bmatrix}+\begin{bmatrix} \boldsymbol{C} & \boldsymbol{0} \\ \boldsymbol{0} & \boldsymbol{0} \end{bmatrix}\begin{bmatrix} \dot{\boldsymbol{\xi}} \\ \dot{\boldsymbol{A}} \end{bmatrix}+\begin{bmatrix} \boldsymbol{K} & -(\boldsymbol{K}^{\mathrm{M}})^{\mathrm{T}} \\ \boldsymbol{K}^{\mathrm{M}} & \boldsymbol{K}^{\mu} \end{bmatrix}\begin{bmatrix} \boldsymbol{\xi} \\ \boldsymbol{A} \end{bmatrix}=\begin{bmatrix} \boldsymbol{F} \\ \boldsymbol{\Phi} \end{bmatrix} \tag{6.26}$$

式中：$\boldsymbol{M}$ 是质量矩阵；$\boldsymbol{C}$ 是结构阻尼矩阵；$\boldsymbol{K}$ 是结构刚度矩阵；$\boldsymbol{K}^{\mu}$ 是磁导率矩阵；$\boldsymbol{K}^{\mathrm{M}}$ 是磁致伸缩耦合矩阵，广义位移向量中的 $\boldsymbol{A}$ 和广义力向量中的 $\boldsymbol{\Phi}$ 的含义也是具有磁场性质的，下面通过图 6-9 来进行说明。

表 6-1　压电换能器与超磁致伸缩换能器之间的等效关系

压电换能器	超磁致伸缩换能器
$\begin{cases}\boldsymbol{T}=\boldsymbol{c}^{\mathrm{E}}\boldsymbol{S}-\boldsymbol{e}_{\mathrm{t}}\boldsymbol{E}\\ \boldsymbol{D}=\boldsymbol{\varepsilon}^{\mathrm{S}}\boldsymbol{E}+\boldsymbol{e}\boldsymbol{S}\end{cases}$	$\begin{cases}\boldsymbol{T}=\boldsymbol{c}^{\mathrm{H}}\boldsymbol{S}-\tilde{\boldsymbol{e}}_{\mathrm{t}}\boldsymbol{H}\\ \boldsymbol{B}=\boldsymbol{\mu}^{\mathrm{S}}\boldsymbol{H}+\tilde{\boldsymbol{e}}\boldsymbol{S}\end{cases}$
电场强度 $\boldsymbol{E}$	磁场强度 $\boldsymbol{H}$
电位移矢量 $\boldsymbol{D}$	磁感应强度 $\boldsymbol{B}$
电压 $\boldsymbol{U}$	电流 $\boldsymbol{I}$
恒定电场弹性系数 $\boldsymbol{c}^{\mathrm{E}}$	恒定磁场弹性系数 $\boldsymbol{c}^{\mathrm{H}}$
压电应力常数 $\boldsymbol{e}$	磁致伸缩应变常数 $\tilde{\boldsymbol{e}}$
恒定应变介电系数 $\boldsymbol{\varepsilon}^{\mathrm{S}}$	恒定应变磁导率系数 $\boldsymbol{u}^{\mathrm{S}}$

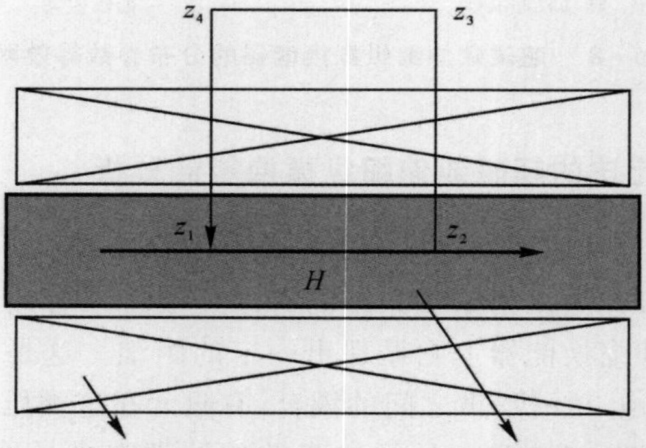

图 6-9　描述广义位移 A 的物理意义示意图

我们先来看式(6.26)中 $\boldsymbol{A}$ 的含义。在第 5 章压电耦合问题的式(5.29)中，广义位移向量的元素 U 表示 z_1 和 z_2 两点间的电势差，即

$$U=\int_{z_1}^{z_2}E\mathrm{d}l \tag{6.27}$$

式(6.27) 与磁致伸缩耦合问题进行比拟，式(6.26) 中的广义位移向量对应元素 A 也应该存在类似的数学关系，即

$$A=\int_{z_1}^{z_2} H\mathrm{d}l \tag{6.28}$$

根据图 6－9，磁场强度 H 的环路定理可表示为

$$\oint_l H\mathrm{d}l=\int_{z_1}^{z_2} H\mathrm{d}l+\int_{z_2}^{z_3} H\mathrm{d}l+\int_{z_3}^{z_4} H\mathrm{d}l+\int_{z_4}^{z_1} H\mathrm{d}l=nI \tag{6.29}$$

式中：nI 为回路内的安匝数。由于$\int_{z_2}^{z_3} H\mathrm{d}l+\int_{z_3}^{z_4} H\mathrm{d}l+\int_{z_4}^{z_1} H\mathrm{d}l \ll \int_{z_1}^{z_2} H\mathrm{d}l$，于是式(6.28) 可写为

$$A=\int_{z_1}^{z_2} H\mathrm{d}l \approx nI \tag{6.30}$$

式(6.30) 说明：A 的物理含义可解释成磁致伸缩棒 z_1 和 z_2 两点间的励磁线圈安匝数。

我们再来看式(6.26) 中 $\boldsymbol{\phi}$ 的含义。在第 5 章压电耦合问题的式(5.29) 中，广义力向量的元素 Q 表示积累的自由电荷，根据有电介质的高斯定理

$$Q=\oiint_\sigma D\mathrm{d}\sigma \tag{6.31}$$

式(6.31) 与磁致伸缩耦合问题进行比拟，式(6.26) 中的广义力向量的对应元素 Φ 有如下关系：

$$\Phi=\oiint_\sigma B\mathrm{d}\sigma \tag{6.32}$$

式(6.32) 清楚地说明了 Φ 的物理含义，它表示穿过截面 σ 的磁通量。

在明确了 $\boldsymbol{A}$ 和 $\boldsymbol{\Phi}$ 的物理含义后，就可以根据表 6－1 所示的电学和磁学间的等效关系，通过 ANSYS 中的压电单元来处理磁致伸缩问题。如果超磁致伸缩换能器受到电流 I 的激励，其线圈上的电压为

$$U=\frac{\partial\Phi}{\partial t} \tag{6.33}$$

此时，换能器的阻抗可表示为

$$Z=Z_0+\frac{\dfrac{\partial\Phi}{\partial t}}{I} \tag{6.34}$$

式中：Z_0 为换能器的静态阻抗。

通过这种压电－压磁比拟法，还可以在 ANSYS 中分析超磁致伸缩换能器的其他性能，具体可参看第 5 章。

6.3　超磁致伸缩纵振换能器的磁场问题

超磁致伸缩换能器除上面的振动系统外，还涉及磁场问题，其部件包括线圈、骨架、超磁致伸缩棒、永磁体、磁回路、磁屏蔽等。对于换能器而言，我们具体关心磁路的设计和超磁致伸缩棒的涡流损耗。这类磁场优化问题是决定超磁致伸缩换能器性能的重要因素。本节主要讨论应用有限元法处理该类问题的理论和方法，其具体思想和原理是，将所处理的对象首先划分成有限个单元(包含若干节点)，然后根据矢量磁位和标量电位求解一定边界条件和初始条件下每一个节点处的磁势或电势，继而进一步求解出其他相关量，如涡流、磁通密度、损耗等。

电磁场是一种特殊的物质形态，对电磁场宏观性质进行描述的是 Maxwell 方程，对于似稳电磁场[114]，Maxwell 方程的微分形式可以表示为

$$\left.\begin{aligned} \nabla\times\boldsymbol{H}&=\boldsymbol{J}\\ \nabla\times\boldsymbol{E}&=-\frac{\partial\boldsymbol{B}}{\partial t}\\ \nabla\cdot\boldsymbol{B}&=0 \end{aligned}\right\}\tag{6.35}$$

普遍地，还存在关系式 $\boldsymbol{D}=\boldsymbol{\varepsilon}\boldsymbol{E}$，$\boldsymbol{B}=\boldsymbol{\mu}\boldsymbol{H}$，$\boldsymbol{J}=\boldsymbol{\sigma}\boldsymbol{E}$。

式中：$\boldsymbol{H}$ 为磁场强度；$\boldsymbol{B}$ 为磁感应强度(磁通密度)；$\boldsymbol{D}$ 为电位移；$\boldsymbol{E}$ 为电场强度；$\boldsymbol{J}$ 为电流密度；$\boldsymbol{\varepsilon}$ 为介电常数；$\boldsymbol{\sigma}$ 为电导常数。

在解决实际问题中，直接求解 Maxwell 方程往往是比较困难的，通常的做法是引入不同的位函数，建立以位函数为未知变量的偏微分方程，从而将磁场求解问题转换成位函数的求解问题[115]。实际中常用的位函数有两类，即矢量磁位和标量磁位。究竟选择哪种位函数，需要根据场的动态性、场的维数、源电流形状、求解区域和离散化程度来决定[116]。对于一个矢量磁位 $\boldsymbol{A}$，我们关注的重点不在于它的物理意义，而在于它与其他电磁场物理量的关系。

对于一个似稳电磁场，通常需引入电磁位对($\boldsymbol{A}$，$\phi-\boldsymbol{A}$)。根据磁感应强度 $\boldsymbol{B}$ 的无散性，使新引入的矢量磁位 $\boldsymbol{A}$ 和标量电位 ϕ 满足

$$\left.\begin{aligned} \boldsymbol{B}&=\nabla\times\boldsymbol{A}\\ \boldsymbol{E}&=-\frac{\partial\boldsymbol{A}}{\partial t}-\nabla\phi \end{aligned}\right\}\tag{6.36}$$

为了确保解的唯一性，还需采用库仑规范来规定 $\boldsymbol{A}$ 的散度为零，即

$$\nabla\cdot\boldsymbol{A}=0\tag{6.37}$$

那么此时，求解磁感应强度 $\boldsymbol{B}$ 的问题就可转换成求解矢量磁位 $\boldsymbol{A}$ 了。对图

6-10 所示的超磁致伸缩棒的涡流场问题，如果在涡流区 Ω_1 内应用矢量磁位 $\boldsymbol{A}$ 和标量电位 ϕ，在非涡流区 Ω_2 内仅用矢量磁位 $\boldsymbol{A}$，综合上述式子可得，基于($\boldsymbol{A}$，$\phi-\boldsymbol{A}$) 电磁位对进行涡流场定解问题的完整表述如下

$$\left.\begin{aligned}&\nabla\times\boldsymbol{\nu}\,\nabla\times\boldsymbol{A}-\nabla\nu_e\,\nabla\cdot\boldsymbol{A}+\boldsymbol{\sigma}\,\frac{\partial\boldsymbol{A}}{\partial t}+\boldsymbol{\sigma}\,\nabla\phi-\boldsymbol{\nu}\times\boldsymbol{\sigma}\,\nabla\times\boldsymbol{A}=0\\&\nabla\cdot\left(\boldsymbol{\sigma}\,\frac{\partial\boldsymbol{A}}{\partial t}-\boldsymbol{\sigma}\,\nabla\phi+\boldsymbol{\nu}\times\boldsymbol{\sigma}\,\nabla\times\boldsymbol{A}\right)=0\end{aligned}\right\}\quad \text{in}\quad \Omega_1$$

$$\nabla\times\boldsymbol{\nu}\,\nabla\times\boldsymbol{A}-\nabla\nu_e\,\nabla\cdot\boldsymbol{A}=\boldsymbol{J}_S+\nabla\times\frac{1}{\nu_0}\boldsymbol{\nu}\boldsymbol{M}_0\qquad \text{in}\quad \Omega_2 \tag{6.38}$$

式中：$\boldsymbol{M}_0$ 为本征剩余磁化矢量；$\boldsymbol{J}_s$ 为外施激励源电流密度矢量；ν 为磁阻率；ν_0 为自由空间的磁阻率；ν_e 与 ν 的迹有关，即

$$\nu_e=\frac{1}{3}\mathrm{tr}[\boldsymbol{\nu}]=\frac{1}{3}\mathrm{tr}[\boldsymbol{\nu}(1,1)+\boldsymbol{\nu}(2,2)+\boldsymbol{\nu}(3,3)]。$$

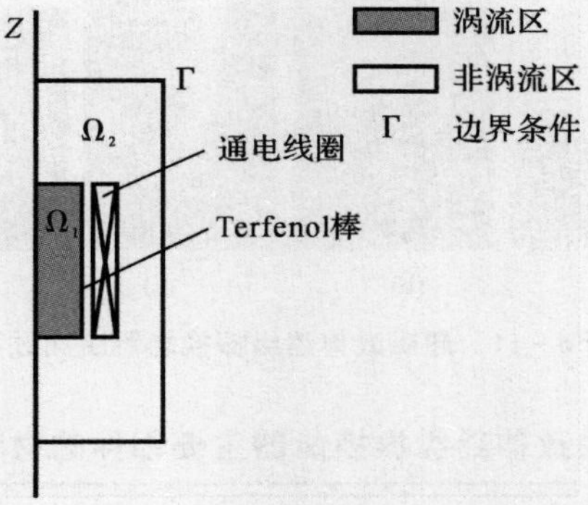

图 6-10　电磁场涡流区域模型示意图

式(6.38) 还需满足适当的边界条件[117]。

进一步地，根据 Maxwell 方程组，应用变分原理可获得电磁场分析的有限元控制方程如下

$$[\boldsymbol{C}]\begin{bmatrix}\dot{\boldsymbol{A}}\\ \dot{\kappa}\end{bmatrix}+[\boldsymbol{K}]\begin{bmatrix}\boldsymbol{A}\\ \kappa\end{bmatrix}=[\boldsymbol{P}] \tag{6.39}$$

式中：$\boldsymbol{C}$ 为阻尼矩阵，$\boldsymbol{K}$ 为刚度矩阵，$\boldsymbol{P}$ 为载荷向量。$\boldsymbol{A}$ 为矢量磁位，ANSYS 中按自由度 AX、AY、AZ 输入或输出。κ 为标量电位的积分，即 $\kappa=\int\phi\,\mathrm{d}t$，ANSYS 中按自由度 VOLT 输入或输出。

在 ANSYS 中，电磁场问题可在 Multiphysics 或 Emag 产品模块中完成，可

利用 PLANE53、SOLID97 等单元类型,进行超磁致伸缩换能器中的磁路优化分析和超磁致伸缩棒的涡流抑制分析。

实际应用表明,基于($\boldsymbol{A}$, $\phi-\boldsymbol{A}$)电磁位对的电磁场有限元法,对任何似稳场问题均能得到稳定的数值解,其边界条件施加方便,源电流的引入直接,具有较高的计算精度,该方法可有效解决磁致伸缩换能器中的磁路分析问题。

6.4 超磁致伸缩纵振换能器的分析实例

根据本章介绍的换能器结构及其设计分析方法,我们开发了一款超磁致伸缩纵振换能器,见图 6-11,其内部结构见图 6-1,各部件的材料及其尺寸见表 6-2。

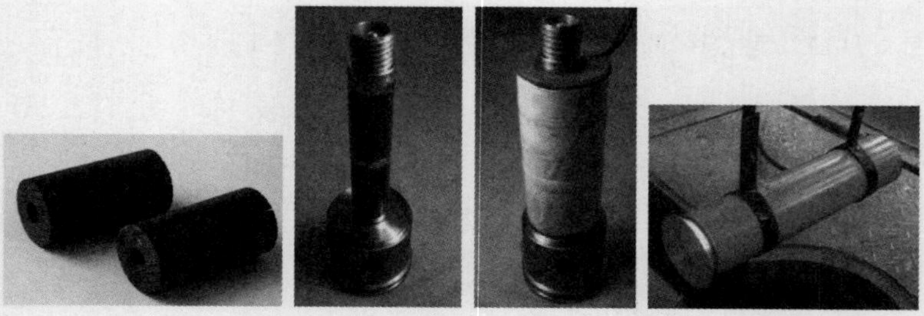

(a) (b) (c) (d)

图 6-11 超磁致伸缩纵振换能器装配过程

表 6-2 超磁致伸缩纵振换能器主要部件的材料及结构尺寸

部　件	材　料	结构形状	参数描述
前辐射头	硬铝合金	喇叭形 数量:1	辐射面直径:φ70 mm 喉部直径:φ54 mm 长度:20 mm
超磁致伸缩换棒	Terfenol-D	带孔圆柱棒型 梳状开槽结构 数量:2	外径:φ20 mm 内径:φ6 mm 单根长度:40 mm
永磁体	NdFeB	带孔薄圆片 数量:3	外径:φ20 mm 内径:φ6 mm 单片厚度:5 mm

续表

部　件	材　料	结构形状	参数描述
线圈	漆包铜线	工字骨架线圈 数量:1	匝数:682 线径:1 mm
磁回路	电工纯铁	圆柱壳体带端盖结构 数量 1	外径:φ49 mm 内径:φ43 mm 长度:97 mm 端面直径:φ49 mm 端面厚度:5 mm
预应力螺栓	无磁钢	数量:1	M5
尾质量块	无磁钢	圆柱体 数量:1	直径:φ54 mm 长度:55 mm

下面通过对上述结构换能器进行性能仿真的方式,来展示各种方法在超磁致伸缩纵振换能器设计中的应用。

6.4.1　基于等效网络法的超磁致伸缩纵振换能器分析

本节根据图 6－8 所示的等效网络,来进行超磁致伸缩纵振换能器的阻抗特性分析。由于图 6－11 所示换能器的工作频率较低,其对应波长较长,为了简化建模,省略了部分小尺寸部件,例如省略了表 6－2 中的永磁体(单片厚度 5 mm)、磁回路端面(单片厚度 5 mm)以及预应力螺栓(直径 5 mm)等。对简化后的模型,使用下面的矩阵方程进行求解

$$\begin{bmatrix} Z_1^{\mathrm{T}} & -Z_2^{\mathrm{T}} & 0 & 0 \\ -Z_2^{\mathrm{T}} & (Z_1^{\mathrm{T}}+Z_1^{\mathrm{G}}) & -Z_2^{\mathrm{G}} & 0 \\ 0 & -Z_2^{\mathrm{G}} & (Z_1^{\mathrm{G}}+Z_1^{\mathrm{H}}) & -Z_2^{\mathrm{H}} \\ 0 & 0 & -Z_2^{\mathrm{H}} & (Z_3^{\mathrm{H}}+R^{\mathrm{m}}+Z^{\mathrm{r}}) \end{bmatrix} \begin{bmatrix} \dot{\xi}_{\mathrm{a}} \\ \dot{\xi}_{\mathrm{b}} \\ \dot{\xi}_{\mathrm{c}} \\ \dot{\xi}_{\mathrm{d}} \end{bmatrix} = \begin{bmatrix} 0 \\ -\alpha U \\ \alpha U \\ 0 \end{bmatrix} \tag{6.40}$$

式中,各参数的含义参照本章 6.2 节和 3.2 节。其具体求解方法与式(3.50)类似,在求解过程中需要考虑合适的损耗电阻[118]。

图 6－12 所示即是等效网络法求解的超磁致伸缩纵振换能器的阻抗曲线。可以看出,换能器的电阻曲线在 3.19 kHz 上有明显的峰值。还可以进一步利用等效网络法求解换能器的其他性能参数,在此不再赘述。

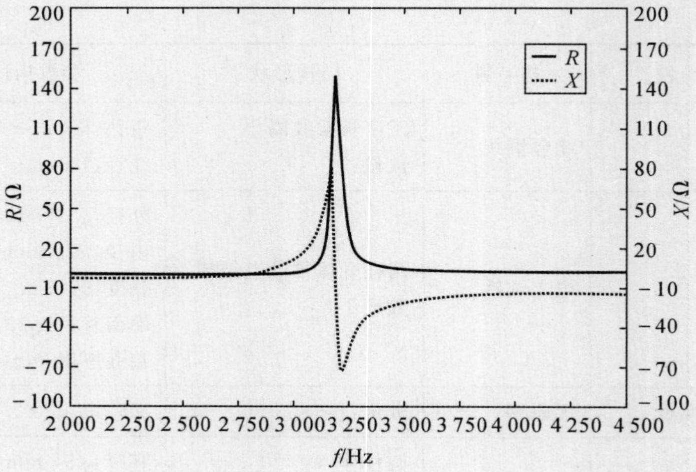

图 6-12　等效网络法求解的超磁致伸缩纵振换能器的水中阻抗曲线

6.4.2　基于有限元法的超磁致伸缩纵振换能器电声分析

下面根据压电-压磁比拟法，应用有限元分析超磁致伸缩纵振换能器的振动特性，具体分析流程见图 5-2。其中，由于超磁致伸缩材料不同于压电陶瓷的材料参数，因此下面重点介绍材料参数的问题。假设构建的超磁致伸缩纵振换能器的有限元模型是沿 Z 轴方向的。根据表 6-1 所示的压电方程和压磁方程各参数间的对应关系，同时参考表 5-1 所示的不同极化方向压电陶瓷材料参数系数矩阵(按 ANSYS 标准排序)，需要在 ANSYS 的材料参数指定过程中，按表 6-3 所示的格式输入，从而以参数比拟的方式完成超磁致伸缩材料的性能参数定义。

表 6-3　压电-压磁比拟法中超磁致伸缩材料的参数
(按 ANSYS 标准排序，Z 方向)[119]

变　量	参　数
密度 $\rho/(\mathrm{kg\cdot m^{-3}})$	9 250
恒定磁场弹性系数 c^{H} ($\times 10^{10}\ \mathrm{N\cdot m^{-2}}$)	$\begin{bmatrix} 3.59 & 1.77 & 2.33 & 0 & 0 & 0 \\ 1.77 & 3.59 & 2.33 & 0 & 0 & 0 \\ 2.33 & 2.33 & 4.65 & 0 & 0 & 0 \\ 0 & 0 & 0 & 0.91 & 0 & 0 \\ 0 & 0 & 0 & 0 & 0.42 & 0 \\ 0 & 0 & 0 & 0 & 0 & 0.42 \end{bmatrix}$

续表

变　量	参　数
磁致伸缩应力系数 $\tilde{e}$	$\begin{bmatrix} 0 & 0 & -32.63 \\ 0 & 0 & -32.63 \\ 0 & 0 & 195.35 \\ 0 & 0 & 0 \\ 0 & 68.75 & 0 \\ 68.75 & 0 & 0 \end{bmatrix}$
恒定应变磁导率系数 $\dfrac{\boldsymbol{u}^{S}}{u_0}$	$\begin{bmatrix} 7.20 & 0 & 0 \\ 0 & 7.20 & 0 \\ 0 & 0 & 1.46 \end{bmatrix}$，其中 $u_0 = 4\pi \times 10^{-7}(\mathrm{H \cdot m^{-1}})$
	这里需要指出的是，在应用压电压磁比拟法时，需要将压电分析中的真空介电系数 ε_0 更改为真空磁导率 u_0

接下来采用与压电换能器相同的单元类型进行建模。在这个过程中，无须进行过度的部件删减，而是按照部件对换能器振动特性的贡献尽可能地保留部件，完成建模。图 6－13 所示的有限元模型则真实地反映了换能器的结构和尺寸。这种更接近于实际的有限元模型将带来更可靠的性能分析。

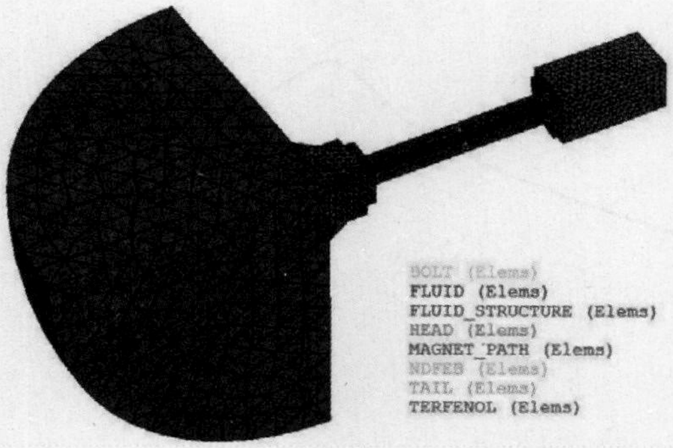

图 6－13　超磁致伸缩纵振换能器有限元模型(水中，1/4 对称结构)

图 6－14 所示是有限元法求解的超磁致伸缩纵振换能器的水中阻抗曲线。可以看出，换能器的电阻曲线在 3.25 kHz 上有明显的峰值。图 6－15 所示为有限元法求解的超磁致伸缩纵振换能器的水中 TCR 曲线，曲线显示换能器在

3.25 kHz 上具有 183.7 dB 的发射电流响应级。图 6-16 和图 6-17 分别是换能器在 3.25 kHz 上的振型云图和矢量云图。云图显示换能器产生了沿纵向的振动，中部节面处位移最小，换能器的前辐射端面处的振动最强烈，这是换能器前后质量差所导致的。这说明换能器将尽可能多地从前辐射端面向外辐射声能量。应用有限元法还可分析超磁致伸缩纵振换能器的更多特性，在此不再赘述。

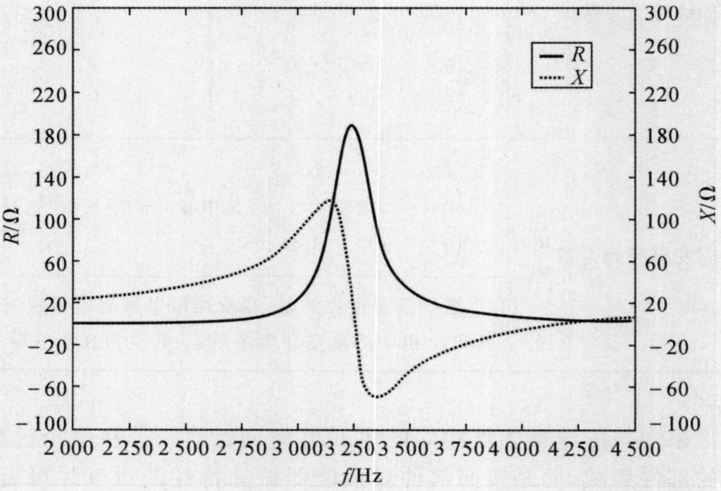

图 6-14　有限元法求解的超磁致伸缩纵振换能器的水中阻抗曲线

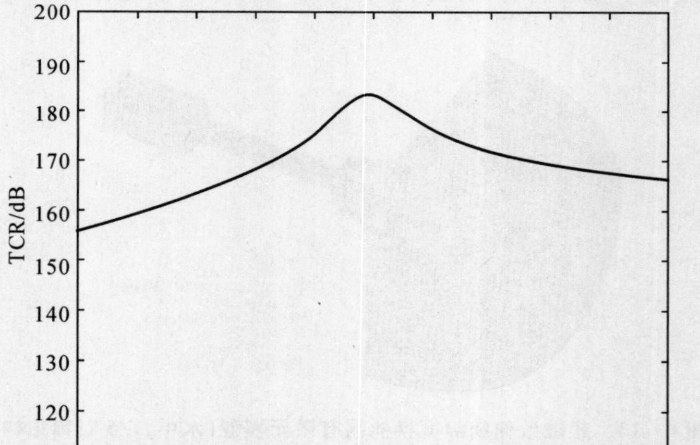

图 6-15　有限元法求解的超磁致伸缩纵振换能器的发射电流响应级

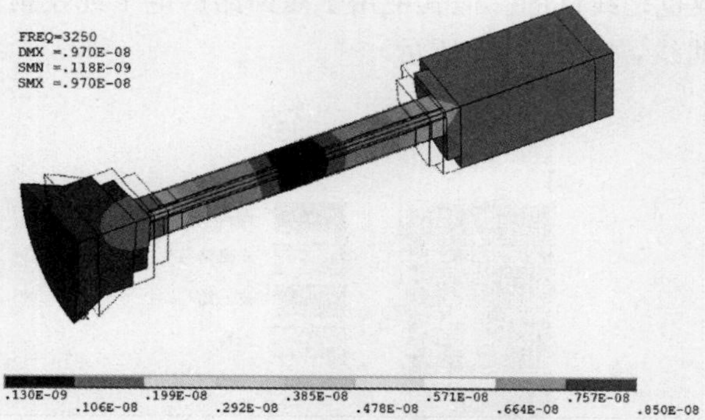

图 6 - 16　有限元法求解的超磁致伸缩纵振换能器的振型云图(3.25 kHz)

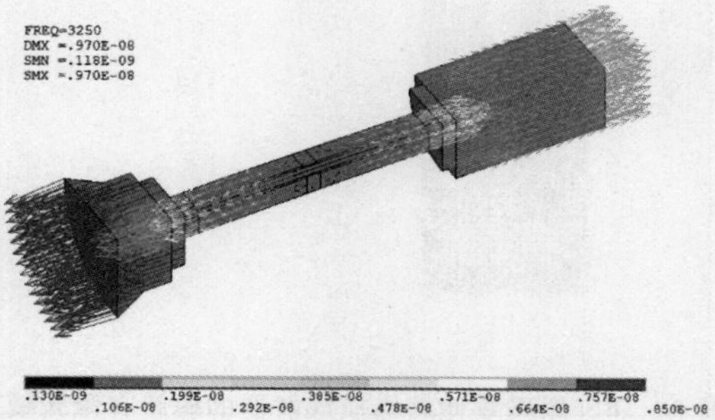

图 6 - 17　有限元法求解的超磁致伸缩纵振换能器的振型矢量云图(3.25 kHz)

6.4.3　基于有限元法的超磁致伸缩纵振换能器磁路分析

我们根据 6.3 节介绍的有限元法来分析超磁致伸缩换能器的磁路问题，重点关注超磁致伸缩棒中的磁场分布。根据换能器的结构示意图(见图 6 - 1)，磁路问题的模型应至少包括超磁致伸缩棒(2 根)、永磁体(3 片)、磁回路(圆筒＋端盖)和线圈等，各部分尺寸见表 6 - 2。图 6 - 18 所示为换能器磁路的有限元模型，由于实际中磁路是以换能器纵轴线为对称轴的，所以本书构建的是轴对称平面模型。

在该模型中是有永磁体存在的，因此描述电磁物质属性的本构方程应该写为

$$\boldsymbol{B} = \boldsymbol{\mu}\boldsymbol{H} + \mu_0 \boldsymbol{M}_0 \tag{6.41}$$

式中：$\boldsymbol{M}_0$ 是本征剩余磁化矢量。

在整个有限元计算中，本书根据超磁致伸缩换能器的线性假设，认为各部件

的电磁性能参数也是线性的。但其中用于磁回路的电工纯铁则需要输入非线性关系的 $B-H$ 曲线，如图 6-19 所示。

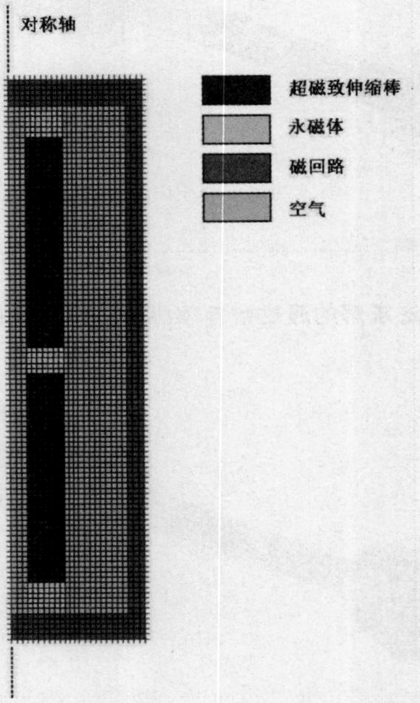

图 6-18　超磁致伸缩纵振换能器的磁路有限元模型

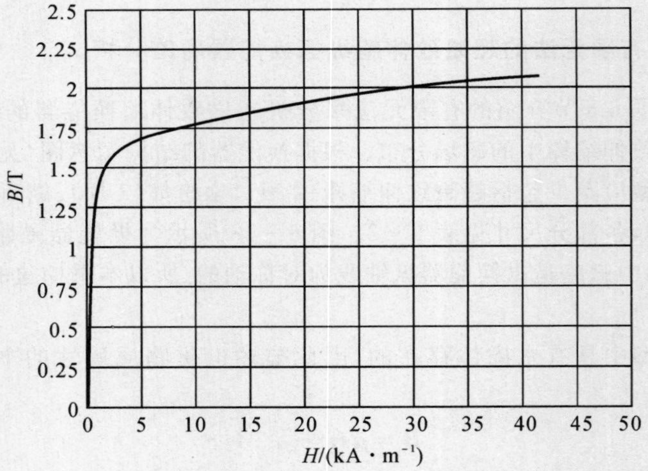

图 6-19　电工纯铁的 $B-H$ 特性曲线[120]

下面参照图 6－5 的结构，分析几种不同的偏置磁场施加方式的效果。图 6－20 所示是通过 3 片永磁体为两根超磁致伸缩棒施加偏置磁场的分段结构示意图、超磁致伸缩棒的磁场分布以及磁回路的磁力线分布。图 6－21 和图 6－22 分别是不分段结构和直流线圈施加方式。从结果来看，3 种施加方式都能在超磁致伸缩棒中产生一定的偏置磁场，其磁力线也基本沿各自的磁回路分布，但每种结构的均匀性存在差别。本节的磁路设计目标是使得超磁致伸缩棒的偏置磁场保持在 42 kA/m 左右，但实际中不可避免地会产生不均匀性。其中，分段结构可在超磁致伸缩棒中约 80.54％的区域中产生 35～70 kA/m 的偏置磁场分布强度；不分段结构的不均匀性加重，其磁场分布从 14～160 kA/m 不等，只有 26.43％的区域保持在 35～70 kA/m 的范围内，超过一半的区域是低于 35 kA/m 的；而直流线圈的方式产生的偏置磁场最均匀，超过 91％的区域中保持在 35～50 kA/m 的范围内。3 种方式在超磁致伸缩棒中的偏置磁场分布区域占比如图 6－23 所示。具体统计数据见表 6－4。

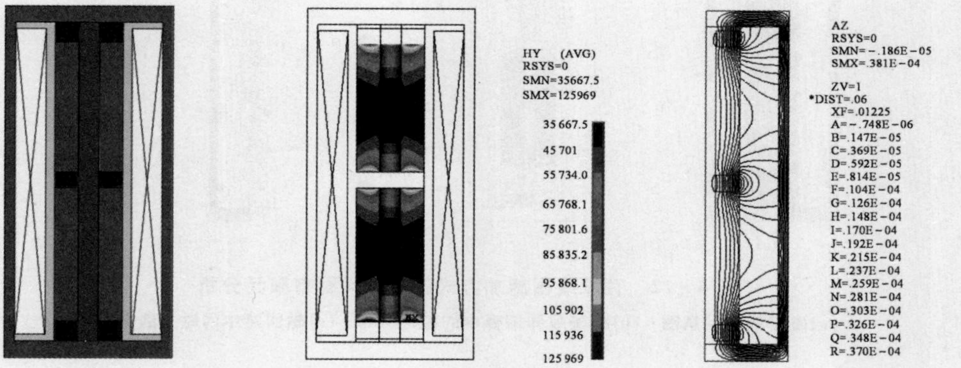

(a)　　(b)　　(c)

图 6－20　分段结构的磁路问题有限元分析

(a)磁路结构示意图；

(b)超磁致伸缩棒中的磁场分布；

(c)磁回路中的磁力线分布

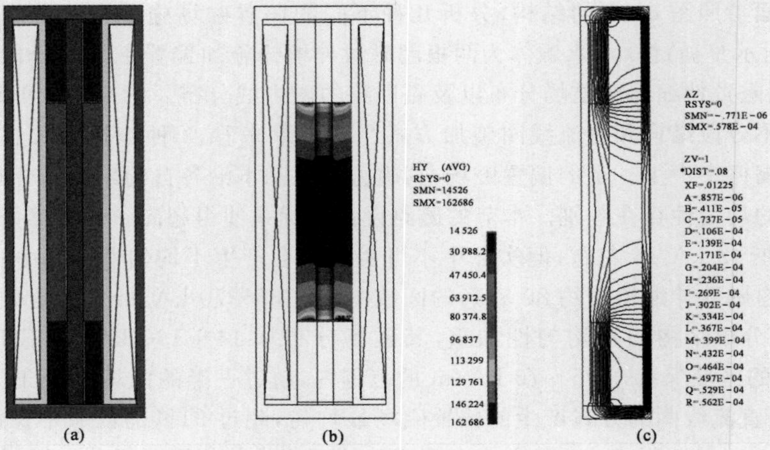

图 6-21　不分段结构的磁路问题有限元分析

(a)磁路结构示意图；(b)超磁致伸缩棒中的磁场分布；(c)磁回路中的磁力线分布

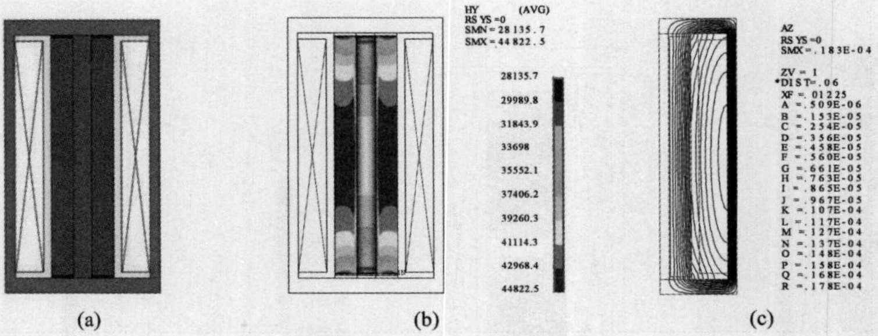

图 6-22　直流线圈施加方式的磁路问题有限元分析

(a)磁路结构示意图；(b)超磁致伸缩棒中的磁场分布；(c)磁回路中的磁力线分布

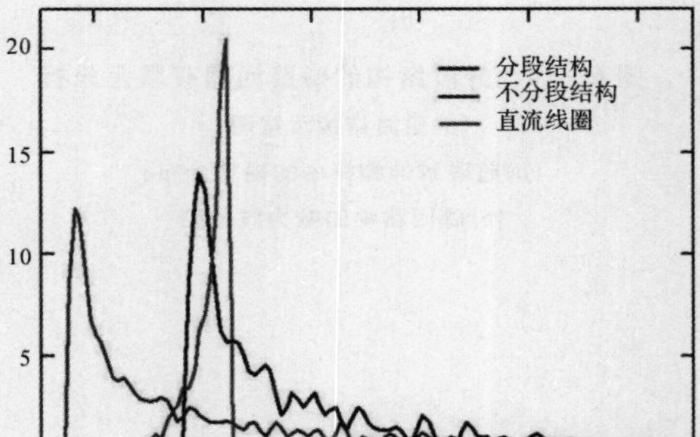

图 6-23　3 种方式在超磁致伸缩棒中的偏置磁场分布区域占比

表 6-4　3 种不同磁路结构的分析结果对比

	超磁致伸缩棒尺寸/mm	永磁体尺寸/mm	标准差	平均 MFI①/($A\cdot m^{-1}$)	最小 MFI/($A\cdot m^{-1}$)	最大 MFI/($A\cdot m^{-1}$)
分段结构	($\varphi20\times\varphi6\times40$)$\times$2 pcs②	($\varphi20\times\varphi6\times5$)$\times$3 pcs	20 835	56 112	35 668	125 969
不分段结构	($\varphi20\times\varphi6\times80$)$\times$1 pcs	($\varphi20\times\varphi6\times30$)$\times$2 pcs	34 520	46 105	14 526	162 686
直流线圈方式	($\varphi20\times\varphi6\times80$)$\times$1 pcs		3 814	40 566	28 136	44 822

从 3 种磁路结构中的磁力线分布来看，直流线圈在超磁致伸缩棒中的磁力线分布最均匀，分段结构次之，不分段结构的磁力线分布均匀性最差。

从磁路问题的分析结果来看，直流线圈的表现最优，但实际中还是需要谨慎选择。这是由于直流线圈产生期望的偏置磁场时，线圈需要持续通过较大的直流电，这将导致线圈迅速升温，其散热将引发一系列的工程问题。因此，在实际工程中，一般还是采用分段结构的居多。

6.4.4　基于有限元法的超磁致伸缩棒涡流分析

在超磁致伸缩换能器应用中，超磁致伸缩棒将伴随交变磁场产生涡流，并进一步产生热损耗。这种热损耗将对换能器的性能产生一定的影响，因此我们一般会通过切片或开槽的方式对其涡流进行抑制。长期以来，进行涡流场的有效计算是比较困难的，一个简单的工程计算方法是根据趋肤深度 δ 与工作频率 f 的关系来进行，即

$$\delta=\sqrt{\frac{1}{\mu\sigma\pi f}} \tag{6.42}$$

式中：μ 为磁导率；σ 为电导率。

下面我们应用有限元中的矢量磁位法来分析超磁致伸缩棒中的涡流问题。在其有限元模型中，指定超磁致伸缩棒为涡流区，设置为磁实体矢量单元 SOLID97，并确定单元选项 KEYOPT(1)＝1，使其激活涡流区的 AX、AY、AZ 和 VOLT 自由度，同时需指定超磁致伸缩棒的磁导率和电阻率（60×10^{-8} Ω·m）[121]。另外，还需要使用命令（DA,,ASYM）来设置外表面 Γ 满足磁力线平行

① 注：MFI 表示偏置磁场强度。

② pcs：pieces 的缩写，“个”“件”的意思。

边界条件。然后指定线圈的电流激励载荷,由于线圈中的电流为一恒定的交变电流,其值不受外界影响,因此可使用命令(BFE,,JS)直接把电流密度施加到单元上。电流密度JS可根据下式确定:

$$\mathrm{JS}=\frac{nI}{S} \tag{6.43}$$

式中:n 为线圈匝数;I 为每匝中的电流;S 为线圈横截面积。

图6-24所示为有限元分析的梳状开槽结构、单开槽结构和圆管结构的涡流分布情况。其中,单开槽结构与圆管结构的涡流区沿半径方向的厚度相同,但其涡流回路长度不同。单开槽结构因涡流回路长度增长使其涡流损耗增加了20%;而对于梳状开槽结构,尽管其涡流回路长度变长,但薄片结构带来了显著的趋肤效应的变化,最终使其涡流损耗相对于圆管结构降低了78.5%。因此,梳状开槽方式或切片结构对抑制涡流是有效的。其不足之处在于它影响了超磁致伸缩棒的机械强度。现在通常的做法是在开槽处灌注环氧,这样可在保证电气绝缘的同时改善开槽结构的机械强度。

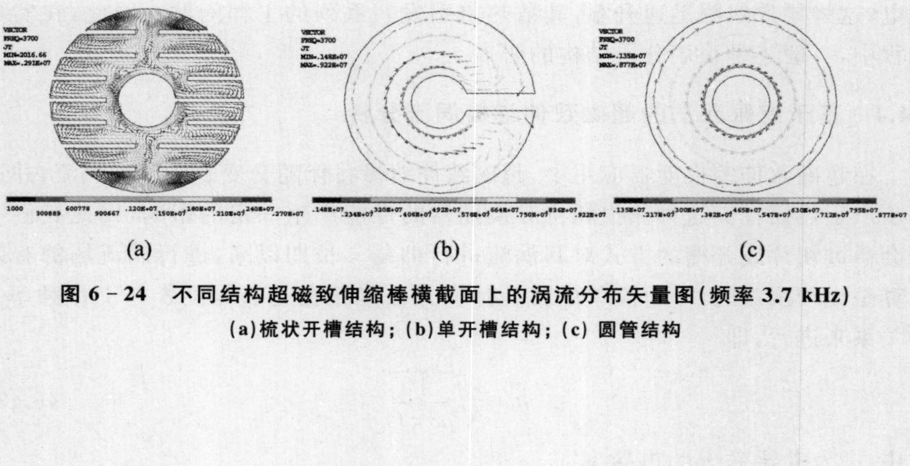

(a) (b) (c)

图6-24 不同结构超磁致伸缩棒横截面上的涡流分布矢量图(频率3.7 kHz)

(a)梳状开槽结构;(b)单开槽结构;(c)圆管结构

第 7 章　换能器阵列

7.1　换能器阵列概述

水声换能器阵列(Underwater Transducer Array)是由若干个水声换能器按一定的规律排列而成,用来实现期望的声学性能,简称阵(Array)。其中,单个换能器称为阵元(Array Element)。换能器阵列的理论包括换能器技术和阵列信号处理技术,其研究一直是声呐技术的重要组成部分。自第二次世界大战以来,为了适应近代海战的需要,人们对声呐性能的要求也大大提高,要求声呐获得更远的探测距离、更高的搜索率和更好的定向准确度[122]。早期基于机械旋转方式的探照灯式声呐已不能满足这种需求,进而近代声呐慢慢发展成由许多一致性较好的换能器构成的阵列,从而实现了期望的功能和性能。相对于单个换能器而言,换能器阵列具有如下优势。

(1)对于声波发射来说,阵列形式成倍提高了发射功率,形成的指向性辐射声场实现了一定空间区域内的声能量集中,同时通过阵列还可实现对发射波束的控制。

(2)对于声波接收来说,阵列形式实现了对水下目标的定向功能,形成的指向性辐射声场可以有效地抑制噪声,提高信噪比。

本质上讲,阵列的上述功能优势均来自于阵列的指向性特性。阵列的指向性描述的是,在阵列辐射的远声场中,声压随方位角度变化的规律,定义为不同方位的声压与阵列最大响应方向上的声压的比值,即

$$D(\alpha,\theta)=\frac{|p(\alpha,\theta)|}{|p(\alpha_0,\theta_0)|} \tag{7.1}$$

阵列的指向性是各阵元辐射声波在自由场远场区干涉叠加的结果[123]。在近场区,辐射声场的声压分布是杂乱的,没有规律的,称为 Fresnel 区;只有在远场区,才能形成有规律的声压分布,称为 Fraunhofer 区,如图 7-1 所示。阵列的指向性描述的是阵列辐射的远声场属性。

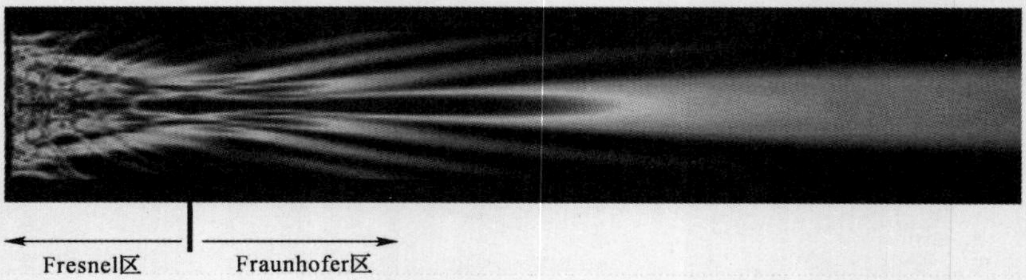

图 7-1　水声换能器阵列辐射声场分布(Fresnel 区和 Fraunhofer 区)

对于发射阵列来说,到达远场区的发射声波可看作是相互平行的声线。在不同方位处,各声波以不同的相位进行干涉,使得叠加后的声压幅值随空间方位角呈规律性变化;对于接收阵列来说,来自于远场区的声波也可近似看作一束平行声线,每个阵元接收表面上的所有声线干涉叠加后,被阵元感知并输出电压,所以各个阵元接收电压的叠加就是声波叠加的真实反映,并且其叠加结果是随空间方位角呈规律性变化的。如果阵列换能器是互易的,那么根据换能器及声场的互易性,同一阵列的发射指向性和接收指向性是相同的。

影响阵列的指向性因素包括阵列阵型、工作频率、声介质、阵元的辐射面形状及其振动分布等,其中阵列阵型是主要影响因素。阵列阵型不同,形成的辐射声场也不相同,阵列实现的功能和性能也不相同。一般较为常用的阵型有线列阵、圆阵、平面阵、圆柱阵、球壳阵、共形阵以及体积阵等。纵振换能器则是实现上述阵列阵型的首选阵元类型。在阵列阵型结合信号处理技术后,又发展出众多的新型阵列,如加权阵、乘积阵、综合孔径阵、恒定束宽阵、参量阵、相控阵以及自适应阵等。对上述阵列一般会从两个技术层面进行研究,一是换能器及其成阵技术,二是阵列信号处理技术[124]。本章着重讨论第一层面的技术。

7.2　常见换能器阵列

7.2.1　线列阵

线列阵是一种最为常见的阵列形式,图 7-2 所示是一个 N 元等间隔线列阵,其远声场区的辐射声场,就是所有阵元辐射声波的叠加结果。假设每个阵元都是无指向性的点元,第 n 号阵元在远场区的声压可以表示为

$$p_n(r,\theta,t)=\frac{A}{r_n}\mathrm{e}^{\mathrm{j}(\omega t-kr_n)} \tag{7.2}$$

式中:θ 为方位角;r 为原点到远场点的距离;$r_n=r-(n-1)d\sin\theta$ 为每个阵元

到远场点的距离；A 为常数；$\omega=2\pi f$ 为角频率；f 为频率；$k=2\pi/\lambda$ 为波数；λ 为波长。

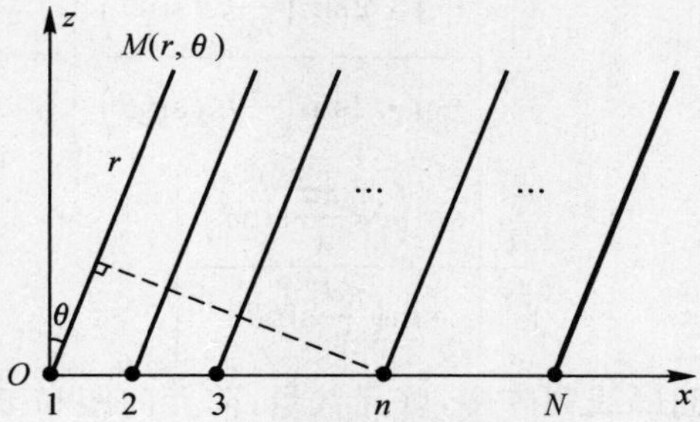

图 7-2 N 元等间隔线列阵

在远场条件下，每个阵元相对于 1 号阵元产生的声程差 $(n-1)d\sin\theta$ 是不同的，该声程差在幅度上引起的差别是微小的，可以忽略不计，但在相位上引起的差别是不能忽略的。此时，N 个阵元在远场区的合成声压为

$$p(r,\theta,t)=\sum_{n=1}^{N}p_n(r,\theta,t)=\sum_{n=1}^{N}\frac{A}{r}\mathrm{e}^{\mathrm{j}(\omega t-kr_n)} \tag{7.3}$$

根据式(7.1) 的定义，N 元等间隔线列阵的指向性函数可表示为

$$D(\theta)=\frac{|p(r,\theta,t)|}{|p(r,\theta_0,t)|}=\frac{\left|\sum\limits_{n=1}^{N}\frac{A}{r}\mathrm{e}^{\mathrm{j}(\omega t-kr_n)}\right|}{\left|\sum\limits_{n=1}^{N}\frac{A}{r}\mathrm{e}^{\mathrm{j}(\omega t-kr)}\right|}=\frac{\left|\mathrm{e}^{\mathrm{j}k(n-1)d\sin\theta}\right|}{N} \tag{7.4}$$

利用等比数列的求和公式，可得

$$\begin{aligned}D(\theta)=&\frac{1}{N}\left|\frac{1-\mathrm{e}^{\mathrm{j}Nkd\sin\theta}}{1-\mathrm{e}^{\mathrm{j}kd\sin\theta}}\right|=\\&\frac{1}{N}\left|\frac{\mathrm{e}^{\mathrm{j}\frac{N}{2}kd\sin\theta}}{\mathrm{e}^{\mathrm{j}\frac{1}{2}kd\sin\theta}}\cdot\frac{\mathrm{e}^{-\mathrm{j}\frac{N}{2}kd\sin\theta}-\mathrm{e}^{\mathrm{j}\frac{N}{2}kd\sin\theta}}{\mathrm{e}^{-\mathrm{j}\frac{1}{2}kd\sin\theta}-\mathrm{e}^{\mathrm{j}\frac{1}{2}kd\sin\theta}}\right|=\\&\frac{1}{N}\left|\mathrm{e}^{\mathrm{j}\frac{N-1}{2}kd\sin\theta}\right|\cdot\left|\frac{\mathrm{e}^{-\mathrm{j}\frac{N}{2}kd\sin\theta}-\mathrm{e}^{\mathrm{j}\frac{N}{2}kd\sin\theta}}{\mathrm{e}^{-\mathrm{j}\frac{1}{2}kd\sin\theta}-\mathrm{e}^{\mathrm{j}\frac{1}{2}kd\sin\theta}}\right|=\\&\frac{1}{N}\left|\frac{\mathrm{e}^{-\mathrm{j}\frac{N}{2}kd\sin\theta}-\mathrm{e}^{\mathrm{j}\frac{N}{2}kd\sin\theta}}{\mathrm{e}^{-\mathrm{j}\frac{1}{2}kd\sin\theta}-\mathrm{e}^{\mathrm{j}\frac{1}{2}kd\sin\theta}}\right|\end{aligned} \tag{7.5}$$

根据欧拉公式，有 $\mathrm{e}^{-\mathrm{j}\theta}-\mathrm{e}^{\mathrm{j}\theta}=-\mathrm{j}\cdot 2\sin\theta$，此时式(7.5) 可以写成

$$D(\theta)=\frac{1}{N}\left|\frac{1-e^{jNkd\sin\theta}}{1-e^{jkd\sin\theta}}\right|=$$
$$\frac{1}{N}\left|\frac{-j\cdot 2\sin\left(\frac{N}{2}kd\sin\theta\right)}{-j\cdot 2\sin\left(\frac{1}{2}kd\sin\theta\right)}\right|= \tag{7.6}$$
$$\frac{1}{N}\left|\frac{\sin\left(N\frac{\pi d}{\lambda}\sin\theta\right)}{\sin\left(\frac{\pi d}{\lambda}\sin\theta\right)}\right|$$

在上述 N 元等间隔线列阵中，阵元数量、阵元间距和工作频率是影响指向性函数的主要因素。图 7-3 所示是等间隔线列阵的指向性图($N=10, d=1.5\lambda$)。在该例中，出现了主瓣、旁瓣和栅瓣。主瓣汇聚了阵列的大部分声能量，是我们要利用的阵列波束，一般用波束宽度或方向锐度角来描述其尖锐程度；旁瓣分散了一部分的声能量，一般用旁瓣级来描述其相对于主瓣的大小；可能出现的栅瓣，则会引起发射声能量的泄露，或是引起探测目标方位上的混淆，因此，在指向性图中应避免栅瓣的出现。

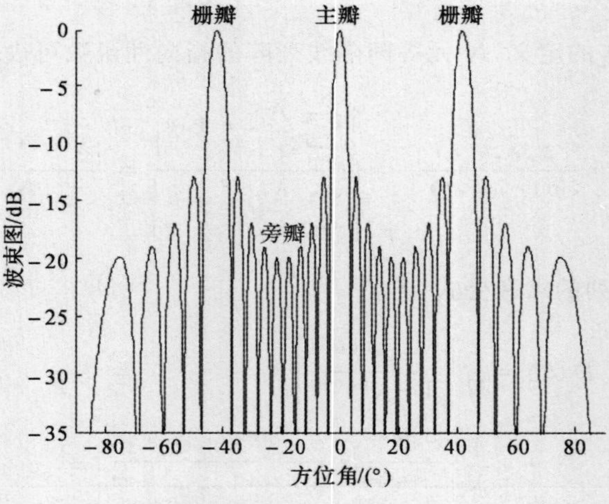

图 7-3　等间隔线列阵的指向性图($N=10, d=1.5\lambda$)

下面我们分别来看一下 N 元等间隔线列阵主瓣、旁瓣和栅瓣的特点。(1) 主瓣。波束宽度描述了指向性图中主瓣的尖锐程度。波束宽度的值直接反映了阵列的方位分辨能力。指向性函数中主极大值两侧各下降到 $1/\sqrt{2}$（约 0.707，也就是 -3 dB）处所对应的夹角定义为 -3 dB 波束宽度 $\Theta_{-3\text{ dB}}$，也称为半功率点波束宽

度。根据定义，将式(7.6)写为

$$\frac{1}{N}\left|\frac{\sin\left[N\,\frac{\pi d}{\lambda}\sin\left(\frac{\Theta_{-3\text{ dB}}}{2}\right)\right]}{\sin\left[\frac{\pi d}{\lambda}\sin\left(\frac{\Theta_{-3\text{ dB}}}{2}\right)\right]}\right|=\frac{1}{\sqrt{2}} \tag{7.7}$$

令 $\frac{\pi d}{\lambda}\sin\frac{\Theta_{-3\text{ dB}}}{2}=x$，则有

$$\sin(Nx)=0.707N\sin x \tag{7.8}$$

利用正弦函数的级数展开式 $\sin x=x-\frac{1}{3!}x^3+\frac{1}{5!}x^5+\cdots$，式(7.8)可近似写为

$$Nx-\frac{1}{3!}(Nx)^3\approx 0.707Nx \tag{7.9}$$

求解式(7.9)可得 $Nx\approx 1.33$，即

$$N\,\frac{\pi d}{\lambda}\sin\frac{\Theta_{-3\text{ dB}}}{2}\approx 1.33 \tag{7.10}$$

再次求解，可得 N 元等间隔线列阵的 -3 dB 波束宽度为

$$\Theta_{-3\text{ dB}}=2\arcsin\left(0.42\,\frac{\lambda}{Nd}\right) \tag{7.11}$$

可见，阵列的 $\Theta_{-3\text{ dB}}$ 与阵元数量、阵元间距和工作频率有关。

除了 -3 dB 波束宽度外，主瓣的尖锐程度还可以通过锐度角来描述。方向锐度角 Θ_0 是指主瓣两侧的第一个零点所对应的夹角，也就是整个主瓣所占的空间角度。根据式(7.6)，当指向性函数的分子为零，但分母不为零时，指向性函数出现零点，各个零点的位置可表示为

$$\theta=\arcsin\left(\pm m\,\frac{\lambda}{Nd}\right)\quad (m=1,2,\cdots \text{ 且 } m\neq N \text{ 的整数倍}) \tag{7.12}$$

根据定义，主瓣旁第 1 零点(即 $m=1$)时所对应的角度即为方向锐度角

$$\Theta_0=2\arcsin\left(\frac{\lambda}{Nd}\right) \tag{7.13}$$

(2) 旁瓣。旁瓣的高度反映了发射阵列的能量分散程度或描述接收阵列的抗干扰能力，它在数量上用旁瓣级来描述。旁瓣级是旁瓣幅值的分贝表示，一般借第一旁瓣来定义旁瓣级。最高旁瓣决定了指向性图的波束分布情况。各旁瓣的位置可通过相邻两个零点夹角的分角线来近似获得。根据式(7.12)，第 m 个旁瓣的位置为

$$\theta=\arcsin\left[\left(m+\frac{1}{2}\right)\frac{\lambda}{Nd}\right]\quad (m=1,2,\cdots,N-1) \tag{7.14}$$

将式(7.14)代入式(7.6),可得对应的旁瓣高度为

$$D(\theta)=\left|\frac{1}{N\sin\left[\left(m+\frac{1}{2}\right)\frac{\pi}{N}\right]}\right| \quad (m=1,2,\cdots,N-1) \tag{7.15}$$

第一旁瓣的分贝表示,即 $m=1$ 时,有

$$20\lg[D(\theta)]=20\lg\frac{1}{\left|N\sin\left(\frac{3\pi}{2N}\right)\right|} \tag{7.16}$$

等间隔线列阵的旁瓣在主瓣两侧呈对称分布,且单侧旁瓣高度依次降低。第一旁瓣也是最大的旁瓣,其高度决定了所有旁瓣的走势。从式(7.16)可以看出,等间隔线列阵的最大旁瓣级仅与阵元个数有关,并随着阵元个数的增加而减小。当 N 较大时,最大旁瓣级近似为

$$20\lg\frac{1}{\left|N\sin\left(\frac{3\pi}{2N}\right)\right|}\approx 20\lg\frac{1}{\left|N\cdot\frac{3\pi}{2N}\right|}=20\lg\left(\frac{2}{3\pi}\right)=-13.5\text{ dB} \tag{7.17}$$

(3) 栅瓣。栅瓣出现的原因在于指向性函数 $D(\theta)$ 是 $\frac{\pi d}{\lambda}\sin\theta$ 的周期性函数,从而导致指向性函数会在不同的 θ 方向上重复出现极大值。当式(7.6)的分子、分母同时为零时,即

$$\frac{\pi \mathrm{d}}{\lambda}\sin\theta=\pm m\pi \quad (m=0,1,\cdots) \tag{7.18}$$

$$\theta=\arcsin\left(\pm m\,\frac{\lambda}{d}\right) \quad (m=0,1,\cdots) \tag{7.19}$$

此时,指向性函数取得极大值。当 $m=0$ 时,对应的 $\theta=0^\circ$ 即主瓣方向;当 $m=1,2,\cdots$ 时,对应的一系列 θ 即为栅瓣方向。

下面讨论避免栅瓣出现的条件。

对线列阵来说,其指向性具有轴对称性。我们考虑 $-\pi/2\sim\pi/2$ 范围内的指向性情况。若使第一个栅瓣对应的极大值出现在 $\pm\frac{\pi}{2}$ 处,即 $m=1$ 时,式(7.19)可写为

$$\theta=\arcsin\left(\pm\frac{\lambda}{d}\right)=\pm\frac{\pi}{2} \tag{7.20}$$

可知,第1个栅瓣出现在 $\pm\frac{\pi}{2}$ 处时,存在 $d=\lambda$。因此,等间隔线列阵避免栅瓣出现的一个宽松条件是需要满足 $d<\lambda$。

也可以通过对零点位置的约束,来获得更为严格的条件避免栅瓣的出现。

如果令紧挨第 1 个栅瓣的零点出现在 $\pm\dfrac{\pi}{2}$ 处，即

$$\theta=\arcsin\left[\pm\frac{(N-1)\lambda}{Nd}\right]=\pm\frac{\pi}{2} \tag{7.21}$$

那么就可以在 $-\pi/2\sim\pi/2$ 范围内完全避免栅瓣。此时，得出等间隔线列阵避免栅瓣出现的严格条件是满足 $d\leqslant\dfrac{N-1}{N}\lambda$。

线列阵除了上面的等间隔排布外，还有一种不等间隔的排布方式。不等间隔线列阵通过改变各阵元之间的间距，使得各阵元对应的声程差产生变化，相应相位关系也跟随发生改变，从而实现对波束的控制。相对于等间隔线列阵，其产生栅瓣的数学原因在于指向性函数的周期性变化。而不等间隔线列阵阵元间距不均匀，这就会避免其指向性函数出现周期性的极大值。因此，不等间隔线列阵可通过阵元的排布来消除栅瓣现象。另外，不等间隔阵还可以通过合理的阵元分布来优化旁瓣高度。图 7－4 所示为 15 个阵元的等间隔线列阵和不等间隔线列阵的指向性图的对比关系。等间隔线列阵按半波长排布，不等间隔线列阵阵元间距见图 7－4。不等间隔阵旁瓣级由等间隔阵的 -13.1 dB 降低到 -18.6 dB，-3 dB 波束宽度则由等间隔时的 6.8° 变为不等间隔时的 7.4°，略有展宽。可以看出，不等间隔阵还能起到抑制旁瓣的效果。

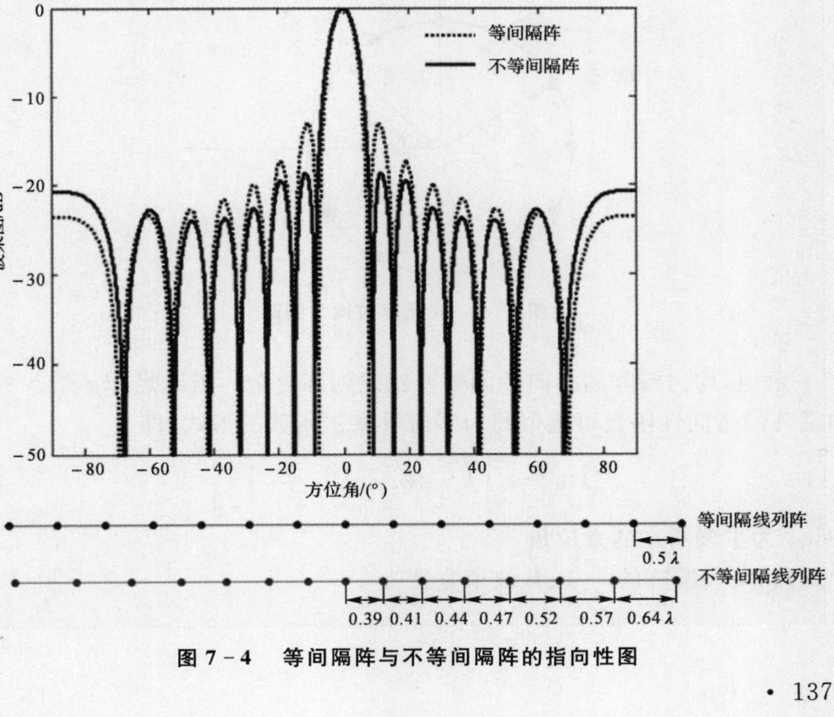

图 7－4　等间隔阵与不等间隔阵的指向性图

与等间隔阵相比，在阵元个数相同的情况下，不等间隔阵中心阵元分布较密，两边阵元分布较疏时，会起到压低旁瓣的效果，同时主瓣略有展宽。相反地，不等间隔阵中心阵元中间疏，两边密时，主瓣会变窄，而旁瓣会升高。这一结论表明，可以通过阵元排布优化阵列的指向性图，有的文献上将其称为密度加权。

7.2.2 圆阵

圆阵是除了线列阵之外，声呐系统中另一种使用较多的阵列形式。换能器阵元按照圆或圆弧的形状均匀排列，就构成了均匀圆阵，如图7-5所示。均匀圆阵一般在其垂直面上是具有指向性的，而在水平面上（XOY 定向面内）由于各个阵元的对称性，不存在自然指向性，但可通过相位补偿的方式，人为地在圆阵水平面上形成指向性。

假设各个阵元具有相同的灵敏度，N 个阵元均匀排布在半径为 a 的圆上形成圆阵，其在 XOY 定向面上的指向性函数为

$$D(\alpha)=\frac{1}{N}\left|\sum_{n=1}^{N}\mathrm{e}^{\mathrm{j}\Delta\varphi_n}\right| \tag{7.22}$$

式中：$\Delta\varphi_n$ 为经过补偿后第 n 个阵元的相位差。

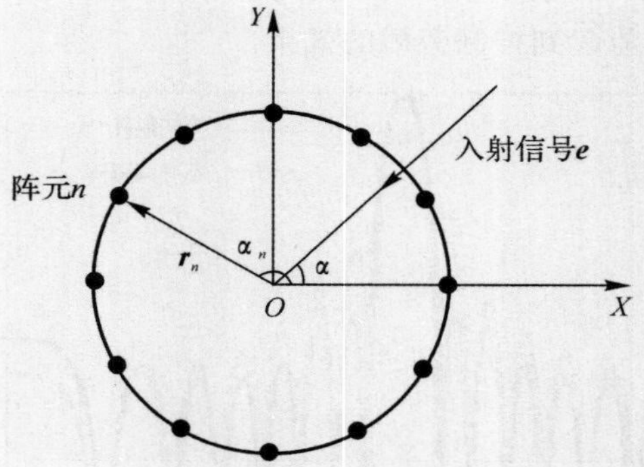

图 7-5　N元离散均匀圆阵

一般地，均匀圆阵的指向性函数要比线列阵复杂。当满足 $2ka \leqslant N-2$ 时，均匀圆阵的指向性函数可近似写为零阶贝塞尔函数的形式，即

$$D(\alpha)\approx\left|J_0\left[2ka\sin\left(\frac{\alpha-\alpha_0}{2}\right)\right]\right| \tag{7.23}$$

式中：α_0 为主瓣所在的方位角。

此时，均匀圆阵的 -3 dB 波束宽度为

$$\Theta_{-3\ \mathrm{dB}} = 4\arcsin\left(0.09\,\frac{\lambda}{r}\right) \tag{7.24}$$

查询零阶贝塞尔函数表可知，当 $2ka\sin\left(\frac{\alpha-\alpha_0}{2}\right)=3.83$ 时，圆阵产生第一个次极大，即第一旁瓣，其旁瓣级约为 -7.9 dB。

根据式(7.23)，圆阵的指向性是关于 $(\alpha-\alpha_0)$ 的函数，这与线列阵中 $(\sin\theta-\sin\theta_0)$ 的非线性关系不同。所以，圆阵的波束形状是保持不变的。也就是说，只有主瓣的方位角发生变化，而圆阵的波束形状始终一样。这也是圆阵与线列阵的不同之处。

当满足 $2ka\leqslant N-2$ 时，均匀圆阵的指向性函数式(7.23)是不会出现栅瓣的。此时圆阵具有单向性的特点，在空间 360° 范围内不会有方位模糊的现象出现。但如果不满足 $2ka\leqslant N-2$，圆阵的指向性函数不单由零阶贝塞尔函数所决定。阵元数量 N 越小，高阶贝塞尔函数的影响也就越显著，这会导致高旁瓣或栅瓣的出现。因此，$2ka\leqslant N-2$ 就是均匀圆阵避免出现栅瓣的条件。

7.2.3　平面阵

平面阵是由多个换能器阵元在同一平面内组成的阵列，能获得更好的指向性能和信号处理能力。较为常见的一种 $M\times N$ 矩形平面阵，可以看作一种复合式阵列结构。该阵型首先由 M 个换能器阵元组成线列阵作为一级子阵列，再由 N 个一级子阵列的等效声中心构成二级阵列，即最终的 $M\times N$ 矩形平面阵列。这种由低一级阵列的等效声中心构成高一级阵列，具有层级规律的复合式阵列遵循乘积定理。假设一级子阵列的指向性函数为 $D_1(\alpha,\theta)$，二级阵列的指向性函数为 $D_2(\alpha,\theta)$，还可继续延伸至 m 级阵列的指向性函数为 $D_m(\alpha,\theta)$，则复合式阵列的指向性函数为各级子阵列指向性函数的乘积，即

$$D(\alpha,\theta)=D_1(\alpha,\theta)D_2(\alpha,\theta)\cdots D_m(\alpha,\theta) \tag{7.25}$$

仍以 $M\times N$ 矩形平面阵为例，如图 7-6 所示，沿 Y 轴方向排布的是由 M 个阵元构成的线列阵作为一级子阵列，N 个一级子阵列的等效声中心沿 X 轴方向构成二级阵列，整个平面阵的指向性函数为

$$D(\alpha,\theta)=\left|\frac{\sin\left(M\,\frac{\pi d_2}{\lambda}\sin\theta\cos\varphi\right)}{M\sin\left(\frac{\pi d_2}{\lambda}\sin\theta\cos\varphi\right)}\right|\cdot\left|\frac{\sin\left(N\,\frac{\pi d_1}{\lambda}\sin\theta\sin\varphi\right)}{N\sin\left(\frac{\pi d_1}{\lambda}\sin\theta\sin\varphi\right)}\right| \tag{7.26}$$

如果图 7-6 所示平面阵的阵元是纵振换能器，其辐射面为 $a\times b$ 的矩形活塞，此时的平面阵将由三级子阵列构成，如图 7-7 所示。结合式(3.72)和式(7.26)，平面阵的指向性函数可写为

$$D(\alpha,\theta)=\left|\frac{\sin\left(\frac{\pi a}{\lambda}\sin\theta\sin\varphi\right)}{\frac{\pi a}{\lambda}\sin\theta\sin\varphi}\cdot\frac{\sin\left(\frac{\pi b}{\lambda}\sin\theta\cos\varphi\right)}{\frac{\pi b}{\lambda}\sin\theta\cos\varphi}\right|\cdot\left|\frac{\sin\left(M\frac{\pi d_2}{\lambda}\sin\theta\cos\varphi\right)}{M\sin\left(\frac{\pi d_2}{\lambda}\sin\theta\cos\varphi\right)}\right|\cdot\left|\frac{\sin\left(N\frac{\pi d_1}{\lambda}\sin\theta\sin\varphi\right)}{N\sin\left(\frac{\pi d_1}{\lambda}\sin\theta\sin\varphi\right)}\right| \tag{7.27}$$

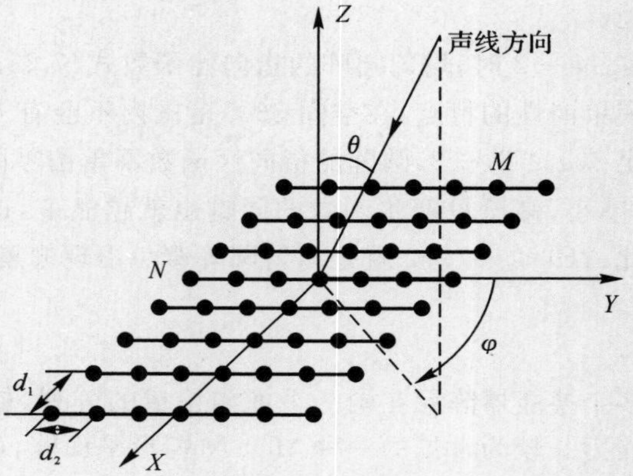

图 7-6 **M×N 矩形平面阵示意图**

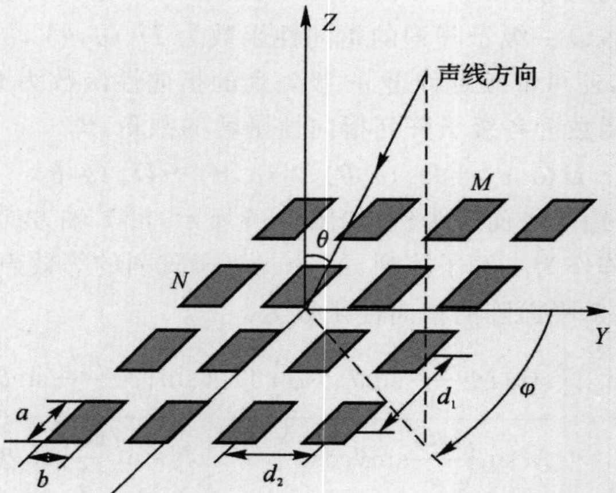

图 7-7 **由 a×b 活塞辐射器作为阵元构成的 M×N 矩形平面阵示意图**

7.3　换能器阵列的空间增益

7.3.1　阵列空间增益概述

本章前面从辐射声场分布的角度，通过指向性函数、指向性因子、指向性指数、指向性图，或是通过主瓣、旁瓣和栅瓣的物理参数来描述阵列的辐射声场特性。本节将从信号处理的角度来描述阵列抑制干扰的能力。当然，阵列的这种能力本质来源还是阵列的空间指向性属性。当某一阵列在噪声背景下接收期望信号时，将阵列的输出信噪比SNR_{out} 与阵列的输入信噪比SNR_{in} 比值的分贝定义为阵列的空间增益，简称为阵增益，即

$$AG = 10\lg G = 10\lg\left(\frac{SNR_{out}}{SNR_{in}}\right) \tag{7.28}$$

从定义上来看，阵增益是用来描述信噪比改善情况的物理量。这种信噪比的改善源于阵列的方向性特征，因为阵列作为时空信息处理器中的空间器，其形成的方向性可以用来抑制与信号不同向的噪声。

由于阵列是通过对信号进行相干叠加，而对噪声进行非相干叠加来实现阵列信噪比的改善的，因此阵列在接收信号和噪声时所呈现的空间相关特性就决定了阵增益。换句话说，阵列也正是利用信号和噪声的这种空间相关特性来获得空间增益的。因此，在讨论阵增益之前，先分析阵列接收的信号和噪声的空间相关性。

为了简化讨论，假设信号与噪声是不相关的，且着重讨论各向同性噪声场与窄带情况下阵列对信号和噪声的空间相关特性。通常用空间相关函数或空间相关系数来表征空间相关度，其中相关系数是归一化的相关函数。空间相关函数表示为

$$R(\boldsymbol{r}_i,\boldsymbol{r}_j) = E[s(\boldsymbol{r}_i,t)s^*(\boldsymbol{r}_j,t)] \tag{7.29}$$

式中：$\boldsymbol{r}_i$ 为i 号阵元的位置矢量；$\boldsymbol{r}_j$ 为j 号阵元的位置矢量；$s(\boldsymbol{r}_i,t)$ 为i 号阵元接收到的信号；$s(\boldsymbol{r}_j,t)$ 为j 号阵元接收到的信号；$(\cdot)^*$ 表示复共轭；$E(\cdot)$ 表示取平均。

时间相关函数描述的是不同时间上的相关特性。与其类似，式(7.29) 表示不同空间位置处的相关特性。若研究整个阵列对接收信号的空间相关特性，则将式(7.29) 中的阵元接收信号替换为阵列输出信号。为了突出空间相关函数随信号空间方位的变化关系，将空间相关函数记作 $R(\theta,\varphi)$。

7.3.2 阵列对信号的空间相关性

假设 N 元阵列接收来自 (θ,φ) 方向的信号，则阵列接收到的信号为

$$\boldsymbol{x}=[x_1,x_2,\cdots,x_N]^{\mathrm{t}} \tag{7.30}$$

式中：上标"t"表示转置。

$$x_n=a_n \mathrm{e}^{\mathrm{j}k(\boldsymbol{r}_n\cdot\boldsymbol{e})} \quad (n=1,2,\cdots,N) \tag{7.31}$$

式中：x_n 为 n 号阵元接收到的信号（忽略时间部分）；a_n 为阵元灵敏度。

$\boldsymbol{e}$ 为 (θ,φ) 方向上的单位方向矢量，且有

$$\boldsymbol{e}=(\sin\theta\cos\varphi,\sin\theta\sin\varphi,\cos\theta) \tag{7.32}$$

假设期望在 (θ_0,φ_0) 方向上形成波束，该方向上的单位方向矢量为

$$\boldsymbol{m}=(\sin\theta_0\cos\varphi_0,\sin\theta_0\sin\varphi_0,\cos\theta_0) \tag{7.33}$$

那么需要补偿的相位差（仅考虑相位上的补偿，幅度上均匀加权）为

$$\boldsymbol{w}=[\mathrm{e}^{\mathrm{j}\Delta\varphi 1},\mathrm{e}^{\mathrm{j}\Delta\varphi 2},\cdots,\mathrm{e}^{\mathrm{j}\Delta\varphi N}]^{\mathrm{t}} \tag{7.34}$$

式中：

$$\Delta\varphi_n=k(\boldsymbol{r}_n\cdot\boldsymbol{m}) \quad (n=1,2,\cdots,N) \tag{7.35}$$

根据空间相关函数的定义，阵列对信号的空间相关函数为

$$R_{\mathrm{s}}(\theta,\varphi)=E[\boldsymbol{w}^{\mathrm{H}}\boldsymbol{x}\boldsymbol{x}^{\mathrm{H}}\boldsymbol{w}] \tag{7.36}$$

在本节中：上标"H"表示复共轭转置，

$$E[\boldsymbol{x}\boldsymbol{x}^{\mathrm{H}}]=\begin{bmatrix} E[x_1x_1^*] & E[x_1x_2^*] & \cdots & E[x_1x_N^*] \\ E[x_2x_1^*] & E[x_2x_2^*] & \cdots & E[x_2x_N^*] \\ \vdots & \vdots & & \vdots \\ E[x_Nx_1^*] & E[x_Nx_2^*] & \cdots & E[x_Nx_N^*] \end{bmatrix} \tag{7.37}$$

为阵列接收信号场的协方差矩阵。

将式(7.30)～式(7.35)代入式(7.36)，并取复信号实部，得到

$$R_{\mathrm{s}}(\theta,\varphi)=\sum_{i=1}^{N}\sum_{j=1}^{N}a_ia_j\cos[k\boldsymbol{r}_{ij}\cdot(\boldsymbol{e}-\boldsymbol{m})] \tag{7.38}$$

式中：$\boldsymbol{r}_{ij}=\boldsymbol{r}_i-\boldsymbol{r}_j$。很明显，$a_ia_j\cos[k\boldsymbol{r}_{ij}\cdot(\boldsymbol{e}-\boldsymbol{m})]$ 为 i 号阵元和 j 号阵元接收信号之间的空间相关函数，记作

$$R_{\mathrm{s}}(\boldsymbol{r}_i,\boldsymbol{r}_j,\theta,\varphi)=a_ia_j\mathrm{Re}[\mathrm{e}^{\mathrm{j}k\boldsymbol{r}_{ij}\cdot(\boldsymbol{e}-\boldsymbol{m})}] \tag{7.39}$$

式中：Re(·)表示取实部。

相应地，阵列对信号的空间相关系数为

$$\rho_{\mathrm{s}}(\theta,\varphi)=\frac{E[\boldsymbol{w}^{\mathrm{H}}\boldsymbol{x}\boldsymbol{x}^{\mathrm{H}}\boldsymbol{w}]}{E[\boldsymbol{w}^{\mathrm{H}}\boldsymbol{x}\boldsymbol{x}^{\mathrm{H}}\boldsymbol{w}]_0} \tag{7.40}$$

式中：$E[\boldsymbol{w}^{\mathrm{H}}\boldsymbol{x}\boldsymbol{x}^{\mathrm{H}}\boldsymbol{w}]_0$ 为入射信号方向与波束方向一致，即 $\boldsymbol{e}-\boldsymbol{m}=\boldsymbol{0}$ 时的空间相

关函数。同样得到：

$$\rho_s(\theta,\varphi)=\frac{\sum_{i=1}^{N}\sum_{j=1}^{N}a_ia_j\cos[k\boldsymbol{r}_{ij}\cdot(\boldsymbol{e}-\boldsymbol{m})]}{\sum_{i=1}^{N}\sum_{j=1}^{N}a_ia_j} \tag{7.41}$$

若阵列每个阵元灵敏度均相同，即 $a_i=a_j$，则式(7.41) 简化为

$$\rho_s(\theta,\varphi)=\frac{\sum_{i=1}^{N}\sum_{j=1}^{N}\cos[k\boldsymbol{r}_{ij}\cdot(\boldsymbol{e}-\boldsymbol{m})]}{N^2} \tag{7.42}$$

式(7.42) 给出了阵列对信号所呈现的空间相关系数，它与阵列空间结构、信号入射方向和波束方向有关。进一步，若入射信号方向与波束方向一致，即 $\boldsymbol{e}-\boldsymbol{m}=\boldsymbol{0}$，则有

$$\rho_s(\theta,\varphi)=1 \tag{7.43}$$

如果在一个阵列中，阵元两两之间的相关函数均为 1，那么此时阵列对信号全相关，式(7.43) 也就是阵列对信号的全相关条件。

7.3.3　阵列对噪声的空间相关性

比照阵列对信号的空间相关性思路，可以直接得到阵列对噪声的空间相关系数：

$$\rho_n(\theta,\varphi)=\frac{\sum_{i=1}^{N}\sum_{j=1}^{N}R_n(\boldsymbol{r}_i,\boldsymbol{r}_j,\theta,\varphi)}{\left[\sum_{i=1}^{N}\sum_{j=1}^{N}R_n(\boldsymbol{r}_i,\boldsymbol{r}_j,\theta,\varphi)\right]_0} \tag{7.44}$$

式中：$R_n(\boldsymbol{r}_i,\boldsymbol{r}_j,\theta,\varphi)$ 为 i 号阵元和 j 号阵元接收噪声之间的空间相关函数，分母部分为阵列无指向性时的空间相关函数。

接下来计算 $R_n(\boldsymbol{r}_i,\boldsymbol{r}_j,\theta,\varphi)$。阵列对信号和阵列对噪声的空间相关性是存在不同的，假设我们研究的信号场只有一个方向上的入射信号，而噪声场是全空间入射的。因此在使用式(7.29) 计算阵列对噪声场的空间相关函数时，取平均的运算除了时间上的平均外，还需要在整个立体角空间上进行，即对式(7.39) 进行空间上平均：

$$R_n(\boldsymbol{r}_i,\boldsymbol{r}_j,\theta,\varphi)=\frac{1}{4\pi}\int_{4\pi}g(\theta,\varphi)a_ia_j\mathrm{Re}[\mathrm{e}^{\mathrm{j}k\boldsymbol{r}_{ij}\cdot(\boldsymbol{e}-\boldsymbol{m})}]\mathrm{d}\Omega \tag{7.45}$$

式中：$g(\theta,\varphi)$ 为噪声场的指向性，考虑各向同性噪声场，则 $g(\theta,\varphi)=1$。将 $\mathrm{d}\Omega=\sin\theta\,\mathrm{d}\theta\,\mathrm{d}\varphi$ 代入式(7.45)，并求解积分式得到阵元间的相关函数，即

$$R_n(\boldsymbol{r}_i,\boldsymbol{r}_j,\theta,\varphi)=\frac{1}{4\pi}\int_0^{2\pi}\int_0^{\pi}a_i a_j \mathrm{Re}\left[e^{jk\boldsymbol{r}_{ij}\cdot(\boldsymbol{e}-\boldsymbol{m})}\right]\sin\theta\,\mathrm{d}\theta\,\mathrm{d}\varphi \tag{7.46}$$

积分式(7.46) 的求解较为复杂,这里以线列阵为例,并将线列阵置于 z 轴进行简化计算,此时 $\boldsymbol{r}_{ij}\cdot\boldsymbol{e}=r_{ij}\cos\theta$ 和 $\boldsymbol{r}_{ij}\cdot\boldsymbol{m}=r_{ij}\cos\theta_0$,其中 $r_{ij}=|\boldsymbol{r}_{ij}|$,代入式(7.46) 并求解得到

$$R_n(\boldsymbol{r}_i,\boldsymbol{r}_j,\theta,\varphi)=a_i a_j\cos(k\boldsymbol{r}_{ij}\cdot\boldsymbol{m})\frac{\sin(kr_{ij})}{kr_{ij}}=a_i a_j\cos(kr_{ij}\cos\theta_0)\frac{\sin(kr_{ij})}{kr_{ij}} \tag{7.47}$$

将式(7.47) 代入式(7.44),得到整个阵列对噪声场的空间相关系数为

$$\rho_n=\frac{\sum_{i=1}^{N}\sum_{j=1}^{N}a_i a_j\cos(kr_{ij}\cos\theta_0)\frac{\sin(kr_{ij})}{kr_{ij}}}{\sum_{i=1}^{N}\sum_{j=1}^{N}a_i a_j} \tag{7.48}$$

式(7.48) 给出了阵列对噪声所呈现的空间相关性。由于考虑的是各向同性噪声场,因此,它只与阵列的阵元间距差和波束方向有关。

当阵列所有阵元的灵敏度相同时,即 $a_i=a_j$,则式(7.48) 简化为

$$\rho_n=\frac{1}{N^2}\sum_{i=1}^{N}\sum_{j=1}^{N}\cos(kr_{ij}\cos\theta_0)\frac{\sin(kr_{ij})}{kr_{ij}} \tag{7.49}$$

当 $a_i=a_j$ 且 $\theta_0=\pi/2$,即波束方向在阵列法线方向时,则进一步简化为

$$\rho_n=\frac{1}{N^2}\sum_{i=1}^{N}\sum_{j=1}^{N}\frac{\sin(kr_{ij})}{kr_{ij}} \tag{7.50}$$

当 $a_i=a_j$ 且 $kr_{ij}=n\pi,n=1,2,\cdots$ 时,则

$$\rho_n=\frac{N}{N^2}=\frac{1}{N} \tag{7.51}$$

此时整个阵列对噪声场的空间相关性最小,且阵列阵元两两之间的相关系数为 0,互不相关。

当 $a_i=a_j$ 且 $r_{ij}\to 0$ 或认为 $kr_{ij}\ll 1$ 时,则 $\rho_n=1$,此时整个阵列对噪声场的空间相关性最大,且阵列阵元两两之间完全相关。此条件称为阵列对噪声的全相关条件。

7.3.4 阵增益

阵增益 AG 定义为阵列输出信噪比和阵元输出信噪比的比值

$$\mathrm{AG}=10\lg\frac{\mathrm{SNR_{array}}}{\mathrm{SNR_{sensor}}} \tag{7.52}$$

式中:$\mathrm{SNR_{array}}$ 为整个阵列的输出信噪比;$\mathrm{SNR_{sensor}}$ 为单个阵元的输出信噪比,并

且假设所有阵元的输出信噪比都是相同的。由于单个阵元的输出信噪比也就是整个阵列的输入信噪比，因此阵增益也就是式(7.28)的定义。

信噪比定义为信号功率与噪声功率之比，也就是信号和噪声的均方值之比。首先分析阵列的输出信噪比，由于阵列的输出信号为 $\boldsymbol{w}^{\mathrm{H}}\boldsymbol{x}$，那么阵列输出信号的均方值很明显可以由式(7.36)给出，同理可以得到阵列输出噪声的均方值，因此，利用式(7.38)和式(7.39)，可以直接得到阵列的输出信噪比为

$$\mathrm{SNR_{out}}=\frac{\sum_{i=1}^{N}\sum_{j=1}^{N}R_{\mathrm{s}}(\boldsymbol{r}_i,\boldsymbol{r}_j,\theta,\varphi)}{\sum_{i=1}^{N}\sum_{j=1}^{N}R_{\mathrm{n}}(\boldsymbol{r}_i,\boldsymbol{r}_j,\theta,\varphi)} \tag{7.53}$$

假设阵列的输入信噪比即单个阵元的信噪比为

$$\mathrm{SNR_{in}}=\frac{\sigma_{\mathrm{s}}^2}{\sigma_{\mathrm{n}}^2} \tag{7.54}$$

式中：σ_{s}^2 为阵元端输入信号的均方值；σ_{n}^2 为阵元端输入噪声的均方值（噪声为零均值）。

将式(7.53)和式(7.54)代入式(7.52)，得到阵增益

$$\mathrm{AG}=10\lg\frac{\sum_{i=1}^{N}\sum_{j=1}^{N}R_{\mathrm{s}}(\boldsymbol{r}_i,\boldsymbol{r}_j,\theta,\varphi)/\sigma_{\mathrm{s}}^2}{\sum_{i=1}^{N}\sum_{j=1}^{N}R_{\mathrm{n}}(\boldsymbol{r}_i,\boldsymbol{r}_j,\theta,\varphi)/\sigma_{\mathrm{n}}^2} \tag{7.55}$$

由式(7.30)可以得到阵元端输入信号的均方值为 $E[x_i x_i^*]=a_i^2$。由于假设所有阵元信噪比是相同的，不妨令所有阵元信号的均方值一致，即 $a_i^2=a_j^2$，即阵元灵敏度均相同，代入式(7.55)中可以看出，式(7.55)分子部分就是归一化的阵列的输出信号均方值。同理分析可得，式(7.55)分母部分就是归一化的阵列的输出噪声均方值。这样一来，式(7.55)就是阵列对信号的相关系数 ρ_{s} 与阵列对噪声的相关系数 ρ_{n} 之比，即

$$\mathrm{AG}=10\lg\frac{\rho_{\mathrm{s}}}{\rho_{\mathrm{n}}} \tag{7.56}$$

若目标信号的入射方向与波束方向一致，即阵列的相位补偿匹配到目标方向，则阵列对目标信号全相关，此时 $\rho_{\mathrm{s}}=1$。进一步，当各阵元上的噪声是相互独立的，此时阵列对噪声的相关系数最小为 $\rho_{\mathrm{n}}=1/N$，以及考虑均匀加权，在这些情况下得到

$$\mathrm{AG}=10\lg N \tag{7.57}$$

此时的阵增益最大，只与阵元个数有关。

这里以窄带信号或噪声、各向同性噪声场为例讨论了阵增益，实际上针对宽

带信号或噪声、各向异性噪声场，也可以利用以上思路研究阵增益，这里不再展开。

7.3.5 阵增益与指向性指数

之前讨论过指向性指数，其中接收指向性指数描述了接收阵抑制各向同性噪声的能力，这与阵增益所描述的相一致。接下来讨论阵增益与接收指向性指数的关系。接收指向性指数与接收指向性函数有关，而阵增益的表达式与信噪比有关，为了便于两者比较，将阵增益表达式重写，使其与指向性函数联系起来。

在各向同性噪声场中每个方向上的噪声功率均相同，假设任意方向 (θ,φ) 上单位立体角内的噪声功率为 N_0，则阵元端的噪声功率为 $\iiint_{4\pi} N_0 \mathrm{d}\Omega$。而阵列由于具有指向性，因此阵列输出的噪声功率为 $\iiint_{4\pi} N_0 b(\theta,\varphi)\mathrm{d}\Omega$，其中 $b(\theta,\varphi)$ 为阵列的功率指向性函数。

信号功率的求法比照噪声场的思路。假设任意方向 (θ,φ) 上的单位立体角内的信号功率为 $S(\theta,\varphi)$，则阵元端的信号功率为 $\iiint_{4\pi} S(\theta,\varphi)\mathrm{d}\Omega$。不同于噪声场，目标信号仅从某一个方向 (θ_0,φ_0) 上入射，因此 $\iiint_{4\pi} S(\theta,\varphi)\mathrm{d}\Omega = S(\theta_0,\varphi_0)$。阵列输出的信号功率为 $\iiint_{4\pi} S(\theta,\varphi) b(\theta,\varphi)\mathrm{d}\Omega$。通常阵列会在对准目标的波束方向 (θ_0,φ_0) 上使用，而此时 $b(\theta_0,\varphi_0)=1$，因此有

$$\iiint_{4\pi} S(\theta,\varphi) b(\theta,\varphi)\mathrm{d}\Omega = S(\theta_0,\varphi_0) b(\theta_0,\varphi_0) = S(\theta_0,\varphi_0) \tag{7.58}$$

按照由式(7.52)定义的阵增益，阵增益的表达式重写为

$$\mathrm{AG} = 10\lg \frac{\iiint_{4\pi} S(\theta,\varphi) b(\theta,\varphi)\mathrm{d}\Omega \Big/ \iiint_{4\pi} N_0 b(\theta,\varphi)\mathrm{d}\Omega}{\iiint_{4\pi} S(\theta,\varphi)\mathrm{d}\Omega \Big/ \iiint_{4\pi} N_0 \mathrm{d}\Omega} \tag{7.59}$$

将式(7.58)代入式(7.59)，并令 $\mathrm{d}\Omega = \sin\theta\mathrm{d}\theta\mathrm{d}\varphi$，化简得到

$$\mathrm{AG} = 10\lg \frac{4\pi}{\int_0^{2\pi}\mathrm{d}\varphi\int_0^{\pi} b(\theta,\varphi)\sin\theta\mathrm{d}\theta} \tag{7.60}$$

可以看出，重写后的阵增益表达式与接收指向性指数表达式完全一样，即在信号是单一方向入射，各向同性噪声场的情况下，阵增益和指向性指数等同。或

者说，指向性指数只适用于单向信号且各向同性噪声场的情况，并且阵列的指向性函数可以给出明确的解析表达式。因此，阵增益的使用更为广泛，对于诸如宽带信号、各向异性噪声场或者没有明确解析表达式的指向性函数等其他情况，则需要利用阵增益来给出阵列抑制噪声的性能[36][125]。

7.4 换能器阵列的互辐射阻抗

7.4.1 辐射器的辐射阻抗

换能器或辐射器的辐射阻抗是指辐射器辐射表面所受到的声场作用力 F^r 与振速 u^r 的比值

$$Z^r = \frac{F^r}{u^r} = \frac{\int_S p\,\mathrm{d}S}{u^r} = R^r + \mathrm{j}X^r \tag{7.61}$$

式中：实部称为辐射阻 R^r；虚部称为辐射抗 X^r。其中，消耗在辐射阻 R^r 上的能量最终转换成了声能量。

辐射阻抗反映的声学本质是，当一个辐射器以振速 u^r 振动并向介质中辐射声能量时，振动可在辐射区域内产生某种辐射声压分布。辐射阻抗与辐射器形状、辐射面振速分布、声介质特性等密切相关[126]。不同形状辐射器的辐射阻抗见表3-1。

对于各向均匀介质中的脉动小球声辐射器而言，其辐射阻抗为

$$R^r = \rho c S\,\frac{(ka)^2}{1+(ka)^2} \tag{7.62a}$$

$$X^r = \rho c S\,\frac{ka}{1+(ka)^2} \tag{7.62b}$$

式中：ρ 表示介质密度；c 表示介质声速；k 为波数；a 为脉动小球半径；S 表示辐射面面积。

图7-8表示辐射阻抗随参数 ka 的变化关系。当 ka 变大时，也就是说随着频率 f 的升高或随着辐射面的增大，辐射阻 R^r 逐渐趋近于 $\rho c S$，辐射抗 X^r 逐渐趋近于零。

对于无限大刚性障板上的圆形平面活塞辐射器而言，其辐射阻抗为

$$R^r = \rho c S\,\frac{(ka)^2}{2} \tag{7.63a}$$

$$X^r = \rho c S\,\frac{8}{3\pi}ka \tag{7.63b}$$

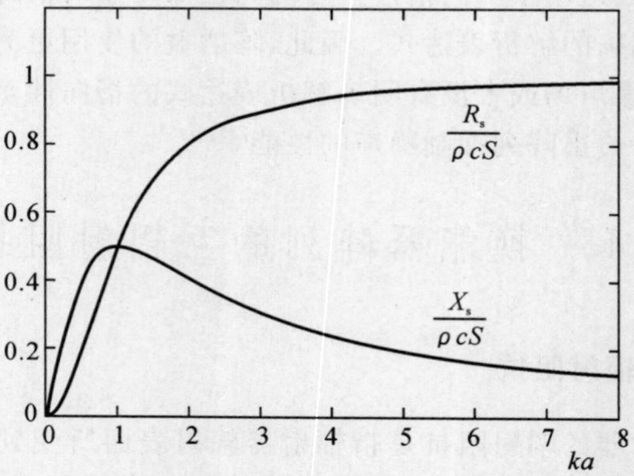

图 7-8　各向均匀介质中脉动小球声辐射器的辐射阻抗

7.4.2　阵列阵元的自辐射阻抗和互辐射阻抗

当换能器处于某种形式的阵列中时,其辐射阻抗的内涵变得丰富起来。当阵列全部阵元振动时,各阵元辐射面推动周围介质,辐射出声能量。在这个过程中,每一个阵元都处于整个阵列的辐射声场中,也就是说,某个阵元 m 既处于自身的辐射声场中,同时又处于其他阵元的辐射声场中,如图 7-9 所示。

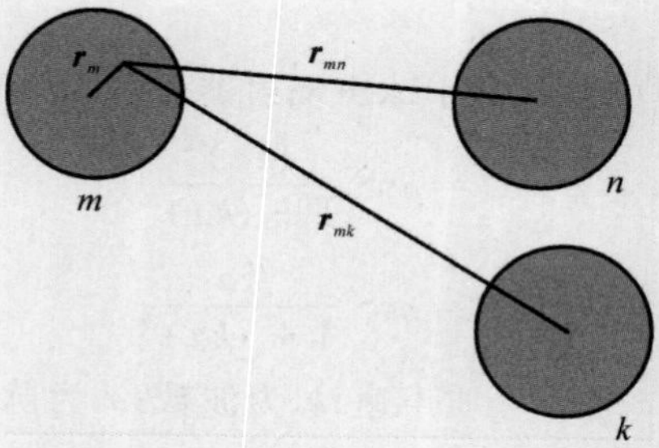

图 7-9　阵元 m 受到阵列声场作用的关系示意图

此时该阵元受到的声场作用力可表示为

$$F_m^{\mathrm{r}} = \sum_{n=1}^{N} \iint_{S_m} p_n(\boldsymbol{r}_{mn})\,\mathrm{d}S_m \tag{7.64}$$

这是阵列中每个阵元的辐射声场对阵元 m 的声场作用力之和,其中 $p_n(\boldsymbol{r}_{mn})$ 是阵元 n 的辐射声场在阵元 m 处的声压分布,$\boldsymbol{r}_{mn}$ 是阵元 n 到阵元 m 的矢径。根据式(7.61),可将阵列工作状态下阵元 m 的总辐射阻抗表示为

$$Z_m^r=\frac{F_m^r}{u_m^r}=\frac{1}{u_m^r}\sum_{n=1}^{N}\iint_{S_m}p_n(\boldsymbol{r}_{mn})\,\mathrm{d}S_m \tag{7.65}$$

互辐射阻抗定义为

$$Z_{mn}^r=\frac{1}{u_n^r}\sum_{n=1}^{N}\iint_{S_m}p_n(\boldsymbol{r}_{mn})\,\mathrm{d}S_m \tag{7.66}$$

此时式(7.65) 可写为

$$Z_m^r=\frac{u_n^r}{u_m^r}\frac{1}{u_n^r}\sum_{n=1}^{N}\iint_{S_m}p_n(\boldsymbol{r}_{mn})\,\mathrm{d}S_m=\frac{u_n^r}{u_m^r}\sum_{n=1}^{N}Z_{mn}^r \tag{7.67}$$

进一步写成

$$Z_m^r=Z_{mm}^r+\frac{u_n^r}{u_m^r}\sum_{N}Z_{mn}^r \tag{7.68}$$

式中：Z_{mm}^r 称为自辐射阻抗；Z_{mn}^r 称为互辐射阻抗。对于阵列而言：自辐射阻抗描述某个阵元 m 以振速 u_m^r 振动辐射声能，在其自身处产生的辐射声压分布的影响；互辐射阻抗描述阵元 n 以振速 u_n^r 振动向外辐射声能，在阵元 m 处产生的声压分布的影响，这个过程恰恰反映了阵元 n 的振动对阵元 m 的影响。若阵列中每个阵元的振动是相同的，即 $u_1^r=u_2^r=\cdots=u_N^r$，则在阵列工作状态下阵元 m 的总辐射阻抗为

$$Z_m^r=\sum_{n=1}^{N}Z_{mn}^r \tag{7.69}$$

依据互易性原理，可以得出

$$Z_{mn}^r=Z_{nm}^r \tag{7.70}$$

阵列阵元间的互辐射阻抗描述了阵元间声场的相互作用。它是阵列的固有声学属性，与阵列的布阵方式、阵元的辐射面形状、辐射面的振动情况以及声介质特性等因素有关[127]。在前面的换能器阵指向性函数的理论模型中，并没有考虑阵元间的互辐射的影响。实际中，阵列阵元的互辐射是切实存在的。众多阵元辐射声压的累积会影响敏感位置处阵元的声辐射，最终可能影响到指向性辐射声场。也就是说，阵列的实际指向性函数可能会受到阵的自辐射阻抗和互辐射阻抗的影响。只有当互辐射阻抗与自辐射阻抗相比可以忽略不计时，阵列指向性函数的计算才可以不考虑互辐射阻抗的影响。通常情况下，增大阵元间距是减小互辐射阻抗的一种方式。因此在阵列设计中，要考虑互辐射抗的作用。当设计合理时，还可以利用阵元间的相互作用提高阵列效率。

7.4.3　阵列阵元互辐射阻抗的计算

以无限大刚性障板上的圆形活塞阵列为例说明互辐射阻抗的计算。图 7 -

10 为置于无限大刚性障板上的两个圆形活塞 m 和 n，两活塞具有相同的几何尺寸以及相同的表面振速分布，d_{mn} 表示两个活塞的中心距离，r_m 和 α_{mn} 确定活塞 m 上的某一点 A 的位置（矢径表示为 $\boldsymbol{r}_m$），r_n 和 β_{mn} 确定活塞 n 上的某一点 B 的位置（矢径表示为 $\boldsymbol{r}_n$）。

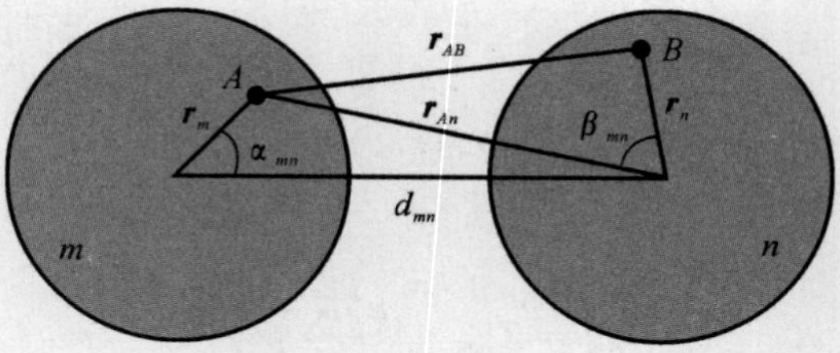

图 7-10　阵元 *m* 与阵元 *n* 的几何关系示意图

根据示意图，存在关系

$$r_{An}^2 = d_{mn}^2 + r_m^2 - 2r_m d_{mn}\cos\alpha_{mn} \tag{7.71a}$$

$$r_{AB}^2 = r_{An}^2 + r_n^2 - 2r_n r_{An}\cos\beta_{mn} \tag{7.71a}$$

活塞 n 以速度 u_n^r 振动产生声场，在活塞 m 的 A 点处产生的声压为

$$p_n(\boldsymbol{r}_{An}) = \frac{\mathrm{j}\rho cku_n^r}{2\pi}\iint_{S_n}\frac{\mathrm{e}^{-\mathrm{j}kR}}{R}S_n \tag{7.72}$$

继续对活塞 m 的辐射面 S_m 积分，可得活塞 n 以速度 u_n^r 振动产生的声场在活塞 m 上的声压分布。根据互辐射的定义，得到

$$Z_{mn}^r = \frac{1}{u_n^r}\iint_{S_m}p_n(\boldsymbol{r}_{An})\,\mathrm{d}S_m = \frac{\mathrm{j}\rho ck}{2\pi}\iint_{S_m}\iint_{S_n}\frac{\mathrm{e}^{-\mathrm{j}kr_{AB}}}{r_{AB}}\mathrm{d}S_n\mathrm{d}S_m \tag{7.73}$$

式(7.73)中，r_{AB} 项的存在使得积分变得困难，但在 $ka \ll 1, a/d < 1$ 时，r_{AB} 可以认为近似等于 d_{mn}，此时式(7.73)可以写成

$$Z_{mn}^r = \frac{\rho ck^2 S_m S_n}{2\pi}\frac{\mathrm{j}\mathrm{e}^{-\mathrm{j}kd_{mn}}}{kd_{mn}} = \frac{\rho ck^2 S_m S_n}{2\pi}\left[\frac{\sin(kd_{mn})}{kd_{mn}} + \mathrm{j}\frac{\cos(kd_{mn})}{kd_{mn}}\right] \tag{7.74}$$

设两活塞的半径为 a，则有 $S = S_m = S_n = \pi a^2$，可得

$$Z_{mn}^r = \frac{\rho cS\,(ka)^2}{2}\left[\frac{\sin(kd_{mn})}{kd_{mn}} + \mathrm{j}\frac{\cos(kd_{mn})}{kd_{mn}}\right] \tag{7.75}$$

结合式(7.63)，可知式(7.75)中 $\frac{\rho cS\,(ka)^2}{2}$ 正是阵列中只有单只活塞工作时的辐射阻，也就是活塞 m 的自辐射阻 R_{mm}^r。

第8章　基于边界元法的纵振换能器及其阵列设计与分析

8.1　水下辐射声场的边界元分析基础

边界元法是在有限元法的基础上结合了经典的积分方程发展而来的，是一种定义在边界上的有限元。边界元法将描述振动声辐射问题的 Helmholtz 波动方程的边界问题，转化为边界积分方程，然后将区域的边界划分为有限个单元，即把边界积分方程离散化，得到只含有边界上的节点未知量的方程组，然后进行数值求解[128]。边界元方法分为直接边界元法（Direct BEM）和间接边界元法（Indirect BEM），两者求解的系统方程是不同的[129]。直接边界元法在实际中用以求解声辐射体内部或外部的声场问题。针对换能器及其阵列的辐射声场分析，因其需计算的声场变量都在辐射体的外部，因此它属于辐射体的外部声场问题。

一个声辐射体辐射的声场，可以看作是通过点声源叠加的方式产生的。在引入点源的概念和相应的格林函数后，波动方程的解将被简化。下面我们首先来了解下格林函数。格林函数也被称为点源影响函数，它代表一个点声源在一定边界条件和初始条件下产生的声场[130]。对于强度为 $Q=\dfrac{1}{\mathrm{j}\rho ck}$ 的稳态点声源，其激发的声场满足非齐次 Helmholtz 方程，即

$$\nabla^2 G(\boldsymbol{r},\boldsymbol{r}_\mathrm{a})+k^2 G(\boldsymbol{r},\boldsymbol{r}_\mathrm{a})=-\delta(\boldsymbol{r}-\boldsymbol{r}_\mathrm{a}) \tag{8.1}$$

式中：ρ 表示声介质密度；c 为声速；k 是波数；$\delta(r-\boldsymbol{r}_\mathrm{a})$ 是 Dirac 函数；$\boldsymbol{r}$ 表示场点矢径；$\boldsymbol{r}_\mathrm{a}$ 表示点声源矢径。G 是格林函数，即

$$G(\boldsymbol{r},\boldsymbol{r}_\mathrm{a})=\frac{\mathrm{e}^{-\mathrm{j}k|\boldsymbol{r}-\boldsymbol{r}_\mathrm{a}|}}{4\pi|\boldsymbol{r}-\boldsymbol{r}_\mathrm{a}|} \tag{8.2}$$

对于我们关心的辐射体外部声场问题，使用边界积分的方法，将一个三维声场问题简化为二维声场问题，使得求解维数降低一维。将格林公式应用于三维

声场问题,有

$$\iiint_{\Omega}(p\,\nabla^2 G - G\,\nabla^2 p)\,\mathrm{d}\Omega = \iint_{\sigma}\left(p\,\frac{\partial G}{\partial n} - G\,\frac{\partial p}{\partial n}\right)\mathrm{d}\sigma \tag{8.3}$$

式中:p 表示声压;$\frac{\partial}{\partial n}$ 表示沿 σ 面外法线方向的偏导数。

此时,可利用式(8.3) 来描述辐射体的辐射声场问题:

$$\iint_{\sigma}\left[p(\boldsymbol{r}_{\mathrm{a}})\frac{\partial G(\boldsymbol{r},\boldsymbol{r}_{\mathrm{a}})}{\partial n} - G(\boldsymbol{r},\boldsymbol{r}_{\mathrm{a}})\frac{\partial p(\boldsymbol{r}_{\mathrm{a}})}{\partial n}\right]\mathrm{d}\sigma(\boldsymbol{r}_{\mathrm{a}}) = C(\boldsymbol{r})p(\boldsymbol{r}) \tag{8.3}$$

式中:$\boldsymbol{r}_{\mathrm{a}}$ 表示辐射体表面矢径;$\sigma(\boldsymbol{r}_{\mathrm{a}})$ 表示辐射体表面。当场点矢径 $\boldsymbol{r}$ 在辐射体外部时,$C(\boldsymbol{r})=1$;当场点矢径 $\boldsymbol{r}$ 在辐射体内部时,$C(\boldsymbol{r})=0$;当场点矢径 $\boldsymbol{r}$ 在辐射体表面且表面光滑时,$C(\boldsymbol{r})=\frac{1}{2}$;当场点矢径 $\boldsymbol{r}$ 在辐射体表面且表面不光滑时,$C(\boldsymbol{r})=1+\frac{1}{4\pi}\iint_{\sigma}\frac{\partial}{\partial n}\left(\frac{1}{\boldsymbol{r}_{\mathrm{a}}}\right)\mathrm{d}\sigma(\boldsymbol{r}_{\mathrm{a}})$。

下面将辐射体表面进行边界单元离散处理,假设一共划分为 e_{a} 个单元,每个单元有 n_{a} 个节点。此时,由 e_{a} 个单元组成的辐射体上的边界积分方程式(8.3) 可写为

$$\sum_{m=1}^{e_{\mathrm{a}}}\iint_{\sigma m}p^{m}(\boldsymbol{r}_{\mathrm{a}})\frac{\partial G(\boldsymbol{r},\boldsymbol{r}_{\mathrm{a}})}{\partial n}\mathrm{d}\sigma(\boldsymbol{r}_{\mathrm{a}}) - C(\boldsymbol{r})p(\boldsymbol{r}) = \sum_{m=1}^{e_{\mathrm{a}}}\iint_{\sigma m}\bar{p}^{m}(\boldsymbol{r}_{\mathrm{a}})G(\boldsymbol{r},\boldsymbol{r}_{\mathrm{a}})\,\mathrm{d}\sigma(\boldsymbol{r}_{\mathrm{a}}) \tag{8.4}$$

式中:σ_m 表示辐射体上第 m 个单元的面积。$p^{m}(\boldsymbol{r}_{\mathrm{a}})$ 和 $\bar{p}^{m}(\boldsymbol{r}_{\mathrm{a}})$ 分别表示辐射体上第 m 个单元内任一点的声压和声压法向偏导数$\frac{\partial p}{\partial n}$,它们可应用形函数 N_i 表示为

$$p^{m}(\boldsymbol{r}_{\mathrm{a}}) = \sum_{i=1}^{n_a}(N_i p_i^m) \tag{8.5a}$$

$$\bar{p}^{m}(\boldsymbol{r}_{\mathrm{a}}) = \sum_{i=1}^{n_a}(N_i \bar{p}_i^m) \tag{8.5b}$$

式中:p_i^m 和 $\bar{p}_i^m$ 分别表示第 m 个单元第 i 个节点的声压和声压法向偏导数。

将式(8.5) 代入式(8.4),并重写为

$$\begin{aligned}&\sum_{m=1}^{e_{\mathrm{a}}}\sum_{i=1}^{n_{\mathrm{a}}}p_i^m\iint_{\sigma_m}N_i\frac{\partial G}{\partial n}J(u,v)\,\mathrm{d}u\,\mathrm{d}v - C(\boldsymbol{r})p(\boldsymbol{r}) = \\ &\sum_{m=1}^{e_{\mathrm{a}}}\sum_{i=1}^{n_{\mathrm{a}}}\bar{p}_i^m\iint_{\sigma m}N_i G J(u,v)\,\mathrm{d}u\,\mathrm{d}v\end{aligned} \tag{8.6}$$

式中：$J(u,v)$ 表示坐标变换的雅克比行列式；u,v 为单元上局部坐标。

考虑辐射体表面离散后的任意一个节点，其矢径为 $\boldsymbol{r}_q$，q 为该节点在表面所有节点中的全局序号，将辐射体表面上第 q 个节点的矢径 $\boldsymbol{r}_q$ 代入式(8.2)，并将对应的格林函数记为 $G_q(\boldsymbol{r}_q,\boldsymbol{r}_a)$。对该节点应用式(8.6)，可得

$$\sum_{m=1}^{e_a}\sum_{i=1}^{n_a} p_i^m a_{i-q}^m - \left(1+\sum_{m=1}^{e_a} c_q^m\right) p_q = \sum_{m=1}^{e_a}\sum_{i=1}^{n_a} \bar{p}_i^m b_{i-q}^m \tag{8.7}$$

其中，

$$a_{i-q}^m = \iint_{\sigma_m} N_i \frac{\partial G_q(\boldsymbol{r}_q,\boldsymbol{r}_a)}{\partial n} J(u,v)\,\mathrm{d}u\,\mathrm{d}v \tag{8.8a}$$

$$b_{i-q}^m = \iint_{\sigma_m} N_i G_q(\boldsymbol{r}_q,\boldsymbol{r}_a) J(u,v)\,\mathrm{d}u\,\mathrm{d}v \tag{8.8b}$$

$$c_q^m = \frac{1}{4\pi}\iint_{\sigma_m} \frac{\partial}{\partial n}\left(\frac{1}{\boldsymbol{r}_q}\right) J\,\mathrm{d}u\,\mathrm{d}v \tag{8.8c}$$

将式(8.7) 按全局节点重排，并合并重复节点，可得

$$\sum_{m=1}^{e_a}\sum_{i=1}^{n_a} a_{i-q}^m p_i^m = \sum_{q=1}^{n_A} A'_q p_q \tag{8.9a}$$

$$\sum_{m=1}^{e_a}\sum_{i=1}^{n_a} b_{i-q}^m \bar{p}_i^m = \sum_{q=1}^{n_A} B_q \bar{p}_q \tag{8.9b}$$

式中：n_A 为全局节点数量。

将式(8.9) 代入式(8.7)，同时应用 Dirac 函数 δ_q 将式(8.7) 第二项写入求和公式，可得

$$\sum_{q=1}^{n_A}\left[A'_q - \left(1+\sum_{m=1}^{e_a} c_q^m\right)\delta_q\right]\cdot p_q = \sum_{q=1}^{n_A} B_q \bar{p}_q \tag{8.10}$$

标记 $A_q = A'_q - \left(1+\sum_{m=1}^{e_a} c_q^m\right)\delta_q$，则式(8.10) 可以写为

$$\sum_{q=1}^{n_A} A_q p_q = \sum_{q=1}^{n_A} B_q \bar{p}_q \tag{8.11}$$

式(8.11) 就是辐射体表面被离散化后，所有节点的声压与其声压法向偏导数之间的关系。将其写成矩阵形式为

$$\boldsymbol{A}\boldsymbol{p} = \boldsymbol{B}\frac{\partial}{\partial n}\boldsymbol{p} \tag{8.12}$$

式中：矩阵 $\boldsymbol{A}$ 和 $\boldsymbol{B}$ 都是频率的函数，并且一般都是不对称的满阵。$\boldsymbol{p}$ 是辐射体表面所有节点的声压向量。此时根据式(8.3)，声场中任意场点处的声压就可以通过下式获得：

$$p(\boldsymbol{r})=\sum_{q=1}^{n_A}C_q p_q+\sum_{q=1}^{n_A}D_q\bar{p}_q \tag{8.13}$$

写成矩阵形式为

$$p(\boldsymbol{r})=\boldsymbol{C}\boldsymbol{p}+\boldsymbol{D}\frac{\partial}{\partial n}\boldsymbol{p} \tag{8.14}$$

式中：

$$C_q=\iint_\sigma N_i\frac{\partial G_q(\boldsymbol{r}_{\mathrm{q}},\boldsymbol{r}_{\mathrm{a}})}{\partial n}J(u,v)\,\mathrm{d}u\mathrm{d}v \tag{8.15a}$$

$$D_q=\iint_\sigma N_i G_q(\boldsymbol{r}_{\mathrm{q}},\boldsymbol{r}_{\mathrm{a}})J(u,v)\,\mathrm{d}u\mathrm{d}v \tag{8.15b}$$

8.2 水下辐射声场的 Virtual. Lab Acoustics 分析

基于上述边界元理论，可以通过数值计算的方式高效地完成声辐射体的辐射声场分析。相对于有限元方法，边界元法在处理声场问题时实现了降维处理，从而使得声场分析不再受到小规模的局限，可以更全面地分析感兴趣的辐射声场的特性。同时，边界元也特别适用于具有复杂辐射面的情况，包括大规模阵列的情况。边界元的这些应用优势都特别有利于水声换能器及其阵列的辐射声场研究。在实际工程中，可以将基于有限元的水声换能器电声行为研究和基于边界元的辐射声场研究有机结合起来，通过数据共享的方式，将有限元的计算结果加载给边界元进行辐射声场分析，从而实现水声换能器的全面分析。

基于边界元法进行声振计算的仿真软件有 SYSNOISE 和 Virtual. Lab Acoustics，它们都是 LMS 公司基于先进的数值计算技术开发的振动和声学分析软件。Virtual. Lab 是 LMS 基于 CATIA V5 集成的虚拟仿真平台，主要有 Acousticsc（声学）、Durability（耐久性）、Motion（多体动力学）、Vibration（振动）、Structure（结构）、Desktop（桌面）和 Optimization（优化）等模块工程，其中 Virtual. Lab Acoustics 继承了 SYSNOISE 的内容和功能，并在此基础上完成了全新开发，具有更强大的分析功能、更丰富的数据接口和更友好的操作方式。Virtual. Lab Acoustics 应用了声学有限元法和声学边界元法两种数值计算方式，可以用于分析结构体振动或声源引起的辐射声场问题，例如声场声压、声强分布、指向性、辐射声功率，以及声波的散射、折射、传递，还有声载荷引起的声学响应等众多声学问题。图 8-1 所示为 Virtual. Lab Acoustics 软件的界面，其结构树的操作方式极大地提高了软件的便利性。

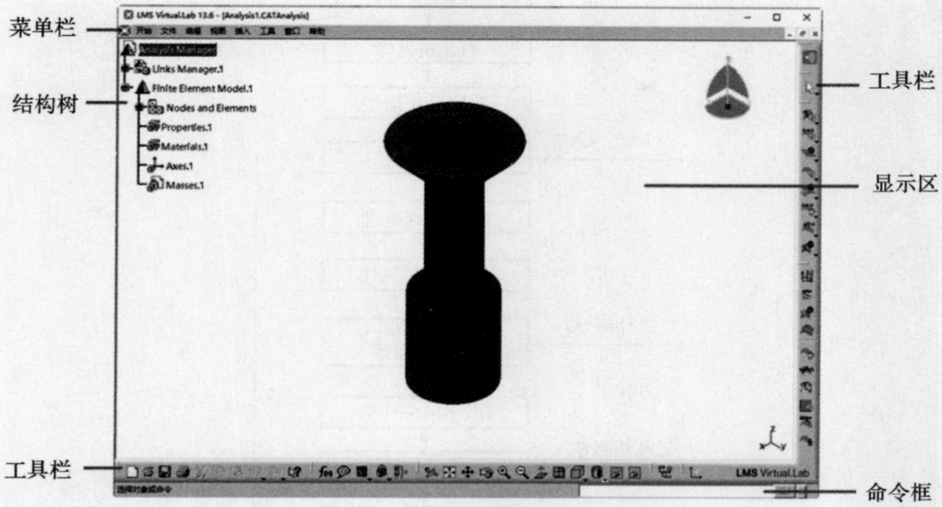

图 8-1　Virtual. Lab Acoustics 边界元分析软件

应用边界元进行换能器及阵列辐射声场分析的一般流程如图 8-2 所示。其中，边界元模型和场点网格可以通过其他软件构建后导入。Virtual. Lab Acoustics 提供了丰富的数据接口，例如 ANSYS 中建立的模型就可以很方便地导入进来。针对水声换能器（或阵列）分析，如果 ANSYS 建立的就是满足要求的边界元模型［见图 8-3(b)］，那么完全可以直接导入使用。但在实际中，ANSYS 分析使用的一般是三维的有限元模型［见图 8-3(a)］，而 Virtual. Lab Acoustics 需要的则是边界元模型，此时则需要将左侧的三维模型变换成右侧的边界元模型后再行导入。在这个过程中保证二者相一致的一个有效方法是，在 ANSYS 中借助 MESH200 单元实现所需换能器（或阵列）外表面的“扒皮”操作[131]。该方法既能保证二者几何尺寸相同，同时还能实现网格上的一致性。图 8-3 就是通过这种“扒皮”操作，实现了一个纵振换能器三维有限元模型与其所有外表面构成的边界元模型之间的转化。此时，就可以将 ANSYS 建立的边界元模型通过模型接口导入 Virtual. Lab Acoustics 中。在模型导入时，需要设置两个软件使用的单位制是一致的。边界元网格的质量对其求解结果是有影响的，应尽量保证网格的均匀性。网格尺寸决定了计算频率的上限。一般来说，边界元单元的最大尺寸应该小于最小波长的 1/6。在实际计算中，不建议片面追求网格的密集化，以免增加求解时间。可通过查询 Virtual. Lab Acoustics 提供的最高频率报告，获得有用的建模和求解信息，如图 8-4 所示。

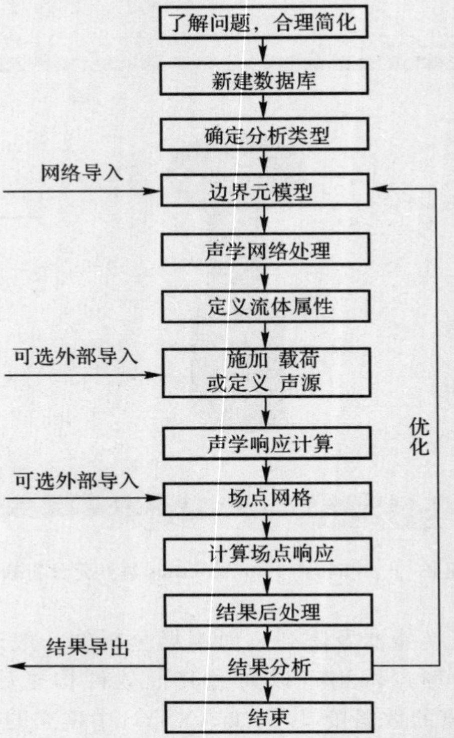

图 8-2　Virtual. Lab Acoustics 边界元分析的一般流程示意图

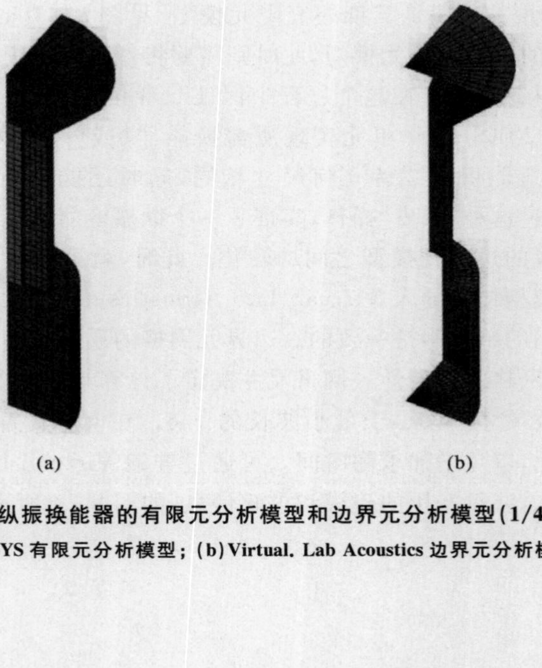

图 8-3　压电纵振换能器的有限元分析模型和边界元分析模型(1/4 对称结构)

(a)ANSYS 有限元分析模型；(b)Virtual. Lab Acoustics 边界元分析模型

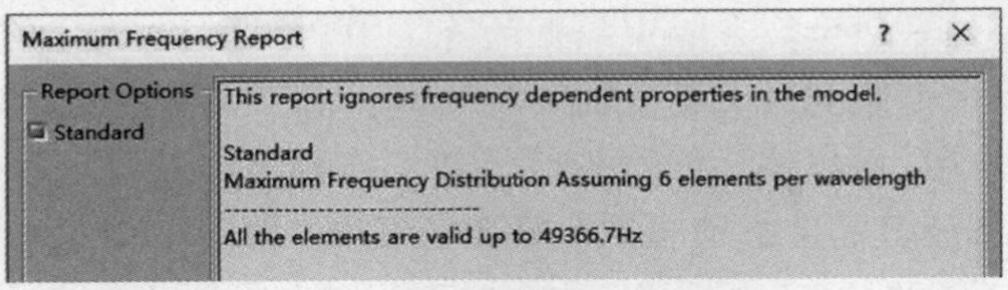

图 8-4　查询边界元网格的最高频率报告

除了模型外，还可以将 ANSYS 分析的换能器辐射面的振动结果导入 Virtual. Lab Acoustics 中，并以载荷的形式施加到对应的辐射面上。两个软件之间的这种数据共享，特别有利于实现二者的优势互补，从而完成水声换能器(或阵列)的全方位解析。

8.3　纵振换能器及其阵列的边界元分析实例

本节将应用边界元法对纵振换能器阵列的辐射声场进行分析，换能器阵元为图 3-1 所示的压电纵振换能器。

对于单只换能器，如果只使用透声橡胶包覆，而没有隔声材料包覆(见图 8-5)。这时可以构建图 8-3(b)所示的单只换能器的边界元模型。该模型不光考虑了前辐射头的声辐射，同时由于透声橡胶的原因还考虑了换能器其他表面的声辐射情况。我们先在 ANSYS 中完成有限元分析，并将换能器所有外表面的振动数据输出；然后在 Virtual. Lab Acoustics 中导入 8-3(b)所示的边界元模型，并以载荷形式将换能器外表面的振动进行施加；最后完成单只纵振换能器的辐射声场计算，并通过场点网格等方式进行观测。

图 8-5　使用透声橡胶包覆的单只压电纵振换能器

对于由若干个压电纵振换能器形成的某种形式的阵列，此时换能器除前辐射头外，其他部件一般会嵌入隔声隔振的阵架中。图 8－6 展示的是一个二元阵的装配示意图，大型阵列具有相似的装配结构。对于这种情况，可以假设只考虑前辐射面的声辐射，而忽略换能器其他部件的声辐射。此时所构建的换能器阵列的边界元模型就只需考虑前辐射头辐射面的振动，而不用再考虑换能器其他表面的振动情况。图 8－7 所示为压电纵振换能器构成的 3×3 的平面阵列，阵元间距为 31 mm，相邻阵元中间留有 1 mm 空隙。在所构建的边界元模型中，每个阵元辐射面的网格均与图 5－10 所示的辐射面 ANSYS 网格相一致。

图 8－6　压电纵振换能器二元阵装配示意图

图 8－7　由压电纵振换能器构成的 3×3 平面阵列边界元模型

我们将边界元模型导入 Virtual. Lab Acoustics 中，将分析类型设置为外部有声场的直接边界元法，并据实定义流体属性、边界条件和载荷。其中，阵元辐射面的振动是由 ANSYS 计算结果导入的。这种将换能器的有限元分析和换能器阵列的边界元分析结合应用的好处在于,可以按照辐射面最真实的振动分布来仿真辐射声场情况。例如在 18 kHz,导入的是图 5－17 所示的 ANSYS 结果。很显然,此时换能器辐射面的振动分布并不是均匀的。只有按照这个真实的振动分布进行声场仿真才是最准确的。当然,如果纵振换能器前辐射端面振动是均匀的,或者说是近似均匀的,此时换能器辐射面的振动载荷可以直接在 Virtual. Lab Acoustics 中按相应常数的形式施加,从而简化操作。

完成计算后,可以在 Virtual. Lab Acoustics 中对结果进行后处理。相应的结果可以通过场点网格来进行观测,例如声场分布、指向性特性等。图 8－8 所示为 3×3 平面阵列在 1 V 电压激励时 *XOZ* 定向面上的声场分布云图(*Z* 轴为阵列法向)。结果显示,随着频率的升高,波束宽度也相应变窄。图 8－9 所示为平面阵列在 18 kHz 上的指向性函数图。我们还可以进行其他阵列参数的求解,详见 Virtual. Lab Acoustics 手册[132]。

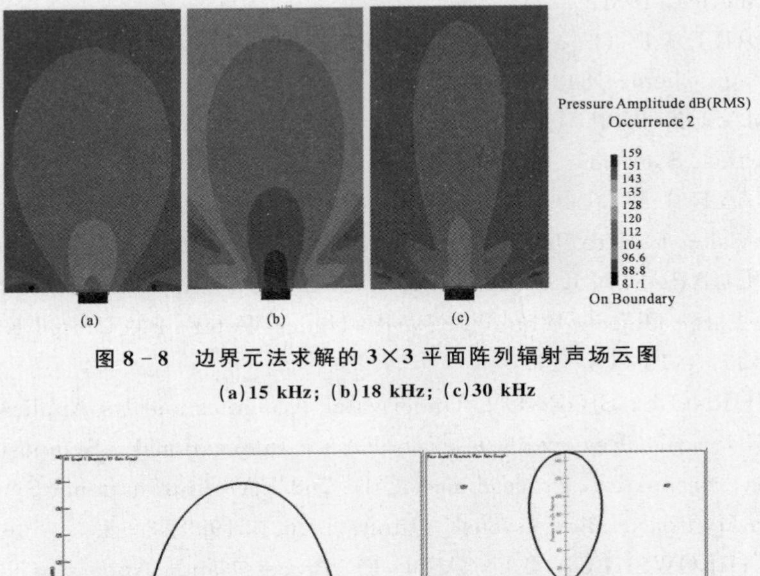

图 8－8　边界元法求解的 3×3 平面阵列辐射声场云图

(a)15 kHz; (b)18 kHz; (c)30 kHz

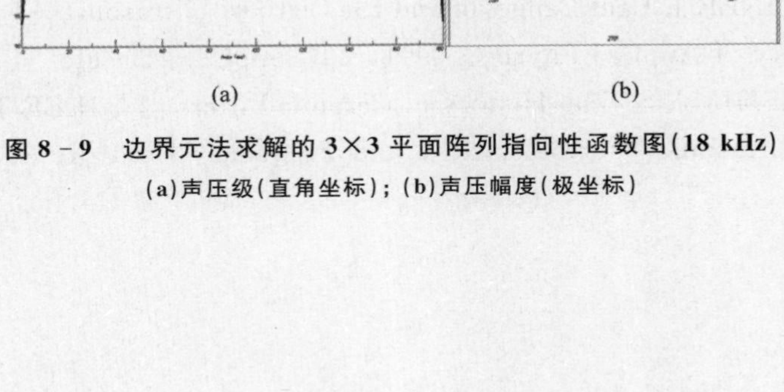

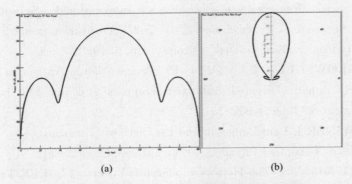

图 8－9　边界元法求解的 3×3 平面阵列指向性函数图(18 kHz)

(a)声压级(直角坐标); (b)声压幅度(极坐标)

参 考 文 献

[1] BUTLER J L, SHERMAN C H. Transducers and Arrays for Underwater Sound[M]. 2nd ed. Berlin: Springer, 2016.

[2] URICK R J. Principles of Underwater Sound [M]. 3rd ed. Los Altos: Peninsula Pub, 1996.

[3] BEYER R T. Sounds of Our Times, Two Hundred Years of Acoustics [M]. New York: Springer, 1999.

[4] HUNT F V. Electroacoustics: The Analysis of Transduction and Its Historical Background [M]. New York: Acoustical Society of America, 1982.

[5] JOULE J P. On a New Class of Magnetic Forces [J]. Annals Electric Magn Chem, 1842(8): 219 - 224.

[6] MASON W P. Piezoelectricity, Its History and Applications [J]. J Acoust Soc Am, 1981, 70(6): 1561 - 1566.

[7] FAYH J W, LOG S S. A History of Raytheon's Submarine Signal Division 1901 to Present [R]. Waltham: Raytheon Company,1963.

[8] RICHARDSON L F. Apparatus for Waning a Ship at Sea of its Nearness to Large Objects Wholly or Partly Under Water [P]. United Kingdom: 1125, 1913 - 03 - 27.

[9] BJORNO L, BJORNO I. Underwater Acoustics and Its Applications. A Historical Review [C]// EAA International Symposium on Hydroacoustics, Proceedings of the 2nd EAA International Symposium on Hydroacoustics. Gdańsk - Jurata:[s.n.], 1999: 3 - 8.

[10] CHILOWSKI C, LANGVIN P. Process and Apparatus for The Production of Directed Submarine Signals and for The Location of Submarine Objects:502913 [P]. 1920 - 05 - 29.

[11] LEWINER J. Paul Langevin and the Birth of Ultrasonics [J]. The Japan Society of Applied Physics, 1991, 30(Suppl.1): 5 - 11.

[12] FUJISHIMA S. The History of Ceramic Filters [J]. IEEE Transactions on Ultrasonic, Ferroelectrics, and Frequency Control, 2000, 47(1): 1 - 7.

[13] JAFFE B, COOK JR W R, JAFFE H. Piezoelectric Ceramics [M]. London: Academic Press, 1971.

[14] 滕舵，陈航，张允孟. 宽带纵振 Tonpilz 型水声换能器的优化设计 [J]. 声学技术，2005，24(1)：58-60.

[15] TENG D, LIU X Y, GAO F. Effect of Concave Stave on Class Ⅰ Barrel-stave Flextensional Transducer [J]. Micromachines, 2021, 12 (10): 1-13.

[16] GERMANO C. Flexure Mode Piezoelectric Transducers [J]. IEEE Transactions on Audio and Electroacoustics, 1971, 19(1): 6-12.

[17] TENG D, LI Y T, YANG H. Comparison between 31-mode and 33-mode Thin-walled Piezoelectric Tube Hydrophones [C]// OCEANS 2020, Proceedings of Global Oceans 2020: Singapore-U.S. Gulf Coast. New York: IEEE, 2020: 1-5.

[18] TENG D, YANG H, ZHU G L. Design and Test about High Sensitivity Thin Shell Piezoelectric Hollow Sphere Hydrophone [C]// OCEANS 2017, Proceedings of OCEANS 2017 - Anchorage. New York: IEEE, 2017: 1-6.

[19] 滕舵，陈航，朱宁，等. 溢流式嵌镶圆管发射换能器的有限元分析 [J]. 鱼雷技术，2008，16(6)：44-47.

[20] TENG D, ZHU N. Research on the Low Frequency Broadband Piezoelectric-magnetostrictive Hybrid Transducer [J]. Discrete Dynamics in Nature and Society, 2016, 2016: 1-10.

[21] WU Z H, HE X P, ZHENG H, et al. Langevin Transducer with a Stepped Polymer Horn [J]. Japanese Journal of Applied Physics, 2021, 60(9): 1-8.

[22] KURT P. Vibro-acoustic Design, Manufacturing and Characterization of a Tonpilz-type Underwater Acoustic Device [D]. Ankara: Ankara Yildirim Beyazit University, 2017.

[23] BUTLER S C, TITO F A. A Broadband Hybrid Magnetostrictive/Piezoelectric Transducer Array [C]// OCEANS 2000, Oceans Conference Record. New York: IEEE, 2000: 1469-1475.

[24] BEERSR F. Resonator: 1848041 [P]. 1932-03-01.

[25] 桑永杰. 低频宽带水声换能器研究 [D]. 哈尔滨：哈尔滨工程大学，2014.

[26] TENG D. Research on the Cascade-connected Transducer with Multi-

segment Used in the Acoustic Telemetry System While Drilling [J]. Micromachines, 2019, 10(10): 1-13.

[27] MO X P, ZHU H Q. Thirty Years' Progress of Underwater Sound Projectors in China [J]. AIP Conference Proceedings, 2012, 1495: 94-104.

[28] BALLATO A. An Equivalent Circuit Appreciation of Warren P. Mason [J]. The Journal of The Acoustical Society of America, 1989, 85 (Suppl):19.

[29] THURSTON R N, DAVID A S, JANE B, et al. Warren P. Mason (1900—1986), Physicist, Engineer, Inventor, Author, Teacher [J]. The Journal of The Acoustical Society of America, 1989,85(51):19.

[30] MASON W P. Electromechanical Transducers and Wave Filters [M]. 2nd ed. New York: Van Nostrand Company, 1948.

[31] TILMANS H A C. Equivalent Circuit Representation of Electromechanical Transducers: Ⅰ. Lumped-parameter Systems [J]. Journal of Micromechanics and Microengineering, 1996(6): 157-176.

[32] TILMANS H A C. Equivalent Circuit Representation of Electromechanical Transducers: Ⅱ. Distributed-parameter Systems [J]. Journal of Micromechanics and Microengineering, 1997, 7(4): 285-309.

[33] KRIMHOLTZ R, LEEDOM D A, MATTHAEI G L. New Equivalent Circuit for Elementary Piezoelectric Transducers [J]. Electron Letters, 1970, 6(13): 398-399.

[34] SHEKEL J, ISRAEL H. Matrix Analysis of Multi-terminal Transducers [J]. Proceedings of the IRE, 1954, 42(5): 840-847.

[35] ALLIK H, HUGHES T J R. Finite Element Formulation for Piezoelectric Continua by a Variational Theorem [R]. Washington: GD Electric Boat division report,1968.

[36] 栾桂冬，张金铎，王仁乾. 压电换能器和换能器阵 [M]. 北京：北京大学出版社，2005.

[37] ANSYS Inc. ANSYS Reference Manual [DB]. Pittsburgh: ANSYS Inc, 2015.

[38] COMSOL Inc. COMSOL Multiphysics Reference Manual [DB]. Stockholm: COMSOL Inc, 2007.

[39] WEIDLINGER A I. PZFlex User's Manual [DB]. Los Altos:CA,2004.

[40] DECARPIGNY J N, DEBUS J C. User Manual for ATILA, a Finite-Element Code for Modeling Piezoelectric Transducers [R]. Monterey: Naval Postgraduate School Monterey CA, 1987.

[41] KIM H, ROH Y. Design and Fabrication of a Wideband Tonpilz Transducer with a Void Head Mass [J]. Sensors and Actuators A: Physical, 2016, 239: 137-143.

[42] SCHANZ M, STEINBACH O. Boundary Element Analysis [M]. Berlin: Springer, 2007.

[43] AMINI S, KIRKUP S M. Solution of Helmholtz Equation in the Exterior Domain by Elementary Boundary Integral Methods [J]. Journal of Computational Physics, 1995, 118(2): 208-221.

[44] KUROESKI A, KOTUS J, KOSTEK B, et al. Numerical Modeling of Sound Intensity Distributions around Acoustic Transducer [C]// The 140th Audio Engineering Society Convention. Paris: Audio Engineering Society, 2016: 9525.

[45] PYO S, LIM Y, ROH Y. Analysis of the Transmitting Characteristics of an Acoustic Conformal Array of Multimode Tonpilz Transducers by the Equivalent Circuit Method [J]. Sensors and Actuators A: Physical, 2021, 318: 112507.

[46] 胡健辉，王艳，张睿，等. 一款四频宽带鱼探仪换能器基阵 [C]// 中国声学学会，上海市声学学会.中国西部声学 2016 年学术交流会论文集，2016:551-554.

[47] CHRISTOPHER S, SATI S C. Technologies for Underwater Surveillance Systems [J]. Technology, 2017, 25(2): 5-6.

[48] BASUMATARY H, PALIT M, CHELVANE J A, et al. Design and Fabrication of Tonpilz Type Acoustic Transducer Using Grain Oriented Tb-Dy-Fe Magnetostrictive Material [C]// International Symposium on Ocean Electronics, Proceedings of 12th Symposium on Ocean Electronics. New York: IEEE, 2013: 323-330.

[49] BRIGHT C. Better Sonar Driven by New Transducer Materials [J]. Sea Technology, 2000, 41(6): 17-21.

[50] BAUER S. Piezo-, Pyro- and Ferroelectrets: Soft Transducer Materials for Electromechanical Energy Conversion [J]. IEEE Transactions on Dielectrics and Electrical Insulation, 2006, 13(5): 953-962.

[51] CLAEYSSEN F, LHERMET N. Actuators Based on Giant Magnetostrictive Materials [C]// ACTUATOR 2002, Proceedings of 8th International Conference on New Actuators. Bremen: [s.n.], 2002: 148 - 153.

[52] 全国声学标准化技术委员会. 声学水声换能器测量: GB/T 7965 — 2002 [S]. 北京: 中国标准出版社, 2002.

[53] 中国船舶工业总公司. 水声常用压电陶瓷元件: CB 1218 — 1993 [S]. 上海: 中国船舶工业总公司, 1994.

[54] KAWAI H. The Piezoelectricity of PVDF [J]. Journal of Applied Physics, 1969(8): 975.

[55] NEWNHAM R E, SKINNER D P, CROSS L E. Connectivity and Piezoelectric Pyroelectric Composites [J]. Materials Research Bulletin, 1978, 13(5): 525 - 536.

[56] KIM Y Y, KWON Y E. Review of Magnetostrictive Patch Transducers and Applications in Ultrasonic Nondestructive Testing of Waveguides [J]. Ultrasonics, 2015(62):3 - 19.

[57] ENGDAHL G. Handbook of Gaint Magnetostrictive Materials [M]. San Diego: Academic Press, 2000.

[58] CLARK A E, BELSON H. Gaint Room - temperature Magnetostrictive in $TbFe_2$ and $DyFe_2$ [J]. Phys Rev B, 1972,5: 3642 - 3648.

[59] CLARK A E. Magnetostrictive Rare Earth: Fe_2 Compounds [M]. Berlin: Springer, 1988.

[60] 王博文. 超磁致伸缩材料制备与器件设计 [M]. 北京:冶金工业出版社, 2003.

[61] 贺西平. 稀土超磁致伸缩弯张换能器的设计理论及实验研究 [D]. 西安: 西北工业大学, 1999.

[62] SEWELL J M, KUHN P M. Opportunities and Challenges in the Use of Terfenol for Sonar Transducer [C]// International Workshop, Proceeding of the International Workshop. Berlin Heidelberg: Springer - Verlag, 1987: 134 - 142.

[63] FLATAU A. An Introduction to a New Magnetostrictive Material: Galfenol [M]. Banff: EASIV, 2004.

[64] SLAUGHTER J, MEYER JR R J, SCOTT R. Galfenol Transducer Design and Testing [M]. Ames: ETREMA Products Inc, 1998.

[65] JAFFE B, ROTH R S, MARZULLO S. Piezoelectric Properties of

Lead Zirconate - lead Titanate Solid - solution Ceramics [J]. Journal of Applied Physics, 1954, 25(6): 809 - 810.

[66] HARTMANN E. Description of the Physical Properties of Crystals [M]. Wales: University College Cardiff Press, 1984.

[67] JAKEWAYS R. Understanding Dielectrics or Gauss's Theorem is Useful After All [J]. Physics Education, 1995, 30(1): 27 - 30.

[68] WANG J F, CHEN C. Determination of the Dielectric, Piezoelectric, and Elastic Constants of Crystals in Class 32 [J]. Physical Review B, 1989, 39(17): 12888 - 12890.

[69] Stamdards Committee of the IEEE Ultrasonics, Ferroelectrics, and Frequency Control Society. An American National Standard IEEE Standard on Piezoelectricity: ANSI/IEEE Std 176 - 1987 [S]. New York: IEEE Standards Board, 1987.

[70] PARVANOVA V D, NADOLIISKY M M. Polarization Processes in PZT Ceramics [J]. Bulg J Phys, 2005,32: 45 - 50.

[71] ZHANG Z H, SUN B Y, SHI L P. Theoretical and Experimental Study on Secondary Piezoelectric Effect Based on PZT - 5 [J]. J Phys Conf Ser, 2006(48): 86 - 90.

[72] 孙慷，张福学. 压电学 [M]. 北京：国防工业出版社，1984.

[73] 中国电子技术标准化研究所. 压电陶瓷材料型号命名方法：GB/T 3388—2002 [S]. 北京：中国标准出版社，2002.

[74] SHERMAN C H, BUTLER J L. Transducers and Arrays for Underwater Sound [M]. Berlin: Springer, 2007.

[75] ECHIZENYA K, NAKAMURA K, MIZUNO K. PMN - PT and PIN - PMN - PT Piezoelectric Single Crystals with Stable Properties [J]. JFE Technical Report, 2022, 27: 57 - 61.

[76] THOMPSON S C, MEYER R J, MARKLEY D C. Performance of Tonpilz Transducers with Segmented Piezoelectric Stacks Using Materials with High Electromechanical Coupling Coefficient [J]. Journal of Acoustical Society America, 2014, 135(1): 155 - 164.

[77] FIDLEY L E, LUND B J, FLATAU A B, et al. Terfenol - D Elasto - magnetic Properties Under Varied Operating Conditions Using Hysteresis Loop Analysis [J]. Proceedings of SPIE the International Soiety for Optical, 1998(3): 1 - 10.

[78] ENGDAHL G. Handbook of Giant Magnetostrictive Materials [M]. Holland: Elsevier, 2000.

[79] 孙乐. 超磁致伸缩材料的本构理论研究 [D]. 兰州：兰州大学，2007.

[80] DAPIO M J. Nonlinear Hysteretic Magnetomechanical Model for Magnetostrictive Transducer [D]. Ames: Iowa State University, 1999.

[81] CLARK A E. Magnetostrictive Rare Earth: Fe_2 Compounds [J]. Ferromagnetic Materials, 1980(1): 531 - 589.

[82] 莫喜平. 稀土超磁致伸缩水声换能器的研究 [D]. 北京：中国科学院声学研究所，2000.

[83] IEEE Transactions on Sonics and Ultrasonics. IEEE Standard on Magnetostrictive Material: Piezomagnetic Nomenclature IEEE Std: 319—1971 [S]. USA: IEEE Standards Committee, 1971.

[84] HE X P, ZHU X M, WU Z H, et al. A Wideband Tonpilz Transducer with a Transverse Through—hole in the Radiating Head [J]. Journal of the Acoustical Society of America, 2021, 150(4): 2655 - 2663.

[85] 贺西平，高洁. 超声变幅杆设计方法研究 [J]. 声学技术，2006，25(1)：82 - 86.

[86] CIFTCI M N, DEGIRMENCI B, BOBREK I, et al. Design, Development and Characterization of a Mid - frequency (35 kHz) Tonpilz Transducer Array from 0.675PMN - 0.325PT Piezoceramics [J]. J Met Mater Miner, 2022, 32(1): 144 - 149.

[87] TENG D, LIU J, ZHU G L, et al. Low - radioactivity Ultrasonic Hydrophone Used in Positioning System for Jiangmen Underground Neutrino Observatory [J]. Nuclear Science and Techniques, 2022, 33(6): 76.

[88] 滕舵，杨虎. 水声换能器基础 [M]. 2 版. 西安：西北工业大学出版社，2020.

[89] KIM H Y, ROH Y G. Analysis of the Radiation Pattern in Relation to the Head Mass Shape Applicable to a Tonpilz Transducer [J]. The Journal of the Acoustical Society of Korea, 2010, 29: 422 - 430.

[90] 顾金海，叶学千. 水声学基础 [M]. 北京：国防工业出版社，1981.

[91] 林书玉. 超声换能器的原理及设计 [M]. 北京：科学出版社，2004.

[92] BOBBER R J. Diffraction Constants of Transducers [J]. The Journal of the Acoustical Society of America, 1965, 37(4): 591 - 595.

[93] MEZHERITSKYA V. Elastic, Dielectric, and Piezoelectric Losses in Piezoceramics: How It Works All Together [J]. IEEE Transactions on Ultrasonics, Ferroelectrics, and Frequency Control, 2004, 51(6): 695-707.

[94] TENG D, YANG K D. Transfer Matrix Model of Piezoelectric Sandwich Hydrophones [J]. IEEE Sensors Journal, 2023, 23(12): 12587-12595.

[95] DEANGELIS D A, SCHULZE G W, WONG K S. Optimizing Piezoelectric Stack Preload Bolts in Ultrasonic Transducers [J]. Physics Procedia, 2015,63: 11-20.

[96] KOJIMA T, YABUNO R. Equivalent Four-Port Networks Using Force Factors for SAW Interdigital Transducers [C]// 1994 IEEE Ultrasonics Symposium, Proceedings of the IEEE Ultrasonics Symposium. New York: IEEE, 1994: 224-232.

[97] KIM J, LEE J. Parametric Study of Bolt Clamping Effect on Resonance Characteristics of Langevin Transducers with Lumped Circuit Models [J]. Sensors, 2020, 20(7): 1952.

[98] RAMEGOWDA P C, ISHIHARA D, TAKATA R, et al. Hierarchically Decomposed Finite Element Method for a Triply Coupled Piezoelectric, Structure, and Fluid Fields of a Thin Piezoelectric Bimorph in Fluid [J]. Computer Methods in Applied Mechanics and Engineering, 2020, 365: 113006.

[99] CALKINM G. Lagrangian and Hamiltonian Mechanics [M]. London: World Scientific, 1998.

[100] TIERSTEN H F. Hamilton's Principle for Linear Piezoelectric Media [J]. Proceedings of the IEEE, 1967, 55(8): 1523-1524.

[101] LERCH R, KAARMANN H. Three-dimensional Finite Element Analysis of Piezoelectric Media [C]// IEEE 1987 Ultrasonics Symposium, Ultrasonics Symposium Proceedings. New York: IEEE, 1987: 853-858.

[102] PIEFORT V. Finite Element Modeling of Piezoelectric Active Structures [D]. Belgium: Universite Libre de Bruxelles, 2000.

[103] RAJAKUMAR C, ALI A. Boundary Element-finite Element Couplede igenanalysis of Fluid-structure Systems [J]. International

Journal for Numerical Methods in Engineering, 1998, 39 (10): 1625 - 1634.

[104] YI S, LING S F. Time - domain Analyses of Acoustics - structure Interactions for Piezoelectric Transducers [J]. The Journal of the Acoustical Society of America, 2001, 109(6): 2762 - 2770.

[105] ANSYS Inc. ANSYS Release 10. 0. User's Manual [DB]. Pittsburgh: ANSYS Inc, 2006.

[106] 陈毅，赵涵，袁文俊. 水下电声参数测量 [M]. 北京:兵器工业出版社，2017.

[107] KENDALL D, PIERCY A R.Terfenol - based Materials with Reduced Eddy - current Loss for High - frequency Applications [J]. Ferroelectrics, 1996, 187(1): 153 - 161.

[108] 贺西平，张频. Terfenol 棒径向开缝数目计算的新方法 [J]. 中国工程科学，2008，38(11)：2001 - 2004.

[109] WANG L, XIA K W, WENG L. Model and Experimental Study on Optical Fiber CT Based on Terfenol - D [J]. Sensors, 2020, 20 (8): 2255.

[110] 滕舵. 折回式低频水声换能器及其频带展宽研究 [D]. 西安：西北工业大学，2008.

[111] SEEWLL J M, KUHN P M. Opportunities and Challenges in The Use of Terfenol for Sonar Transducer [M]. Berlin: Springer, 1987.

[112] 莫喜平，朱厚卿，刘建国，等. Terfenol - D 超磁致伸缩换能器的有限元模拟 [J]. 应用声学，2000，19(4)：5 - 8.

[113] CLAEYSSEN F, BOUCHER D, FPGGIA A, et al. Analysis of The Magnetic Field in Magnetostrictive Rare Earth Iron Transducers [J]. IEEE Trans on Mag ,1990, 26(2): 975 - 978.

[114] HAUS H A, JAMES R M. Introduction to Electroquasistatics and Magnetoquasistatics [M]. Electromagnetic Fields and Energy, Englewood Cliffs: Prentice - Hall, 1989.

[115] BIRO O, PREIS K. On The Use of The Magnetic Vector Potential in The Finite Element Analysis of Three - dimensional Eddy Currents [J]. IEEE Transactions on Magnetics, 1989, 25(4): 3145 - 3159.

[116] PREIS K, BARDI I, BIRO O, et al. Different Finite Element Formulations of 3D Magnetostatic Fields [J]. IEEE Transactions on

Magnetics, 1992, 28(2): 1056 - 1059.

[117] DEMERDASH N A, NEHL T W, FOUADF A, et al. Three Dimensional Finite Element Vector Potential Formulation of Magnetic Fields in Electrical Apparatus [J]. IEEE Transactions on Power Apparatus and Systems, 1981, 100(8): 4104 - 4111.

[118] NODVEDT H. Some Remarks on the Analysis of Magnetostrictive Transducers [J]. Acta Acustica united with Acustica, 1954, 4(4): 432 - 438.

[119] CLAEYSSEN F, LHERMET N, BARILLTO F. Giant Dynamic Strains in Magnetostrictive Actuators and Transducers [C]. Proceedings of the ISAGMM, Guiyang, 2006: 1 - 15.

[120] TENG D, LI Y T. Finite Element Solutions for Magnetic Field Problems in Terfenol - D Transducers [J]. Sensors, 2020, 20(10): 2808.

[121] BUTLER J L. Eddy Current Loss Factor Series for Magnetostrictive Rods [J]. J Acoust Soc Am, 1987, 82(1): 378.

[122] BJORNO L. Developments in Sonar and Array Technologies [C]// UT 2011, 2011 IEEE Symposium on Underwater Technology and Workshop on Scientific Use of Submarine Cables and Related Technologies. New York: IEEE, 2011: 1 - 11.

[123] HEIL C, URBAN M. Sound Fields Radiated by Multiple Sound Sources Arrays [J]. An Audio Engineering Society Preprint, 1992: 1 - 20.

[124] BAGGEROERA B. Sonar Arrays and Array Processing [J]. AIP Conference Proceedings, 2005, 760(1): 3 - 24.

[125] YANG B, QU W, WU K, et al. Analysis and Comparison of Array Gain and Directivity Index [C]// 3rd IEEE Advanced Information Technology, Electronic and Automation Control Conference, Proceedings 2018 IEEE 3rd Advanced Information Technology, Electronic and Automation Control Conference. New York: IEEE, 2018: 103 - 107.

[126] XIAO Y, HAN J, LUO X, et al. A Method for Impedance Characteristics of Underwater Transducer Planar Array Based on Near - field Acoustic Holography Technology [C]// COA 2021,

Proceedings of 2021 OES China Ocean Acoustics. New York：IEEE，2021：78－85.

[127] LEE H，TAK J，MOON W，et al. Effects of Mutual Impedance on the Radiation Characteristics of Transducer Arrays [J]. J Acoust Soc Am，2004，115(2)：666－679.

[128] 何正耀. 水声换能器及基阵建模与设计 [M]. 北京：科学出版社，2020.

[129] KIRKUP S. The Boundary Element Method in Acoustics：A Survey [J]. Applied Sciences，2019，9(8)：1642.

[130] CARUTHERS J E，FRENCH J C，RAVIPRAKASH G K. Green Function Discretization for Numerical Solution of the Helmholtz Equation [J]. Journal of Sound and Vibration，1995，187(4)：553－568.

[131] TENG D，CHEN H，ZHU N. Computer Simulation of Sound Field Formed Around Transducer Source Used in Underwater Acoustic Communication [C]// ICACTE 2010，Proceedings of 2010 3rd International Conference on Advanced Computer Theory and Engineering. New York：IEEE，2010：144－148.

[132] DESMET W，TOURNOUR M. Numerical Acoustics Theoretical Manual [DB]. Leuven：LMS International，2000.